化石密语 壹

戎嘉余 等 著

江苏凤凰科学技术出版社·南京

图书在版编目（CIP）数据

化石密语 / 戎嘉余等著. — 南京：江苏凤凰科学技术出版社, 2022.1（2025.7重印）
ISBN 978-7-5713-2455-1

Ⅰ. ①化… Ⅱ. ①戎… Ⅲ. ①化石 – 青少年读物
Ⅳ. ①Q911.2-49

中国版本图书馆CIP数据核字（2021）第205237号

HUASHI MIYU
化石密语

著　　者　戎嘉余 等
策　　划　傅　梅　郁宝平
责任编辑　罗章莉　陈卫春
特约编辑　盛　捷
责任校对　仲　敏
责任监制　方　晨

出版发行　江苏凤凰科学技术出版社
出版社地址　南京市湖南路1号A楼，邮编：210009
编读信箱　skswjx@163.com
联系电话　(025) 86633140
照　　排　江苏凤凰制版有限公司
印　　刷　徐州绪权印刷有限公司

开　　本　889 mm × 1194 mm　1/16
印　　张　20.5
插　　页　4
字　　数　350 000
版　　次　2022年1月第1版
印　　次　2025年7月第5次印刷

标准书号　ISBN 978-7-5713-2455-1
定　　价　180.00元（精）

编委会成员

主　任：戎嘉余

副主任：陈卫春　王永栋

委　员（按姓氏笔画排序）：

王　玥　王　博　王永栋　戎嘉余　朱茂炎　吴　杨

张元动　张允白　陈卫春　罗章莉　袁训来　黄　冰

傅　强　蔡晨露

秘　书：盛　捷

序言 Preface

迄今所知，地球是浩瀚宇宙中唯一一个拥有纷繁复杂、生生不息的生命系统的星球，然而，地球生命系统如何从无到有、从简单到复杂，又将如何发展，是困扰全世界科学家的重大科学问题，也是全人类共同关注的永恒话题，即所谓“我们是谁？我们从哪里来？我们又向哪里去？”这里的“我们”不仅仅是指人类，而是指整个地球生态系统。现已知，地球已经有 46 亿年左右的历史，而地球生命至少经历了 38 亿年的演变，其间，伴随地球环境的转变，如板块运动、气候变化等，地球上的生命发生了一系列重大演变。古生物学的主要任务之一，就是通过地质记录中化石的研究，探究并讲好地球生命演化的故事。距今时间越久远，人们的认知就越少，需要一代一代古生物学工作者接续奋斗、坚持不懈地探索和研究，才能将地球生命演化的故事讲得更加准确、更加精彩。

古生物学有很多科学传播资源有待开发。如何讲好古生物的故事？如何架起古生物学家与社会公众，尤其是中小学生之间的桥梁？古生物学领域有不少罕见化石新发现，如何把这些具有重要科学意义且大众感兴趣的发现及其背后的故事发掘出来并传播出去？这些都是科研机构和出版机构共同关心和长期探索的话题。

为了进一步加强古生物学科研和科普成果的出版与传播，发挥自身优势，特别是充分揭示中国在讲好生命演化故事、回答上述“灵魂三问”方面所能发挥的独特作用，2020 年 7 月，中国科学院南京地质古生物研究所（简称“南京古生物所”）和凤凰出版传媒集团联手，基于双方过去 30 年卓有成效的合作，成立了“凤凰 · 南古联合科学传播中心”，依托南京古生物所世界领先的古生物科研、科普资源与人才资源，联合凤凰出版传媒集团的编辑、出版、发行团队，并借助互联网等先进的技术手段，全力做好科学传播工作，打造高品质古生物专业融合出版品牌，提升南京古生物所及古生物学的品牌与社会影响力。

作为双方合作的第一个项目，以《发现 · 中国——古生物大讲堂》为主要素材，我们推出了科普融媒体出版物——《化石密语》。该出版物由中国科学院院士、南京古生物所研究员戎嘉余领衔，20 余位优秀中青年古生物学家参与写作，面向中小学生讲述扑朔迷离的生命演化故事。本书通过化石印迹来破解化石背后隐藏的奥秘，尽可能高保真地还原生命演化历程。

如何认识化石和演化论？如何做一个化石猎人？如何研究化石的内部结构？化石可以帮助我们做些什么？这些问题都可以在《化石密语》中找到答案。如何通过化石认识地球生命的演化历程？生物生存的环境与生命演化的关系是什么样的？地球生命是怎样从海洋到陆地，由陆地到天空，再由陆地重回海洋的？如何科学构建“生命之树”？地球生态系统经历过哪些大规模集群灭绝事件（即大灭绝事件）？恐龙是如何灭绝的？……请带着这些有趣的科学问题，翻开本书进行深度阅读，或者用手机扫描书中的二维码，由科学家带领你一起走进奇妙的远古世界，体验科学家的探索之旅，领略科学发现的神奇魅力。

青少年是祖国的未来和民族的希望，我们希望通过这本精心创作的《化石密语》，帮助青少年增加对古生物学知识的了解，提升对古生物学的兴趣，更多地关注与我们人类密切相关的科学问题，陶冶科学情操，为自己的明天、祖国的未来种下科学的种子。

詹仁斌
中国古生物学会理事长
中国科学院南京地质古生物研究所所长
2021 年 10 月 2 日

目录

Contents

下篇　化石讲述地球生命演化的传奇

引子
Lead-in

认识演化论
—— 一个古生物学者的视角 / 戎嘉余

今日的地球生命，种类繁杂、绚丽多彩，包括原核生物中的细菌和古细菌，真核生物中的原生生物、真菌、动物和植物。“树有根、水有源。”这些生命共有一个祖先，经过漫长的地质时光，各自演化而来，绝不是在短时间内由神创造出来的。今日生物多样性就是史前生物数十亿年演变的产物。

本文从一个古生物学者的角度来谈谈如何认识演化论。古生物学研究的主要对象是化石（图 1–1）。化石是在不同时期、不同环境中存在的史前生命印迹，它们栩栩如生地被镌刻在沉积岩中。我们说“化石最可人”，是因为化石能“说话”，能为探索生命演化提供强有力的实证。

古生物学传递生命演化的基本信息，带来层出不穷的新发现与新认识。演化古生物学与地质学、有机体生物学、遗传学、基因组学、发育生物学、分子生物学、生物地理学和生态学等学科交叉融合，共同来探索生命的演化。人们从生命历史的角度，来解释化石和化石背后的环境变化，一次又一次地证实并发展英国博物学家达尔文（图 1–2）的演化理论。

图 1–1　小盗龙化石（贺一鸣供图）

图 1–2　达尔文

1. 演化是什么？

达尔文在巨著《物种起源》中提出：生物会变化（变异）且能把变化传给（遗传）后代；物种之间的区别由微小差异积累而成（渐变）；不同物种由共同祖先演化而来（共祖）；同领域生物之间存在生存斗争（竞争）；演化的主要推动力是自然选择（天择，包括性选择）。这些都是生物演化论的核心内容。

变异是演化的起点。有利于生存的变异经自然选择不断积累，有害而不适应生存的变异多被淘汰。如此传递生命，周而复始，生生不息。达尔文说："如果有益于任何生物的变异确实发生过，那么具有这种性状的个体，在生存斗争中定会有最好的机会保存自己（并繁衍后代）；我把这一保存的原理称为自然选择。"

自然选择是生命演化的驱动力。蜻蜓展翅，蜘蛛吐丝，鱼儿长鳍，海胆长刺，昆虫"拼命"演化出各种求生策略来对付由人类制造的杀虫剂，都是生命适应环境和自然选择的结果（图1-3—图1-6）。生物在原先的栖息地滋生繁衍，或者告别原来的生态位，如离地（如鸟类）、返陆（如鸵鸟）、下海（如鲸鱼）、上岸（如两栖动物），都是通过适应和选择，进入新的生态域。

遗传是演化的根本机制。没有变异，没有遗传，演化无从谈起。达尔文尽管不懂遗传法则，不知道孟德尔通过豌豆杂交试验最早揭示遗传机制的成果，甚至连孟德尔寄给他的邮件（含论文）也未曾拆封，但是，他深知生命遗传的事实。即便是人的感情方式也是与生俱来的。我们所拥有的主要情绪中，之所以负面情绪（如悲伤、愤怒、惊异、恐惧、厌恶等）多于正面情绪（如欢乐、羡慕等），就与先祖曾经长期生活在野外，时刻保持着紧张和防御状态是紧密相关的。这就要求人类自己不断保持良好的心态，尽力调整心绪，把负面情绪转变为正面情绪，以便更好地面对人生的各种境遇。

图 1-3　蜻蜓展翅

图 1-4　蜘蛛吐丝

图 1-5　鱼儿长鳍

图 1-6　海胆长刺

生命的演化过程包括很多内容，如起源、扩散、繁盛、衰落、消亡等。生命起源是人类最关注的科学问题之一，但迄今尚无定论。深海底“黑烟囱”缺氧硫化环境，常被视为生命起源的可能答案之一。生物各类群的起源亦为古生物学家所关注。如鸟类起源于一类恐龙已成共识，但这个过程远非一步跨越到位，而是在结构、功能、行为、生理等方面经过无数次演变（如脑量增大、尾巴缩短、牙齿丧失、爪子融合、骨骼中空）后才完成的。另外，特定器官构造（如眼睛）的起源也是演化的难题之一。演化发育学最新研究表明：昆虫、头足动物和哺乳动物的眼睛均由 *Pax 6* 调控基因作用所致，这一基因一直可以追溯到寒武纪早期（5.4 亿年前）。

生物的大辐射和大灭绝，在地球生命演化过程中起到了重要的作用。寒武纪大爆发（5.4 亿—5.2 亿年前）导致现今地球上大多数的门、纲级动物及其全新身体造型功能的首现，是动物演化史上最壮观的创新事件之一（图 1–7）。这个爆发式辐射事件并不是突然完成的，在之前数千万年里就有一系列重要的生命事件作为铺垫。数十亿年里，地球环境变化无常，多次大的灾变更是对生命世界的严酷考验。当大部分物种跟不上环境剧变的节奏、生存临界值被突破时，大灭绝便随之发生。显生宙发生过的五次大灭绝中，数二叠纪末（2.5 亿年前）最为惨烈，在 6 万年内， 约 75% 的陆地生物和约 95% 的海洋生物遭遇灭绝。奥陶纪末（4.4 亿年前）的气候巨变起因于南方大陆冰盖的形成（第一幕）与消融（第二幕），一共约有 80% 的物种随之消亡。这些生命洗礼的极端实例给人类保护今日的自然环境带来了严肃的思考和无尽的遐想。

生命过程里有许多不确定的因素。自然界的生存竞争常呈现不平衡的状况。运气有时会决定演化的成败，性状的留存和淘汰。变异和突变，生殖和成种，都有随机性。猛犸象身披长毛（图 1–8），可能源自寒冷环境的选择，然而，由于温度骤升和 / 或人类过度捕猎，它们从地球上永远消失了。人类诞生亦属偶然，有人将这种偶然性比喻为如同掷十万个骰子六点全部朝上。

“假如没有演化论，生物学里的一切都说不通”（杜布赞斯基语）。演化是生物学中最重要的概念之一。化石证据表明，演化没有特别目的和明确方向。演化无所谓“进步”与“退步”，只是朝着更适应生存环境的方向前行，无坚不摧、所向披靡。“开弓没有回头箭”，这就是演化的力量。

扫描二维码，观看视频：演化是什么?

图 1–7　以澄江动物群为依据的寒武纪生态复原图（杨定华绘，赵方臣科学指导）

图 1–8　猛犸象复原图

2. 化石的演化价值

本书将为大家展示许多生命演化的化石实例。这里只简略阐释化石为演化论所做出的贡献。

化石最重要的意义之一是推翻了神创论的认识。达尔文当年在航海考察期间，发现南美洲灭绝的犰狳和大懒兽化石分别与现生犰狳和树懒很像（图 1–9，图 1–10）；澳大利亚的哺乳动物化石与现生有袋类很相似。真是匪夷所思，上帝为何在同一地区、分两次创造同一类生物呢？于是，他推断这些现生物种是由古老生命演变而来的，就是说生物不是一成不变的，不是由上帝创造的。

化石的另一大贡献是为生命演化提供时间维度。地球生命最早是在 38 亿年前以单细胞形式出现的；之后约 32 亿年里的生命过程，波澜不惊；直到埃迪卡拉纪多细胞辐射（8 亿年前后）、寒武纪大爆发（5.3 亿年前后）和奥陶纪大分异（4.6 亿年前后），先海洋、后陆地，各类生物齐头并进演替，占领各种生态域，演绎了一场场波澜壮阔的生命演化剧，直至形成今日的生命世界。就这个意义来说，化石是生物演化最可靠的实证。

化石能提供一个宏伟的生命演化系统图，不断填充谱系发育空白，为“生命之树”建立一个比较完整的框架（图 1–11）。尽管这项任务繁重至极，但与达尔文时代相比，我们今天所拥有的生命演化线索已然越来越多、越来越清晰了。

图 1–9　雕齿兽（一种已经灭绝的大型犰狳）复原图

图 1–10　现代的犰狳

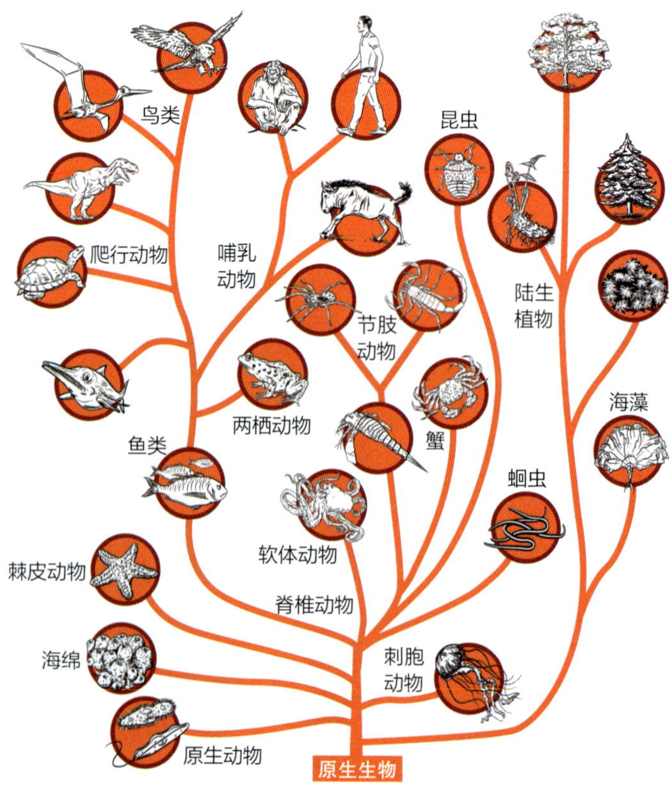

图 1–11　生命之树

化石能揭示物种从祖先演化成其后裔的过程。神创论者反对演化论的一个理由是找不到过渡类型。但是，一百多年来，大批化石的过渡性质被证实，如恐龙与鸟类、爬行动物与哺乳动物、盾皮鱼纲和硬骨鱼纲之间的连环。当然，目前还有许多缺环，究其原因主要是缺环多系居群（或称种群）的边缘创始者，原本稀少，历时短，分布窄，被发现的概率很低；含过渡类型的化石层可能被风剥雨蚀或板块活动而破坏，遭受变质或被高山大海深埋。达尔文说："化石记录的不完整性远远超出人们的想象。"今后发现过渡类型的机会有很多，就看我们的努力、机遇和运气了。

同源现象是揭示演化论最有力的证据之一。如哺乳动物中，人的上肢（抓握）、鼹鼠的前肢（挖掘）、鲸鱼的鳍（游泳）、蝙蝠的翼（飞行），形态功能迥异，内在结构同源（图 1–12）。再如各类昆虫的口器，也是同源的。达尔文感叹道："还有什么比这更令人惊奇的？"

扫描二维码，观看视频：化石的演化价值

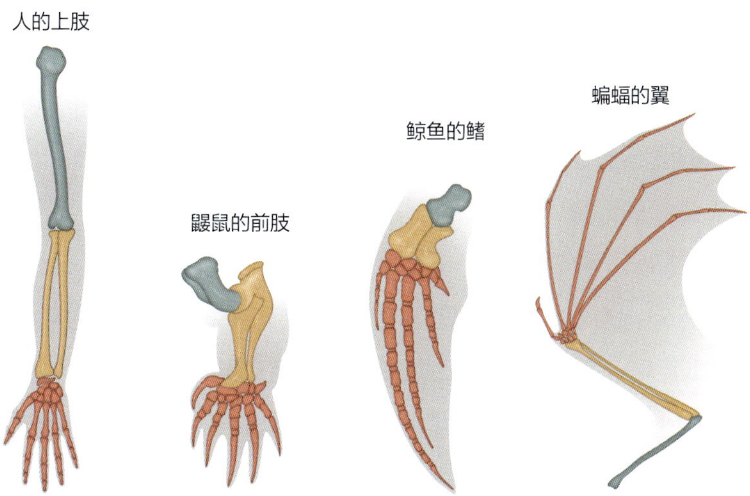

图 1–12　同源结构

残迹化石是证明演化共祖的重要依据。有些昆虫的翅膀位于鞘翅之下，萎缩到不能飞翔；有些鸟类胚胎的喙部仍有牙齿的残迹（成年后消失）。达尔文说："这类器官可与单词中的字母比拟，虽依然保存在拼写中，但已然不发音了，而无声的字母却可用来追寻词源的线索。"

化石类型有很多，沉积岩中的化石（如保存软躯体的澄江和热河生物群）最多见，琥珀（保存细微性状）、煤核（保存植物体细节）、洞穴中的化石（如被豹、鹰捕食的古人类的化石）、冻土层里的化石也富有研究价值。

化石还有很多其他价值，如能确定沉积矿层的时代。化石能源（如石油、天然气、煤炭）在国计民生、社会发展中的意义尤为重大。

3. 如何认识演化论？

达尔文演化论对科学界、思想界和社会各界的影响极大，但究其本质、机制等，常有不同认识。“演化论有个奇怪的特点：每个人都觉得自己了解演化论”（雅克 · 莫诺语）。演化论虽然传播很广，但是容易被误解和误识。

问题 1：生物只是从简单到复杂演化吗？

生命起源时，的确呈现最简单的细胞形式。经历约 38 亿年的漫长演变历程，现今生命体和多样性变得无与伦比的复杂。如复杂的多细胞生物由单细胞生物演化而来，复杂的真核生物由原核生物演化而来。于是，“从简单到复杂”便被视为生物演化的必由之路，从 20 世纪 40 年代起，国内把这一定义直白地写进了词典或教科书里。

从简单到复杂，在生命过程中是一种常态，毋庸置疑。但是，这不是唯一的演化趋向，更不代表演化的全部。化石研究证实，在适应过程中，生物演变呈现出明显的多元性。除上述情况之外，还有：① 生物长期处于简单状态。如由蓝细菌（也称蓝藻）等微生物参与形成的沉积构造（即叠层石）史前颇为常见；20 亿年前的蓝细菌化石与现生的后裔比较，形态上竟难以分辨。② 从复杂到简单。如寄生生物的器官、组织不断退化，形态与结构变得简单。又如病毒只剩下少量遗传物质和一个外壳。

另外，为何复杂化类型易于灭绝、简单化类型却能继续繁衍？如繁盛于古生代（5.4 亿—2.5 亿年前）海洋中的腕足动物在二叠纪末大灭绝中遭受重创，到中生代（2.5 亿—0.66 亿年前）腕器官复杂（腕螺）的类群全部消亡，相对简单（腕棒与腕环）的类群却存活至今。奥陶纪 – 志留纪营海洋漂浮方式的笔石，枝体或胞管复杂化类型都灭绝了，而简单类型却能生存下来。

扫描二维码，观看视频：生物只是从简单到复杂演化吗?

还有，为何在一次次全球大灾难后，占优势、复杂化、大型生物最不受待见，而不起眼、简单化、小型生物却顽强逆袭？如头足动物中发育简单缝合线的鹦鹉螺（海里游泳）经受了五次大灭绝的考验幸存至今，而发育复杂缝合线的中生代菊石却在白垩纪末与恐龙一起消亡了（图 1–13，图 1–14）。

说到这里，我们来回顾达尔文说过的一句话：“复杂化可能发生了，但那不是生物演化必然发展的规律。”

图 1–13　现代的鹦鹉螺

图 1–14　菊石化石（傅强供图）

问题 2：自然选择就是“优胜劣汰”或“弱肉强食”吗？

自然选择常被理解为“适者生存”，所指的“适应”带有主动性和意识性，与生物学上的适应不一样。生物对环境的适应，通常是被动和无意识的，是大自然选择了那些适应环境的性状和个体，淘汰那些不适应的。

如果认为“适者”就是“强者”“优者”，“弱者”必被淘汰，就更成问题了。你看，恐龙常被看作侏罗纪 – 白垩纪的霸主，位处生命舞台的中央（图 1–15）。可正是这些最强者，在白垩纪末大灾难中，惨遭整体淘汰的厄运。同时代、躲藏地下的“弱小者”——早期哺乳动物，因适应洞穴生活，却幸存并顽强复苏了。地球历史上确有强者获胜的实例，但弱者逆袭的例子也有许多。

即使是“弱小”者（如蚁类），也会在生存竞争中“使出”浑身解数，做出改变，由大自然选择其有利的变异，传宗接代。行动迟缓的树懒（图 1–16），采用体能慢耗的生活方式，又身披保护色毛发，在特定生态位里生活时如鱼得水。

可见，“力量”本身不是生物成功适应环境的必然保证，最佳适应也未必是最“优”生物。被最终保存下来的也不见得是那些看似“最适应”的特征。哪怕是一个不好的性状（由于机遇），或无用的基因，只要对生存与繁殖无害，也会被保留下来。千姿百态的生命，只是特定环境中的适者，与“强、弱”无关，与“优、劣”不搭。

扫描二维码，观看视频：自然选择就是“优胜劣汰”或“弱肉强食”吗？

图 1-15　恐龙的复原图（杨定华绘）

图 1-16　树懒

问题 3：人类是最高等、最优秀的吗？

有人说人类是地球生命的主宰、万物之灵，处于食物链金字塔的顶端。这些说法是不准确的。人类的祖先在长期野外生存中，演化出使用语言进行团队协作，在危难之中以智取胜。人类只不过是肉食性动物利齿之间幸存下来的被猎食者（也是狩猎者）、经受天择考验的无数物种中的一个而已。若说人类已经到了演化的终端，而演化从未停歇过，则哪有极致和巅峰可言？

说生命低等、高等，也容易引起误解。生命世界里的物种是平等的。所谓低等，只是出现得早、原始些、保留共同祖先原始特征（也许在适应演化中更有效）多些；所谓高等，只是出现得晚、新的衍生特征积累得多些。如原核生物出现得较早，但种类繁多、数量庞大、适应能力强，远远超过后来许多真核生物，至今未被后者所取代。又如哺乳动物中的灵长类是一个较原始的分支，但其中的人类已经演化到如此的“高度”（图 1-17）。其实，这些自视高等的观念只是“人类在这个小行星上骄傲自大的根源”罢了。再说，区分“高等”与“低等”的标准本身就是人为的。达尔文指出：“说一种动物比另一种动物高级其实是很荒谬的，千万别说更高级、更低级。”好在从哥白尼、伽利略、牛顿到爱因斯坦，每次重大科学革命总把支撑人类傲慢、自大观念的巨柱连根拔掉了。

扫描二维码，观看视频：人类是最高等、最优秀的吗？

图 1-17　人类演化示意图

问题 4：演化（进化）等于进步、趋于完美吗？

有人以为演化（进化）是不折不扣的进步，表现出明显的进步性，是只进不退的。然而，演化是生物被自然选择的结果，进退皆可。所谓“退化”的性状（如人类的阑尾）在生物界并不鲜见：① 寄生虫，器官构造慢慢简化，是对其在宿主体内生活方式的一种特殊适应；② 鼹鼠（图 1-18），其祖先的眼睛是有视觉功能的，后因专营黑暗洞穴内的生活方式，这个功能几乎完全丧失了；③ 鸵鸟（图 1-19）是飞鸟祖先的后裔，适应了地面生活，翅膀还在，却不能助其上天觅食，但演化出新的功能，如保持平衡、恐吓来敌、逃避捕食者、求偶等。它们是生物界的一部分，对环境的适应都是自然选择的结果，我们很难用“退步”“进步”来判定。可以说，“进步”本身是一种以人为中心的偏见；笼统地将生命的变化说成进步，机械地与进步画等号是不合适的。

还有人以为演化是趋于完美的，自然选择淘汰有害的、不利的性状，保留有益的、有利的性状，逐渐积累后，生命体的结构越来越完善。然而，情况并非如此。

你看，颈长的长颈鹿能够吃到高处的树叶，在择偶上更受到青睐，被自然选择留存；但它喝水时，需要把腿分得很开，俯身低头，突显不利的一面（图 1-20）。智人直立，好处（如行走、解放双手、制造工具、面对面地

图 1-18　鼹鼠

图 1-19　鸵鸟

图 1-20　长颈鹿

扫描二维码，观看视频：演化（进化）等于进步、趋于完美吗?

进行语言交流）颇多，但也常被不完善的性状（如颈椎、腰椎、心脏负担以及脑梗死风险）折磨得够呛。雄孔雀丰盈鲜艳的尾羽，被雌孔雀垂青，却给自己的行动带来不便（图 1-21）。演化只是生物适应特定环境的体现。追求完美，难以做到，也未必最好。再说，大自然不一定非选择有利、完善的性状，无利、无害、无益的性状，有时也会被保留下来。

图 1-21　雄孔雀

图 1-22　严复

演化的英文单词是 evolution，原本是将画卷展开来的意思。这个词最早被严复先生（图 1-22）译成“天演”，作为一个中性词，既符合原意，也与他提出的“信、达、雅”翻译标准一致。演化二字涵盖了比“进化”更广泛的生命过程及其时空变化，有助于正确理解生物演变的内涵。自 20 世纪初“进化”一词从日本传入后，被中国人频繁使用，却使得一些误识演化论者常把“进化”与“进步”混为一谈。实质上，每个时期的生命都是当时适应周围环境的产物。面对生物的繁盛、退化、消亡等种种现象，秉持演化与“进步”不是一回事的观念是合适的。

就生命演化这一宏大理论而言，把它扼要地定义为“从简单到复杂”“从低等到高等”“从少到多”便草草了结，是很难做到客观、严谨、精准、科学的。用一种事实来代替其他所有的事实也是不合适的。表述生命演化的本质和内涵，我们不能把诸如“变异”“遗传”“渐变和突变”“适应”“自然选择”等重要词汇排除掉。

图 1-23　赫胥黎

4. 摈弃“社会达尔文主义”

19 世纪，英国人斯宾塞提出“最适者生存”的概念，认为优秀种族最有资格统治世界。从演化论的角度分析，这一认识包含以下两个错误：第一，曲解了达尔文演化论，以为最强（优）者最适应环境，弱小生物必被淘汰；第二，把误识的演化观又机械地搬到人类社会中来，鼓吹奴隶制度、种族歧视和霸权主义，主张财富是成功的象征、穷弱残者该被淘汰。

人类是有文化的道德动物，既有生物学属性，又有社会学属性，两者时常交织，难解难分。19 世纪末，英国人赫胥黎（图 1-23）在撰写《演化论与伦理学》时严肃指出：“人类社会不同于动物社会，生物演化的概念不能硬套到社会领域中去；提倡美德与调和，不能自行其是。”恩格斯说：“把动物社会的生活规律直接搬到人类社会中来是不行的。”

扫描二维码，观看视频：摈弃“社会达尔文主义”

最早将达尔文理论介绍到中国来的是严复先生（1898 年）。他把赫胥黎的《演化论与伦理学》译编后，出版了《天演论》，期望把“与天争胜”的理念植入中国人的大脑，让中国人在奋斗中改变国运。不过，遗憾的是，他只翻译了“生命演化”部分，却舍弃了“伦理学”的内容，还把斯宾塞的理念引入了国内。应该说，先辈们对达尔文思想的传播，犹如向中国人敲响振聋发聩的警钟，给年轻人以极大的心灵冲击，使中国成为接受演化论程度最高的国家之一。然而，这也致使人们对演化论一知半解或以讹传讹，以至于过分渲染和强调“生存竞争”，“鲜有继承与发展”（鲁迅语）。现代社会，甚至把“物竞天择”“适者生存”的概念用到了极致，好像一切在于竞争，唯有最强者才能拥有一切，从而为“一己之利”而不择手段，贻害社会，腐蚀大众心灵。

有媒体在宣传时，为吸引眼球，把一些“最强者”杀戮猎物的镜头给无限放大了，造成自然界只是“弱肉强食”的错觉。相比较而言，脊椎动物（人类所属）是最受人关注的，以至于人们在思考演化问题时，很少顾及其他很多生物种类，甚至把它们丢至脑后。我们知道，脊椎动物中的很多肉食性动物为捕食、抢占领地、争夺交配权和养护幼崽，展开了残酷的、血淋淋的生存竞争，这是其本能的需求，也是客观事实（图 1-24）。但是，这一点并不代表生命过程的全部。毕竟生物绝非简单到只剩下恶性竞争。即使是正常的生存竞争，也绝不以消灭对手为

图 1-24　白鹤在栖息地争夺领地

目的。北极狼就是一例，它如果把驯鹿吃光，就会自取灭亡。事实上，除竞争以外，它们还会花很多时间和精力去觅食、迁徙、求偶、繁衍、哺育、筑巢、嬉戏、学习、训练、交友、沟通、传递、睡眠等，这些行为都充斥在它们整个生命过程中。人类已经收藏的和将要采集到的化石，有许多就可以反映这些生命过程。

除脊椎动物外，不计其数的无脊椎动物、植物、微生物等生命，都在静悄悄地进行新陈代谢、适应生存。地球上的生命，经历了长期的演化，到处产生共生共栖共存、互惠互利互助及寄生、利他等双向或单向行为。在这些相安无事的大量共演化的现象中，以显花植物（最多样）和传粉昆虫（最多种）或鸟类之间的关系最为人们所熟悉（图 1-25）。很多野外观察和实验研究结果显示，在生物群体之间的生存竞争中，由乐于合作者及利他主义者占多数的群体，总是战胜由“自私者”占多数的群体。这就是“群体选择”理论（威尔逊语）。其他，如地衣，是由真菌和藻类组成的共生系统。细菌界的共生现象也很普遍，如土壤里，不同种类的细菌产生代谢物为其他物种所用。地球生命史中非常重要的一个事件，即最早的真核生物的产生，很可能是由真细菌和古细菌共生所发动并形成一种嵌合体。线粒体、叶绿体和其他细胞器，很可能是共生的产物。以上这些似乎平淡无“奇”、悄然无声、无处不在的生命过程，在定义生命演化的时候却时常被忽视或遗忘了。

图 1-25　昆虫在采花蜜的同时也为花传粉

如果，把前述所谓“弱肉强食”的现象生搬硬套到人类社会里来，就更加大错特错了。毋庸置疑，人类社会需要竞争，但也需要合作。如果天天面临冲突，处处遭遇掠杀，那才是人类社会的不幸！所以，人类自身必须坚守伦理道德，不断约束自己，以互助互爱为荣、损人利己为耻。人类必须坚守“地球生命共同体”的理念，顺应生物演化的大潮流。人类如果肆无忌惮、没完没了地破坏大自然，掠杀与人类共存的其他生命，最后遭殃的必将是人类自己。

“社会达尔文主义”必须被摈弃！

5. 结语

我们没见过生龙活虎的恐龙，我们更不能穿越时空，直到古生物学家发现了化石，研究了化石及其生存的年代与环境。随着时间的推移，化石材料越积越多，生命演化的奥秘才慢慢地被揭开。我们已然知道，数十亿年的生命演变过程是多么壮阔、多么神奇、多么有趣！这就是化石的魅力！

化石是探索生命演化最直接、最可靠的证据。演化生物学是科学领域中最令人着迷、迷惑和遐想的学科之一。生物演化论不仅改变了世界，改变了科学，也改变了人类的思维、认知和行为方式。

演化现象不仅需要科学家去探索，公众也需了解。这样，我们才能更好地理解生物世界，更好地理解人类现象及其独特性。

演化理论不应成为令青少年望而却步的深奥学问，而应该是理解生命意义、探索人生真谛和规范自身行为的大众科学。青少年在了解演化论、体验和规范人生价值的过程中，会获得无穷的乐趣。

中国人大都不信神创论，这一点对于演化论的传播似乎是有利的。但是，我们仍需运用科学真理驱散迷信与愚昧，纠正对演化论的误解和误识。

演化知识，浩如烟海。大量化石，等待发现。许多问题，尚待探索，研究生命演化的脚步将永不停息。期盼更多的青少年，用他们的热情与智慧，加入揭开演化奥秘的科学大军！

扫描二维码，观看视频：演化的魅力

上篇

化石并不神秘

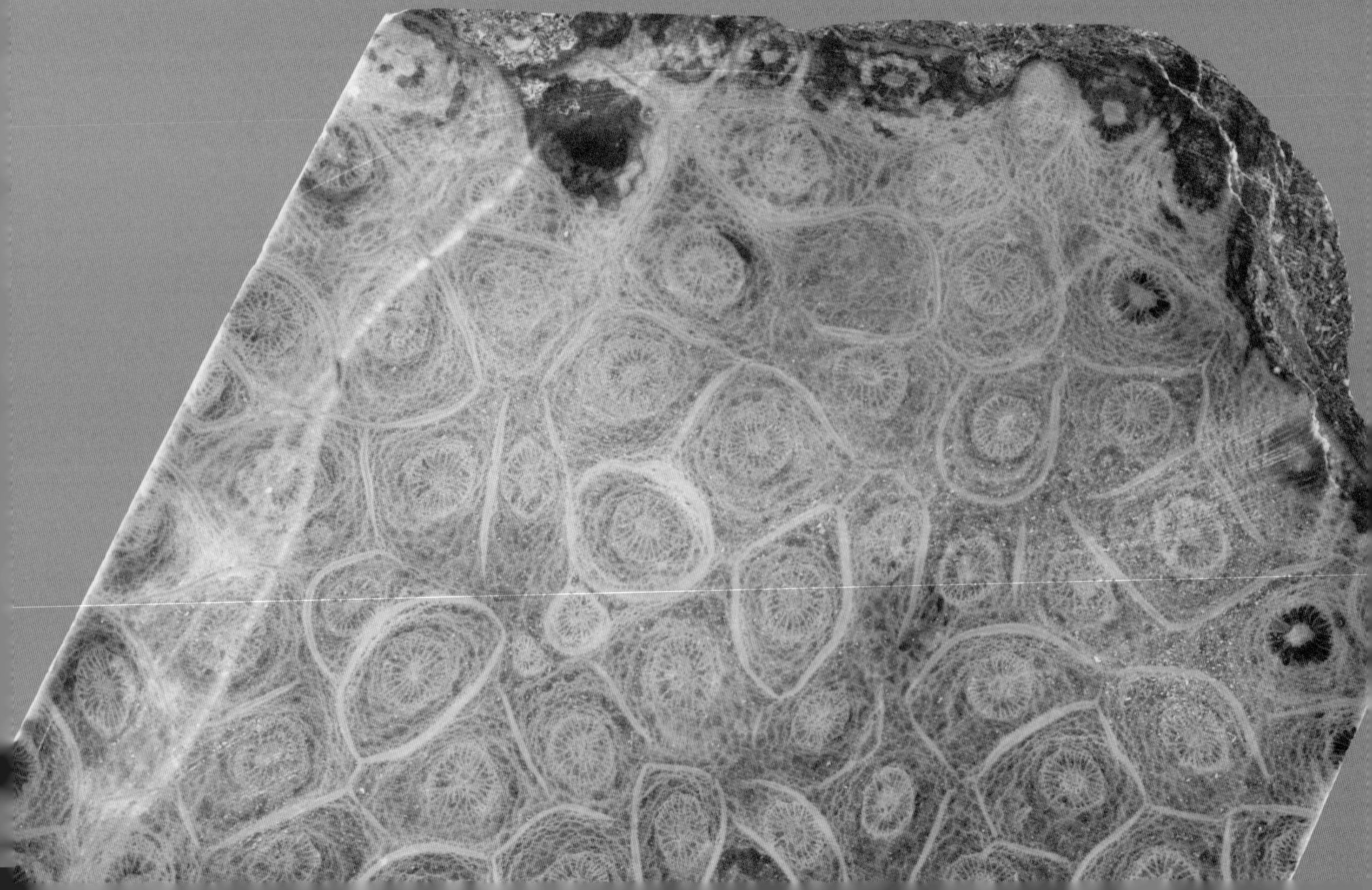

化石是远古生物的烙印，是经过漫长的地质历史过程所形成的产物，是大自然馈赠的宝藏。化石的种类多样，分布也很广泛，在地球大部分地区分布着的沉积岩中都能找到化石。化石并不是非常神秘而难得一见的宝物，只要你有一双善于发现的眼睛和勇于探索的精神，并且掌握正确的化石采集方法，你也可以做一个“化石猎人”，寻觅化石的踪迹。

化石是书写地球历史的“文字”，虽然这些“文字”是残缺的，但已经能让人类在相当程度上了解地球生命在如此漫长的地质年代中曾经发生的传奇故事。化石是穿越地球历史的“时光指示器”、测量地球古气候的“温度计”、再造地球板块的“拼图师”，化石可以帮助我们归纳出地质时代的划分依据和准则，了解地球过去发生的气候、板块和自然环境的变化。

化石的世界精彩纷呈，吸引着一代又一代人去解码化石的密语。探究化石的历史也是人类文明史的一部分。人类认识化石的历史悠久而曲折，发生了很多奇闻趣事。这段历史也体现了人类百折不挠、持之以恒的探索精神，开创了生命科学的许多领域，为现代自然科学的发展奠定了基础。

Amazing stones

神奇的石头

/ 王玥、王博、傅强

无论是走在城市的街道上，还是走在乡村的田野上，无论是漫步在景色宜人的植物园里，还是漫步在熙熙攘攘的动物园里，我们每天都会遇到很多不同的生物。像人类一样，动物、植物、微生物等生物都有自己的家族历史。经过探索，科学家告诉我们，如今地球上所有的生物都源自同一祖先，具有漫长的演化历史。人类可以用文字记录自己的历史，但是动物、植物、微生物不会书写，没有文字，它们的历史是如何记录的呢？它们的祖先是什么样的？它们经历了怎样的演变历程？要回答这些问题，就需要找到一类特殊的石头。

地球上的石头

1

Rocks on the Earth

说起石头，大家应该并不陌生，也很容易在身边找到。但要让你讲一讲到底什么是石头，也许你就会感到为难了。

研究石头也是一门学问。大学里有一门学科叫作岩石学，讲的就是有关石头的科学。我们在本书中只是对石头有初步的了解。如果你想更全面和深入地了解，欢迎你进入大学学习岩石学。

在人类的生活和生产中，筑路、修房子、建桥……往往都离不开石头。石头是地球表面最主要的组成部分，我们立足的大地就是由石头构成的。即使是土壤和沙子，其前身也都是石头。我们所生活的地球表层，被科学家称为“岩石圈”，也就是说整个地球表层主要是由石头构成的。

地球上的岩石虽然很多，但总体上可以根据成因分为三大类：火成岩（岩浆岩）、沉积岩和变质岩。

火成岩是由地下的熔岩或喷出地表的岩浆冷却凝固后形成的岩石（图 2–1）。火成岩按成因可以分为两类：一类是岩浆出露地表凝固而形成的火成岩，也称喷出岩；另一类是岩浆侵入地壳内部，在地表以下缓慢凝固而形成的火成岩，也称侵入岩。目前发现的火成岩，大部分是在地壳表面以下形成的。

图 2–1　火成岩，玄武岩在火山喷发过程中形成的柱状节理（傅强摄）

沉积岩也称水成岩，是在地球表面由风化物质、火山碎屑、有机物及少量宇宙物质经搬运、沉积和成岩作用形成的层状岩石（图 2-2）。

除了火成岩和沉积岩外，地球上还有一类我们不太常见到的岩石——变质岩（图 2-3）。变质岩是原有的岩石经变质作用而形成的岩石。

其实地球表面这三类岩石并不是孤立的，三者可以互相转化。风化的火成岩和变质岩经沉积作用就会成为沉积岩，火成岩和沉积岩经变质作用会成为变质岩，甚至变质岩本身也可以再次变质。深入地下的沉积岩和变质岩可被熔化，成为火成岩。

图 2-2　沉积岩形成的地层（傅强摄）

图 2-3　变质岩（张元动摄）

变成石头的生物——化石

Biologically formed stones: fossils

在整个地壳中，火成岩最多，大约占 95%，沉积岩只有不足 5%，变质岩最少。但在地球表面，沉积岩覆盖了地球陆地约 75% 的面积。

沉积岩有两个突出特征：一是看上去一层一层的，层与层的界面叫层面，通常下面的岩层比上面的岩层古老；二是许多沉积岩中含有远古生物的遗体或生存、活动的痕迹，也就是本书的主角——化石。而火成岩和变质岩经过了高温和高压的作用，因此无法保存化石。化石是判定其所处岩层形成时代和研究古地理环境的珍贵资料，常被称为记录地球历史的“文字”。

根据成岩矿物来源的不同，沉积岩可以分为它生沉积岩和自生沉积岩两类。前者主要为陆源碎屑岩，包括砾岩、砂岩、粉砂岩和泥质岩等，它们往往含有在陆地和淡水中生活的生物的化石；后者包括碳酸盐岩、硅质岩等，往往形成于海洋环境，因此往往含有在海洋中生活的生物的化石。

沉积岩中的化石可不是普通的石头，它们含有丰富的生命信息。那么，化石是怎样成为岩石的一部分的呢?

扫描二维码，观看视频：奇特的石头——化石

在地球表面生活的各种各样的生物，无论寿命有多长，死亡是最终的归宿。无论是自然死亡，还是突发灾难性事故，如洪水、火山、泥石流等，大多数生物死亡后会很快腐烂，消失得无影无踪。但是总会有一小部分生物，机缘巧合地在死后或在活着的时候被泥沙等沉积物掩埋。经过漫长的岁月，沉积物中裹挟的生物软体部分慢慢消失，骨骼、贝壳等硬体部分被矿物质取代，从而形成化石，随着沉积物固结成岩，变成了岩石的一部分（图 2-4 ）。这一过程往往十分漫长，需要几万年、几十万年、

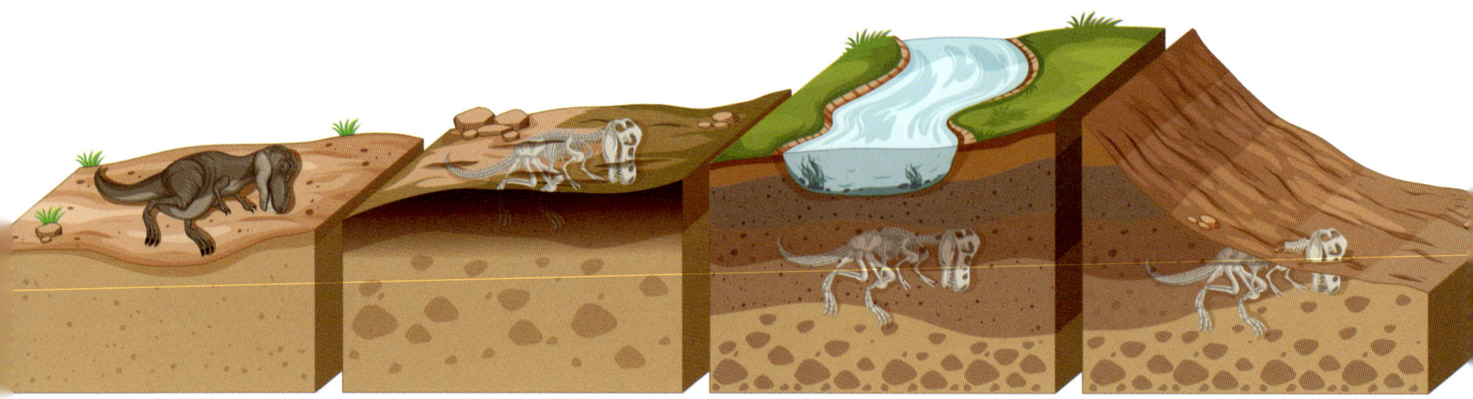

图 2-4　化石形成过程示意图

几百万年等。但在一些特殊情况下，生物也能在很短的时间内形成化石，如快速被冰冻、干燥或陷入缺氧的环境中。但严格来讲，后面这种情况形成的不能称为化石，因为它们并没有变成石头。但其中涉及的生物毕竟生活在很久以前，因此也笼统地称为化石。

通过前面的叙述，我们知道化石形成的过程需要生物遗体迅速被沉积物掩埋，因此沼泽、湖泊、河床和海滨是保存化石的良好环境。与生活在陆地上的生物相比，生活在水中的生物形成化石的概率相对较高。此外，干旱的沙漠、洞穴、冰雪、琥珀和沥青坑也是形成化石的良好环境，虽然这样的环境相对稀少，但能够形成保存完整、精美的化石。

化石是古生物学的研究对象。一谈到化石和古生物，很多人最先想到的可能是巨型恐龙等史前动物。由于备受青少年的喜爱，恐龙是众多科幻影片和科普作品中的常客，恐龙的骨骼化石可能是最广为人知的化石了。实际上化石按照保存的形式可以分成多种类型，像恐龙骨骼化石这类的，把史前生物的遗体全部或部分保存下来的化石，称为实体化石（图 2-5）。实体化石是最常见的，也是最易保存的。除实体化石外，还有模铸化石、压型化石、遗迹化石和分子化石等。模铸化石是指生物遗体在地层或围堰中留下的印模或复铸物，如具硬壳的贝壳和没有矿化的植物茎干。植物的茎叶在形成化石时多为压型化石（图 2-6），仅保留了一层薄薄的碳膜和留在岩石上的印痕。遗迹化石是指史前动物活动留下的痕迹，包括脚印、粪便等，如恐龙足迹化石就属于遗迹化石（图 2-7）。分子化石则是史前生物死亡后残留在沉积物或者实体化石内部的有机大分子，通常包括脂类、蛋白质和脱氧核糖核酸（DNA）等。

化石宝库中的种类繁多，下面我们来一起认识两类大家可能不太熟悉的化石——琥珀和微体化石。

图 2-5　暴龙化石（贺一鸣供图）

图 2-6　压型化石（傅强供图）

图 2-7　恐龙足迹化石（傅强摄）

琥珀——穿越时空的胶囊

Amber: the natural time capsule

琥珀是一种独特的化石，一般是由松柏科、南洋杉科等植物分泌的树脂掩埋在地下数千万年，在高温、高压的条件下，经过大分子聚合作用而形成的。其元素的组成和树脂类似，主要是碳、氧和氢，大多数被点燃之后会剧烈燃烧，所以在古代也被当作一种助燃剂。在中国古代，琥珀曾被认为是老虎死后的精魄入地化为石头而形成的，故也称为“虎魄”。

现代的很多树木也能分泌树脂，如常见的桃树和松树，但并不是所有植物的树脂都能变成琥珀，不同树木分泌的树脂成分各有差异，只有本身的理化性质足够稳定，能够抵御环境侵蚀的树脂才有可能经历上千万年的时光和重重考验成为琥珀。树木分泌的树脂接触空气会慢慢变硬，缓慢地发生氧化作用，被大自然降解。所以无氧的环境对琥珀的形成至关重要，大多数琥珀被掩埋于湖底或者沼泽中，在漫长的地质历史之后就保存在沉积岩或者煤层中（图 2-8）。另外，很大一部分树脂在变成化石的过程中不可避免地会被降解，只有树脂数量足够多，最终才能形成有一定规模的琥珀矿，而这就需要一大片远古森林在相当长的时期内源源不断地分泌具有形成琥珀潜力的树脂。

琥珀形成的条件如此苛刻，因此格外珍贵。目前已知最早的琥珀来自美国伊利诺伊州石炭系，距今约 3.2 亿年。但此后在很长的一段时期内，琥珀的记录都非常罕见，大多是一些细小的颗粒。最早的含昆虫等内含物的琥珀来自意大利的三叠纪，距今约 2.3 亿年。科学家在该琥珀里发现了非常小（0.1—0.2 mm）的螨虫。一直到

扫描二维码，观看视频：琥珀的形成

图 2-8　煤中的琥珀，煤块长约 6 cm（王博供图）

恐龙横行的白垩纪，具有大量内含物的琥珀才在世界范围内广泛出现，如著名的缅甸琥珀、黎巴嫩琥珀等。在哺乳动物和被子植物兴起的新生代，琥珀的分布更加广泛，其中最负盛名的琥珀产地是波罗的海地区、多米尼加共和国。

除了用于观赏、收藏和药用以外，琥珀在古生物学研究中也有非常重要的作用。远古时期的树木分泌的树脂有时会捕获一些动植物和微生物或其部分结构，如昆虫、蜘蛛、青蛙、甲壳类动物、细菌、变形虫、花朵、羽毛等。琥珀中大多数内含物的外部形态相对完整且为立体保存，因此为古生物形态学研究提供了极好的标本，为重建远古时代的生物多样性、演化历史、古生态学以及生物地理分布提供了重要证据。同时，琥珀的元素成分以及各种同位素指标具有重要的古环境意义。

缅甸琥珀主要产自缅甸北部，最古老的文字记录可以追溯到我国汉朝的编年史《汉纪》。缅甸很多地区有琥珀产出，最大的产地是位于缅甸北部的胡康盆地。缅甸琥珀因其绚丽的色彩而闻名，品质多样、硬度极高，深受众多收藏家和爱好者的喜爱。根据其颜色，可以划分出诸多品种，其中以金珀（图 2-9）、棕珀、血珀、翳珀、茶珀、根珀、金蓝珀、彩虹珀和缅甸蜜蜡最为闻名。虽然缅甸琥珀形成年代久远，贸易历史悠久，但是相关的科学研究工作开展较晚，直到近一个世纪以来才逐渐展开。目前，缅甸琥珀中一共报道了超过 1500 种动植物，是世界上生物多样性最高的琥珀生物群之一。和其他产地的琥珀一样，缅甸琥珀中保存种类最多的是节肢动物，还有其他较大型的陆生生物，如鸟类、蜥蜴、恐龙和蛙类等。除了陆生生物外，还产出了极其罕见的海洋生物——菊石（图 2-10）。琥珀中菊石的发现表明形成缅甸琥珀的森林位于热带海滨地区，环境类似于当今的一些热带海岸森林。

图 2-9　缅甸琥珀中的金珀（王博供图）

图 2-10　缅甸琥珀中的菊石（王博供图）

在中国，人们对琥珀的喜爱由来已久。我国的三星堆遗址、商代遗址都曾出土过琥珀配饰。从汉代开始，琥珀被越来越多地用于装饰、辟邪。在晚清时期，随着雕刻工艺的日趋成熟，上至商贾贵胄，下至平民百姓，佩戴与使用琥珀配饰达到了空前的流行局面。

中国的琥珀资源并非十分丰富，目前已发现的产量较高的琥珀资源主要分布在河南西峡、辽宁抚顺以及福建漳浦。其中，抚顺琥珀和漳浦琥珀都含有大量的内含物，具有重要的科学价值。

扫描二维码，观看视频：琥珀的分布

约 5000 万年前，在辽宁抚顺这片土地上，气候冬温夏热、四季分明，降水丰沛，森林茂密，广泛生长着松柏类植物。正是这样的自然条件，为日后抚顺琥珀的形成提供了至关重要的基础。这些松柏类植物的树脂不断地分泌、滴落，这样的过程日复一日地重复着，时不时有一些“不幸”的昆虫等生物不小心被包裹在其中，动弹不得。随着森林不断腐烂，一片隔绝空气的沼泽开始形成，地层逐渐沉积，这些树脂也随之埋藏并保存了下来。时间拉回到现代，随着煤矿的开采（图 2-11），这些穿越时空的胶囊也相继暴露在世人的目光下。迄今为止，抚顺

图 2-11　抚顺西露天矿坑（王博供图）

琥珀中已发现节肢动物（包括昆虫）至少 22 个目，超过 80 个科 150 种，包括多足纲（如蜈蚣）、蛛形纲（如螨、蜱、蜘蛛、盲蛛），以及种类最丰富的昆虫纲（如蟋蟀、蟑螂，图 2-12）等。

与波罗的海琥珀和多米尼加琥珀相比，抚顺琥珀的颜色较深，流纹丰富（图 2-13）。抚顺琥珀里也有不透明的品种，称为花珀，以黑白分明的为佳，价值不菲。其原石直径一般小于 10 cm，硬度高，非常适合雕刻加工，具有很高的经济价值和文化意义，抚顺琥珀目前已成为国家地理标志产品。

图 2-12　抚顺琥珀中的代表昆虫（王博供图）
A. 琥珀中的蟋蟀；B. 琥珀中的蟑螂

图 2-13　不同类型的抚顺琥珀（王博供图）

漳浦琥珀的年代距今约 1500 万年，当时大气中二氧化碳的含量显著高于现今水平，全球年平均气温较现今高 3—7 ℃。漳浦琥珀的植物来源是龙脑香科，是现代亚洲热带雨林的主要树种之一。漳浦琥珀中已发现节肢动物（包括昆虫）超过 250 个科；多足纲有马陆、蜈蚣等，蛛形纲有丰富的螨、蜱、蜘蛛、盲蛛和拟蝎等。漳浦琥珀中的昆虫包括至少 20 个目，200 个科；其中最常见的是双翅目，约占总数的 55%；其次为膜翅目（如蜂和蚂蚁）；第三为鞘翅目（如甲虫）以及半翅目（如蚜虫、蝉）。此外，漳浦琥珀中还包含大量羽毛、植物、腹足类和微生物化石。

漳浦琥珀生物群（图 2-14）是世界四大琥珀生物群之一，是我国近百年来新发现的最丰富的琥珀生物群，也是最丰富的来自科研采集（非商业开采）的琥珀生物群，保留了初始的古生态和埋藏学信息，为其他琥珀生物群的古生态恢复和埋藏学偏差矫正提供了珍贵的对比数据。更重要的是，与其他大部分琥珀不同，漳浦琥珀有非常好的地质年龄和古气候数据，可以清晰地了解该琥珀生物群的环境背景。

图 2-14　漳浦琥珀生物群生态复原图（杨定华绘）

微体化石——微观世界的历史记录者

Microfossils: the recorder of the microworld history

在纷繁多样的化石宝库中，有一个庞大的群体存在于微观世界中，这就是各类微体物种所形成的化石，属于微体化石的范畴。这类化石通常肉眼看不见，需要通过放大镜或显微镜来识别。由于直观的视觉效果微乎其微，不像那些可以用肉眼直接观察的化石，微体化石较少得到大众的关注，在耳熟能详的化石名单中几乎找不到它们的名字。然而，这些小小的物种凝聚着惊人的爆发力。它们是地球上最早出现的生命形式，它们是漫长生命演化的亲历者和见证者，它们的演化贯穿了地球上生命的起源和发展的完整过程。

微体化石是一个大家族，既有微小古生物的完整个体，如有孔虫、介形虫、放射虫、硅藻、沟鞭藻、硅鞭藻、竹节石、软舌螺等，也有双壳类、腹足类等体型较大的生物中少数微小个体，还包括一些生物的微小器官或者身体的某些微小部分，如牙形刺是原始脊椎动物的口咽器官，颗石是构成颗石藻硬体的钙质小片，孢子和花粉是植物的生殖器官等。除此之外，微小古生物活动留下的痕迹，如微潜穴、微爬痕、微粪粒等，也属于微体化石（图 2-15），可以反映生物生存的方式和环境。

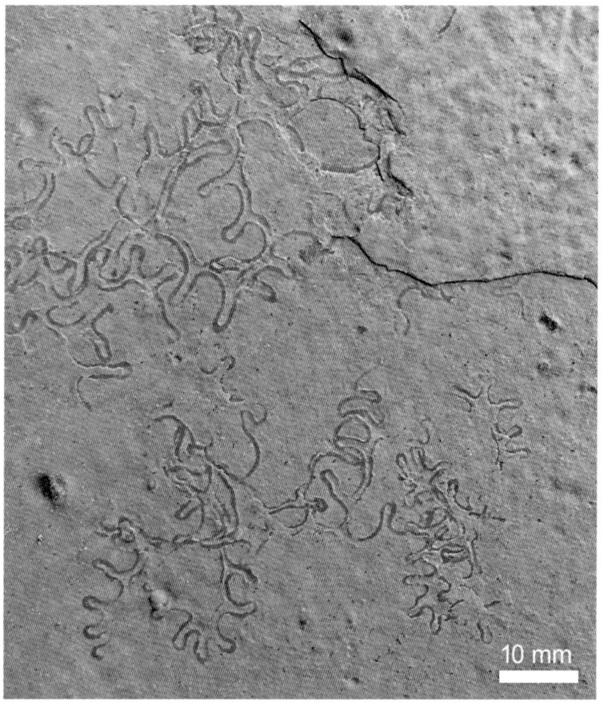

图 2-15　遗迹化石（罗茂供图）

来自下三叠统大冶组泥质灰岩中的微小爬痕（*Phycosiphon incertum*），是一类未知的食沉积物的动物觅食所造成的

相较于大化石，微体化石不仅有着无可匹敌的个体数量，还可以随着水流或者风力到较远的区域沉降下来，因而具有更广泛的分布范围。如放射虫死亡后，其骨骼沉于海底，由于数量众多，能够堆积形成厚厚的放射虫软泥。现代海底约 3.4% 的面积被放射虫软泥覆盖。又如一种叫作抱球虫的有孔虫，大量堆积在海底，形成厚层的钙质沉积物——抱球虫软泥，覆盖着当今约 1.3 亿平方千米的海底。在恐龙盛行的白垩纪，钙质超微化石和浮游有孔虫也空前繁盛，“白垩”就是以颗石藻和浮游有孔虫化石为主体构成的极细而纯的粉状灰岩，如今在英国英吉利海峡比奇角、法国诺曼底海岸等地形成了壮观而美丽的白色悬崖。数量和分布上的优势，使微体化石在生产实践中几乎无可替代。在深海钻探、石油勘探中，由于采集到的样品有限，大化石往往一块难求，而微体化石则不然，1 cm^3 的浅海沉积物中就可以有数以亿计的个体。

下面我们一起来揭开几种微体化石的神秘面纱。

有孔虫、放射虫、介形虫：手艺高超的建筑大师们

微体化石的世界如此丰富多彩，单单看化石的外形就足以让人眼花缭乱。以海洋中分布最广、数量最多的微体生物有孔虫为例，虽然它们的大小通常不超过 1 mm，属于单细胞动物，却有着各种小巧而玲珑的外壳（图 2-16）。仅仅是最简单的单室壳就有球形、梨形、瓶形、半球形、直管形、放射形、树枝形、锥形等。双室壳是个

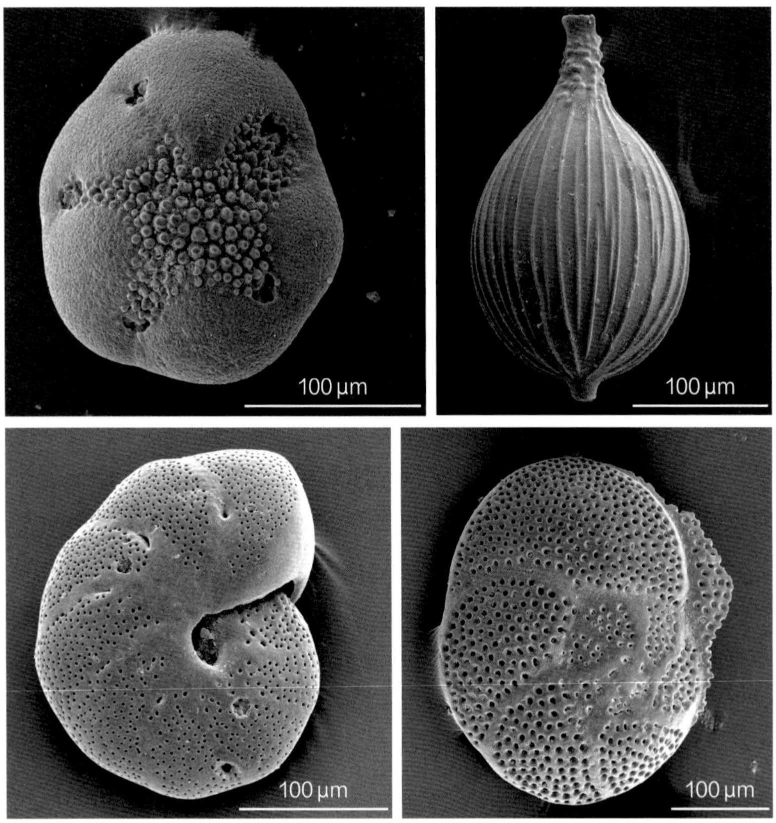

图 2-16　有孔虫（李保华供图）

体在形成初房后，继续向外生长出一个管状壳室，然后盘旋而形成球形、棒锥形、圆盘形、“之”字形。很多有孔虫会产生多个壳室，这些壳室有的呈直线排列成单列、两列或三列，有的在一个平面上旋转式生长，有的呈螺旋式旋转，有的不断改变旋转方向，壳体的形状也随之变得复杂多样。与其名字相符，有孔虫的壳上有很多细孔，从中伸出的伪足不但能帮助有孔虫在海底缓慢移动，还能捕获藻类、菌类甚至甲壳类幼虫作为食物。

在石炭纪和二叠纪出现了一类个体较大的有孔虫——䗴（图 2-17）。它们的外形多数似纺纱用的筳，中间大、两头尖。李四光先生在“筳”旁加了“虫”字，给这种微体化石起了一个新名——“䗴”。䗴通过分泌钙质形成硬壳把原生质包裹起来，放大数百倍至数千倍后可以看见这些壳壁由微米级的方解石颗粒组成。原始的䗴将棱角状的方解石无规律地排列，进化的䗴将方解石颗粒叠覆为 2—4 层，更为进化的䗴用方解石建造出梳齿状构造。壳壁的变化反映了䗴的演化，如同人类居住的房屋从石屋到砖瓦房再到宫殿的演变，由简单到复杂。不只是外壳，在䗴的演化历程中，它们的外形从原始的透镜状变为近圆形，再至纺锤形；大小从不到 1 mm 到几厘米，内部也出现了各种构造（图 2-18）。这些不同的外形、大小、内部构造和壳的组成不仅是化石鉴定的依据，也赋予了时代的色彩，科学家据此可以推断含有这些化石的岩石的年代。

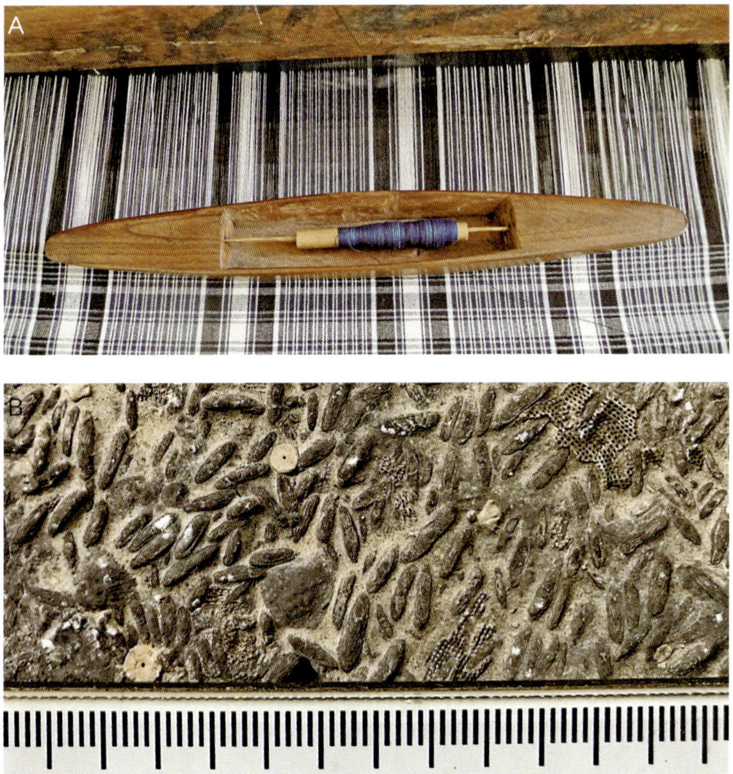

图 2-17　手工纺纱用的筳和外形呈纺锤状的䗴化石（王玥供图）
A. 手工纺纱用的筳；B. 岩石中保存的䗴化石（比例尺的每一格为 1 mm）

扫描二维码，观看视频：建筑大师有孔虫的诞生

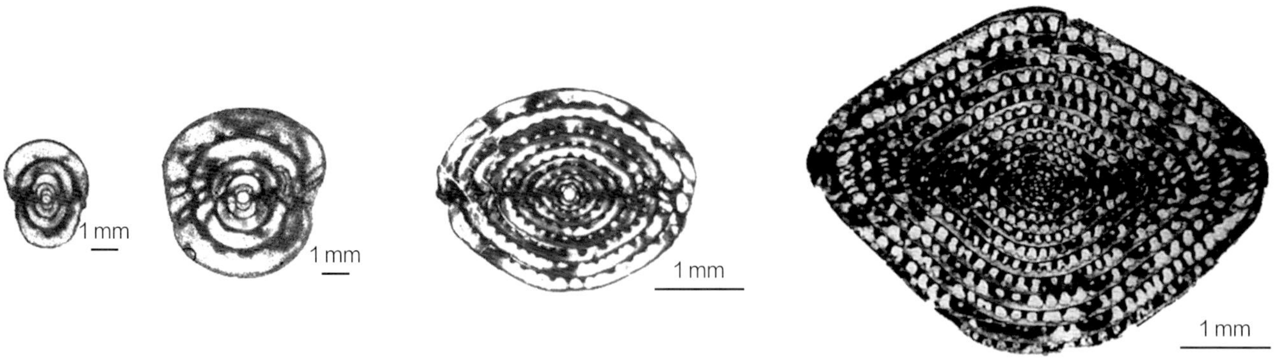

图 2-18　蜓化石的演化趋势示意图（王玥供图）
化石个体由小到大，外形从透镜状变为近圆形，再至纺锤形，旋壁和内部构造由简单到复杂

有孔虫通过改变壳室的生长方向，将居住的壳建造得千姿百态、琳琅满目。然而，若论壳的精美程度，还有一类单细胞生物显得技高一筹，这便是海洋中的浮游生物——放射虫（图 2-19）。与有孔虫钙质壳的成分不同，放射虫的骨骼是硅质的，化石一般保存在硅质岩中，用酸浸泡处理之后可以看到一颗颗立体的化石标本，有互不相连、呈分散状的刺和针状骨骼，有紧密相连呈网状的骨骼，组成的壳体呈球形、盘形、扇形、塔形、盔形、螺旋形，宛如太空中的星星、精雕细刻的象牙球、巧夺天工的纱罩、美轮美奂的小花帽、工艺精湛的宝塔、新颖别致的帐篷和各种造型奇特的瓶瓶罐罐等。

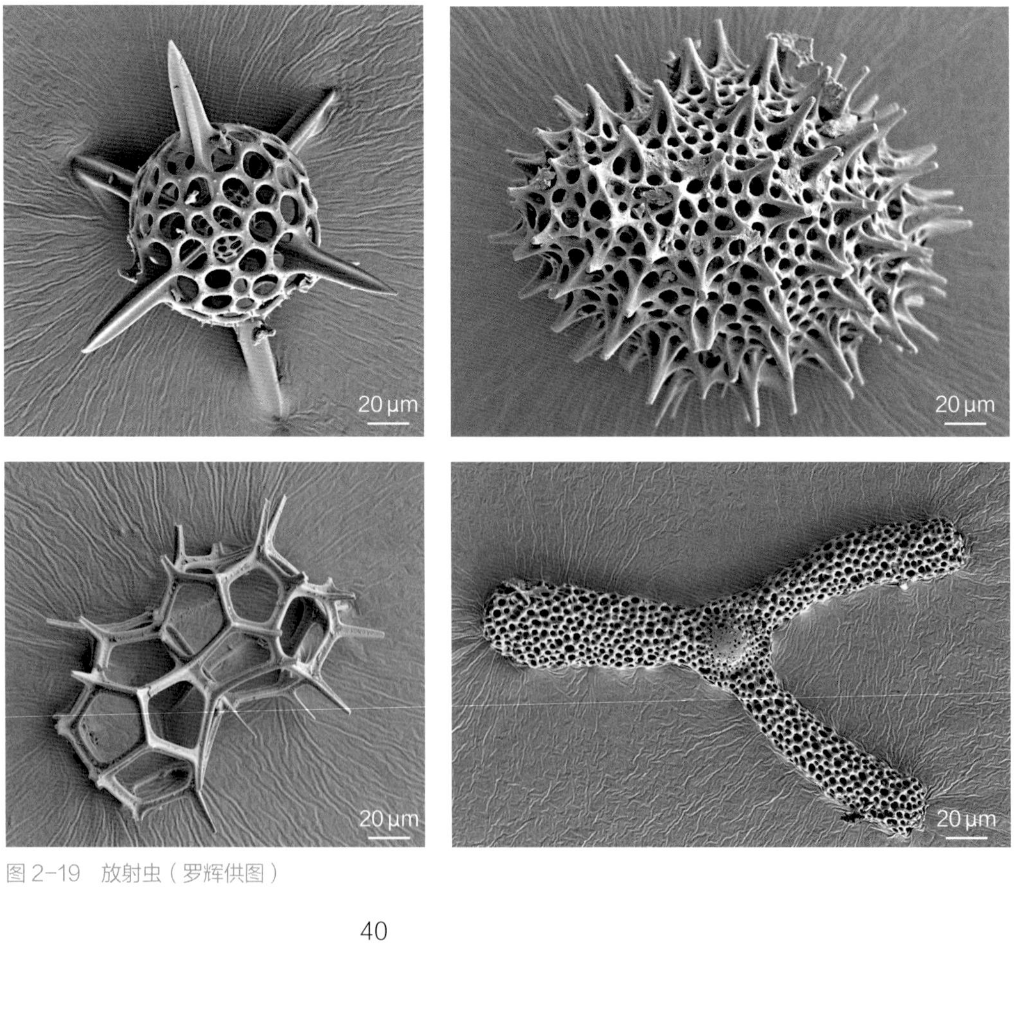

图 2-19　放射虫（罗辉供图）

除了原始的单细胞动物外，一些复杂的动物个体也有微小而精致的外壳。如节肢动物中的介形虫（图 2-20，图 2-21），虽然大小通常只有 0.5—1.5 mm，但身体的各种器官发育比较完善，有由口、食道、胃、肠和肛门组成的消化系统，有负责开闭壳的肌肉系统，有用于爬行、挖掘、游泳、摄食的附肢，有一些在头部的背侧有单个的眼。通常，介形虫只有钙质的壳保存为化石，形状有近圆形、半圆形、椭圆形、纺锤形、三角形和菱形等。壳面上有的光滑，有的长有较粗的马蹄形或唇形的脊状隆起，有的在壳面中前部或中部长有凹坑，有的壳面上布满了比凹坑小的斑点，有的壳面长有小鼓包或刺，还有一些壳面上装饰了平行或同心圆状的细纹。

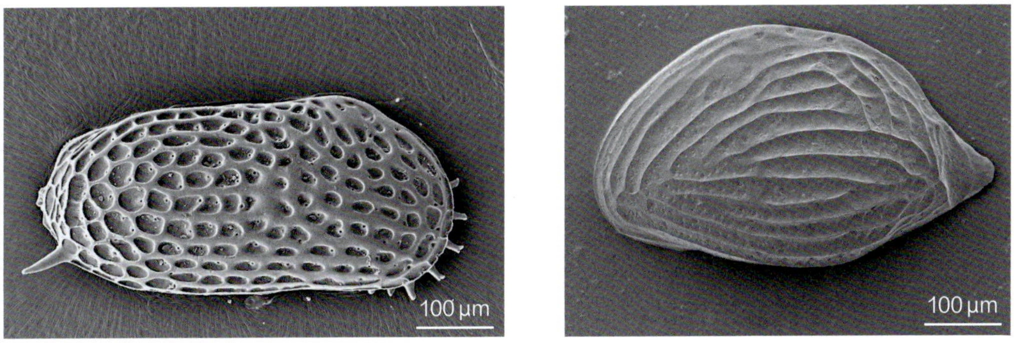

图 2-20　介形虫（王贺供图）

图 2-21　胡氏缅甸金星介（*Myanmarcypris hui*）复原图（杨定华绘）

颗石：钙质超微化石中的明星

我们刚刚认识的有孔虫和放射虫形成的微体化石以毫米为单位来度量，超微化石则以微米为单位来度量，需要借助电子显微镜才能观察清楚。颗石就是这样一种钙质超微化石。

在侏罗纪开始出现并一直繁衍至今的颗石藻，是一类能进行光合作用的单细胞远洋浮游生物，其细胞膜外有一层胶质层，在胶质层的表面和内部分布着圆形的钙质小盘，直径一般只有 1—20 μm，这些钙质小盘就是颗石。一个细胞上有许多颗石，可以分散分布，也可以相互叠合，组成球形至卵形的颗石球。不同种类的颗石藻拥有的颗石数目并不相同，有的为 20 个，有的多达 200 个。颗石藻死亡后，颗石球解体为颗石，形成化石后保存下来（图 2-22）。因为演化快，而且对生活的海水环境有着不同的要求，这些微小的化石在指示地层时代、古海水温度和盐度等方面发挥着巨大的作用。

牙形刺：一些“小鱼”的牙齿，数亿年前的时代标签

牙形刺也称牙形石，化石呈尖齿状或锯齿状，个体大小从几十微米到几毫米不等，外形很像某些鱼的牙齿或环节动物的颚器（图 2-23）。

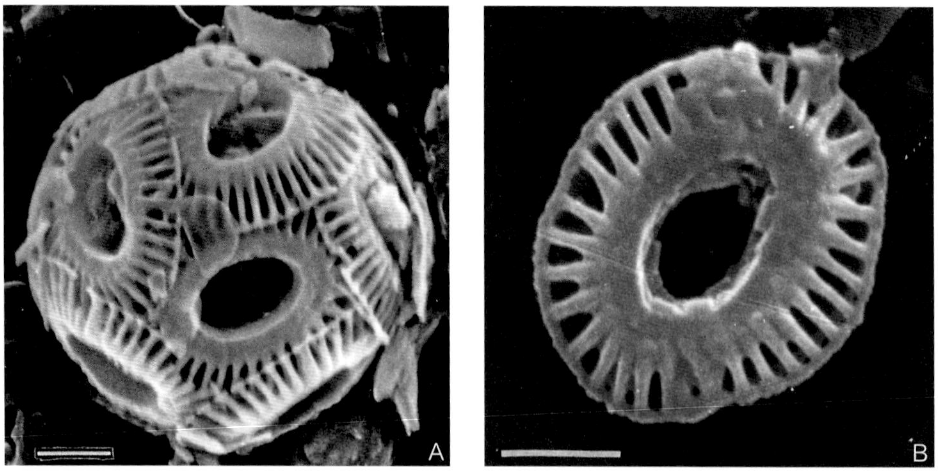

图 2-22　颗石球以及从颗石球上散落的颗石（图中比例尺为 1 μm，祝幼华供图）
A. 颗石球；B. 从颗石球上散落的颗石

图 2-23 形态各异的牙形刺化石（袁东勋供图）

扫描二维码，观看视频：标记地球万卷书的“金钉子”——牙形刺

早期的牙形刺外形比较简单，有锥形和枝状的牙形刺。泥盆纪是牙形刺演化的极盛时期，出现了大量结构复杂的牙形刺。石炭纪和二叠纪的一些牙形刺外形很像意大利的威尼斯尖舟——“刚朵拉”，造型轻盈纤细。一些牙形刺采用“刚朵拉”作为化石属名的一部分。牙形刺化石的成分是磷酸钙，并且有与脊椎动物牙齿相似的牙本质，在扫描电镜下观察到类似牙齿的磨圆、钝化、断裂、剥落、磨光、磨平等磨损现象，说明牙形刺是原始脊椎动物的牙齿，起粉碎、剪切食物的作用，属于口咽器官。然而保存在岩石中的牙形刺是通过弱酸浸泡分离出来的，是离散的个体，该如何组合形成

一个口咽器官还是一个未解之谜。而且，由于至今都未发现完整的动物个体，这些牙形刺化石属于哪种海洋生物也未能知晓。人们把这类原始脊椎动物称为牙形动物（图2-24），它们出现在寒武纪，消失于三叠纪末期。根据现有的具软体印痕的标本推测，牙形动物是一种游泳的食肉动物，与现代的七鳃鳗很相似。

牙形刺的演化快捷明了，这些原始脊椎动物的口咽器官有着远超一般海洋无脊椎动物的演化速率。如果以百万年（Ma）作为时间单位，腕足动物等常见的比较大的海洋无脊椎动物的演化在 10 Ma—30 Ma 的尺度上才能显现出来，牙形刺最快能达到 0.1 Ma。在保存完整的地层中，科学家可以通过密集采样来追踪牙形刺的演变过程。这一特点使得牙形刺成为古生物研究中的新宠。牙形刺常被选作“金钉子”的标准化石，来标定地层年代并进行全球对比。

微体化石中有很多门类在划分地层年代和指示环境等方面占据重要地位，如海相沉积物中的有孔虫、放射虫等，陆相和海陆交互相沉积物中的介形虫、孢子、花粉等。在漫长的演化历程中，微体化石保存了大量的地质信息，展现给我们一幅微观世界的精彩画卷。

图 2-24　牙形动物的复原图

结　语　5

Conclusion

从岩石到化石，地球和地球上生命的历史就被刻写在层层叠叠的“万卷书”中。铁打的营盘流水的兵，在生命塑造地球环境和面貌的同时，环境的演变也深刻地影响着生命的进程。从最早的蓝细菌，到寒武纪大爆发时的复杂海洋生命，到志留纪初期登上陆地的简单维管植物，到中生代横行陆地的恐龙，再到第四纪人类谱写文明的赞歌，地球历史上出现的生物类型数以亿计，只有极少数生物能够保存成化石，而被人们发现的化石只是众多化石的冰山一角。即使是这样，人们还是一直在不停地解读化石中的秘密，渴望拥有这些“时空指示器”，窥探我们无法重返的远古时代。

The history of our understanding of fossils

人类认识化石的历史

/ 傅强

化石如此重要，但以化石为研究对象的古生物学形成的时间并不太久远。自法国动物学家德布兰维尔于 1825 年首次提出古生物学一词，动物学家菲舍尔 · 冯 · 瓦尔德海姆在 1834 年首次将之引入地质学文献算起，人们对化石进行系统、科学的研究还不到 200 年。但实际上人类对于化石的认识十分悠久。像花花草草、鸟兽虫鱼一样，化石在很多资源丰富的地方非常常见。在日常生活中，先民们会注意到这些形状奇怪的石头，在闲暇之余难免会产生很多稀奇古怪的遐想，赋予这些石头很多神奇的功能。

人类考古中发现的化石 1

Fossils found in archaeology

人类对化石最早的接触，应该可以追溯到人类刚开始蹒跚学步的洪荒时代。起源于非洲并散布到欧亚大陆的直立人也许早就熟知某些化石，但当时是否如此还需确凿的证据。

根据考古发现，至少在数万年前，尼安德特人就已经采集和利用化石了。在法国勃艮第地区的一个岩洞里，人们发现了一批属于尼安德特人所有的腹足类和珊瑚的化石。尼安德特人发现于 1856 年，因头盖骨在德国尼安德特河谷出土而得名，他们生活在 20 万—3 万年前。这些化石可能是他们在狩猎返家途中，或在采集果实时，或在为寻找食物而迁徙的路上，碰巧看到而捡拾回来的。

19 世纪 80 年代，驻巴黎的军医、业余考古学家阿德里安 · 菲卡捷利用空余时间在巴黎东南部的洞穴进行广泛考察。1886 年，他在一个大约距今 1.5 万年的洞穴中发现了一块有两个钻孔的三叶虫化石。该洞穴是克罗马农人的定居点。这个三叶虫化石可能是某个有好奇心的克罗马农人用来作为装饰品或护身符佩戴的。

海胆是一种常见的海生棘皮动物，表面像刺猬一样布满长刺。海胆最早出现在 4.5 亿年前的奥陶纪末，现代海洋中大约有 1000 种。海胆的表面有一层矿物包膜。这层保护层被石化后，会显示出明显或不明显的星形图案（图 3–1），有些种类则呈现出花朵样的图案。正是由于存在这样的图案，海胆成了欧洲很多地方传说故事的主角。

人们对于海胆化石的认识可以追溯到旧石器时代。在公元 12 世纪，它们作为祭品是坟墓中的“常客”。1887 年，博物学家、考古学家沃辛顿·乔治·史密斯在邓斯特布尔高地的一个青铜时代坟墓中挖掘了一对母子骨架，骨架的周围竟然装饰着至少 200 个海胆化石。2020 年，考古学家在保加利亚西北部的弗拉察市附近的奥霍登新石器时代早期的定居点进行考古发掘时，发现了 9000—8000 年前的古人保存的形成于 4000 万年前的海胆化石。

正如前文所述，琥珀是一种备受世界各地的人们喜爱的有机宝石。人类最早加工和使用琥珀，可以追溯到 1 万多年前。在丹麦的日德兰半岛出土过公元前 8000 年至公元前 6000 年雕刻成动物形状的琥珀饰件。我国早在新石器时代的遗址中就出土了用琥珀雕刻的装饰物，战国、两汉时期的墓葬中不时有近似虎形的琥珀小雕件出土。2015 年，考古学者在南昌的西汉海昏侯墓中，发现海昏侯刘贺的一颗虫珀挂饰，距今已有 2000 多年的历史。

图 3-1　雅致顶星海胆化石（南京古生物所供图）

古代中国人对化石的认识 2

The understanding of fossils in ancient China

在中国，有关化石的文字记载，可以追溯到2000多年前。成书于2000多年前春秋战国时期的《山海经》中，就提到了“龙骨”“龙鱼”等可能的脊椎动物化石。之后，古籍中有关化石的记载频频出现，如腕足动物化石中的石燕（图3-2）。东晋著名画家顾恺之在其所著的《启蒙记》中写道：“零陵郡有石燕，得风雨则飞如真燕。”这算是关于腕足动物化石的较早记载之一。随后，北魏时代的著名地理学家郦道元在其名著《水经注》中也有类似的记述：“湘水东南流径石燕山东，其山有石，绀而状燕，因以名山。其石或大或小，若母子焉。及雷雨相薄，则石燕群飞，颉颃如真燕矣！”他绘声绘色地描述了在当今湖南省祁阳石燕山发现的形如燕子的石头，并认为每当雷雨之际，石燕会像燕子似的飞翔。由于《水经注》是一部地理学的古典名著，石燕会飞的论述曾经令很多人相信，以至曾广为流传。

像具有贝壳的水生生物（如腕足动物）一样，生活在水中的鱼也具有形成化石的优势（图3-3）。古籍中有关鱼化石的记载也屡见不鲜。郦道元的《水经注》中

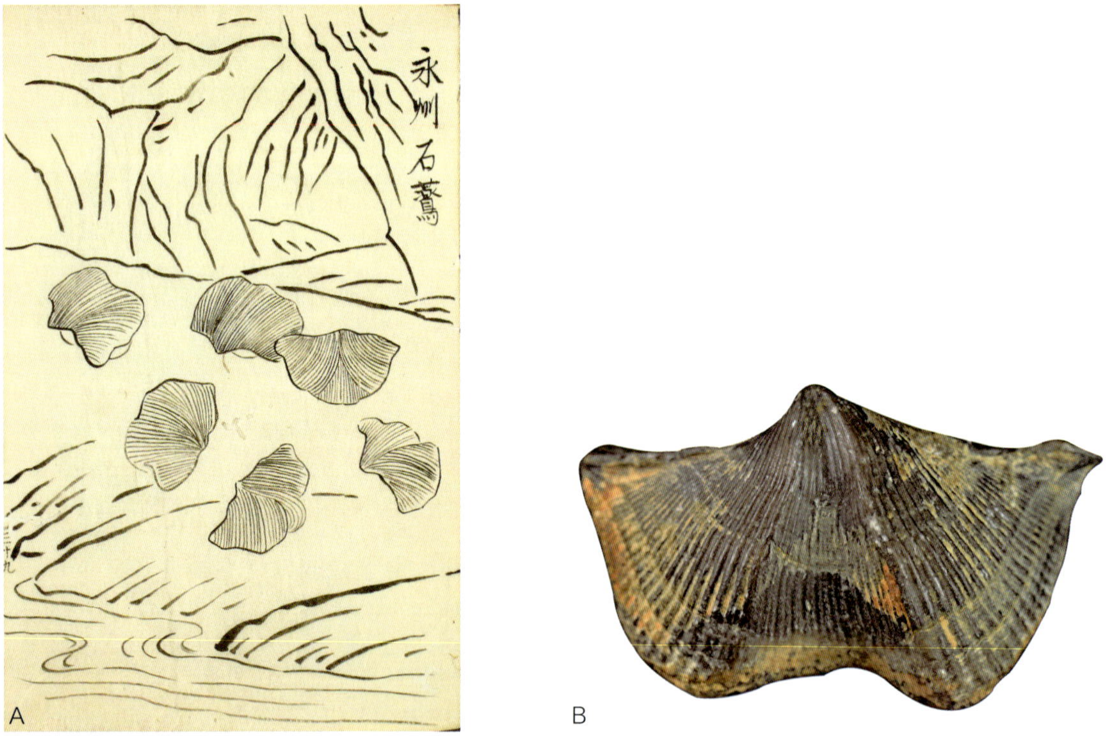

图3-2　古书中画的石燕和石燕化石实物（南京古生物所供图）
A.《绍兴本草图画》中画的石燕；B. 石燕化石实物

图 3-3 鱼化石（南京古生物所供图）

扫描二维码，观看视频：中国古代关于化石的记载

就有湖南湘乡鱼化石的记载，这些“石鱼”千百年来一直吸引着人们的目光。1938 年，中国古脊椎动物学的奠基人杨钟健等科学家曾到湘中一带考察，在湘乡发现了鱼类和植物等生物的化石。1958 年，在修建湘黔铁路时，路基穿过石鱼山，人们曾发现大量的鱼化石。除了湘乡之外，古籍中记载发现鱼化石的地方还有辽宁朝阳、甘肃陇西、陕西千阳、山东莱阳等地。清末的徐珂在《清稗类钞 · 矿物》中这样描写陕西千阳的鱼化石：“汧阳县［即今千阳县］有鱼石，状如馒头，破之即成两石，各有一鱼形，鳞鬣宛然，以手摩之，作鱼腥。溪中所产之石皆然。”辽宁朝阳产鱼化石的历史比较悠久，且深受清朝的康熙和乾隆两位皇帝的喜爱，并制有“砚匣”和“鱼石屏”等珍贵的艺术品。

硅化木是植物茎干的组织细胞被二氧化硅取代后形成的化石（图 3-4）。乾隆以《木变石》为题写过关于硅化木的诗，其中“不记投河日，宛逢变石年。磕敲自铿尔，节理尚依然”写得非常到位。诗中提到的这块木化石如今还保存在紫禁城（故宫）的御花园中。

我国对琥珀的记载很早，其中值得一提的是唐代大诗人韦应物曾慨然咏道：“曾为老茯神，本是寒松液，蚊蚋落其中，千年犹可觌。”他形象生动地描写了保存在琥珀中的蚊蚋（通常指蚊子）的化石（图 3-5），并对这种化石的形成做了合理的推测。

讲到古代中国人认识化石的历史，不能不提北宋时期的著名科学家沈括。他在所著的《梦溪笔谈》第 21 卷中记载了产自延州永宁关（今延安市延水关一带）的“竹子”化石，且非常超前地应用了“将今论古”的思想，根据现在竹子的分布范围，推断远古时期延州的气候比较潮湿而温暖。虽然经现代古植物学家研究确认，沈括记载的“竹子”化石可能是生长于中生代的新芦木（图 3-6），但沈括的思想逻辑还是值得肯定的。

黄庭坚是北宋时期著名的文学家和书法家，他曾有一方含中华震旦角石化石的镇纸流传至今（图 3-7）。在这方镇纸的侧面题写了一首诗：“南崖新妇石，霹雳压笋出。勺水润其根，成竹知何日。”经郭沫若考证，这确实是黄庭坚的真迹。如今这块珍贵的化石镇纸保存在南京古生物所内。

图 3-4 硅化木（傅强供图）

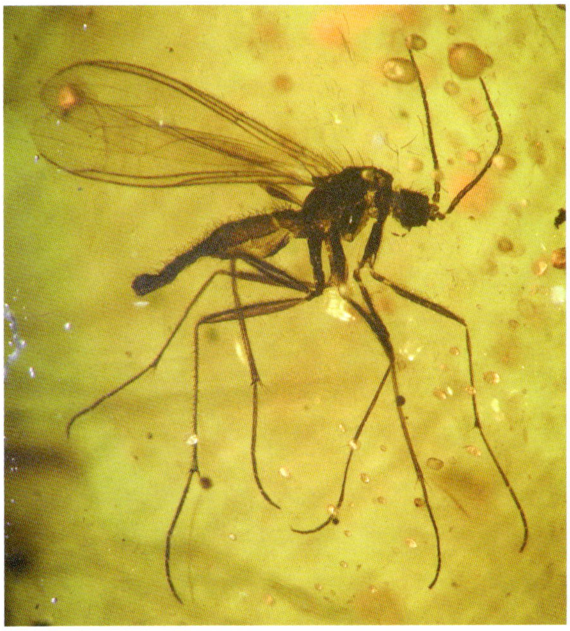

图 3-5　琥珀中的蚊子（王博供图）

图 3-6　卡勒莱新芦木（南京古生物所供图）

图 3-7　中华震旦角石化石镇纸（南京古生物所供图）

欧洲人对化石的早期探索

Early European exploration of fossils

古希腊学者

古希腊学者对花卉的描述和评论，最早可以追溯到公元前 6 世纪。古希腊哲学家阿那克西曼德、毕达哥拉斯、色诺芬尼以及历史学家希罗多德都指出，贝壳化石和鱼化石是从前生活在海洋中的生物遗骸。其中，色诺芬尼通过观察贝壳化石和鱼化石，认为发现化石的地方曾经位于水下。于是他教导人们世界是由水和“原始泥汤”固结而成的。他是第一个使用化石作为地球历史理论证据的人。

希罗多德也观察到了埃及的贝壳化石，并将之作为埃及曾经在水下的证据。他还描述了一个位于阿拉伯半岛莫卡塔姆山脉的山谷，在那里他看到了“难以描述的蛇的脊椎和肋骨”，他认为这些骨头属于被朱鹭杀死的长翅膀的巨蛇。现在我们知道，这些化石都是哺乳动物的骨头，在雨季从岩石上冲出来。

货币虫是大型单细胞原生动物的化石遗迹 , 其形状类似于小硬币或小扁豆。公元前 1 世纪，古希腊历史学家、地理学家斯特拉波在参观金字塔时见到了这类化石。有人告诉他这是建造金字塔的奴隶留下的食物残渣。实际上，金字塔是由石灰岩构成的，石灰岩中充满了货币虫。随着石头的风化，化石掉了下来，被不明真相的游客发现了，遂产生了这种看似怪诞的说法。

莱昂纳多 · 达 · 芬奇

文艺复兴时期意大利的艺术家、科学家莱昂纳多 · 达 · 芬奇，对自然世界有着强烈的好奇心，孜孜不倦地投入众多领域的创新研究中。他对地球的形成和化石的性质都有过探索，曾在笔记本中写下了这样的追问：“为什么在海边的高山之巅会发现海底深处才有的大鱼骨头、牡蛎、珊瑚，以及各种贝类和海螺？”他坚信化石是由远古生物形成的，主张“大洪水无法解释化石为何出现在高山上”。

托马斯 · 杰斐逊

1796 年，当时还是美国副总统的托马斯 · 杰斐逊收到一些来自家乡西弗吉尼亚州的化石（图 3-8），包括 3 个巨型脚爪以及一些头骨、肢骨的化石。他深为这些巨爪所震撼，认为这些是某种灭绝的美洲狮的化石，并将这种生物命名为“巨爪”。

随后著名的内科医生卡斯珀 · 维斯塔对这些化石进行了详细研究，并与相似的动物进行了比较。卡斯珀 · 维斯塔和其他研究者很快发现，这种动物其实是一类生活在中新世晚期至更新世晚期的已灭绝的贫齿类动物，类似于美洲大地懒，身披长毛、体形如牛。现生的贫齿类动物中包括犰狳类、树懒类和食蚁兽类，分布仅局限于西半球从美国南部至南美洲一带。这种巨爪地懒是唯一曾在北极圈内生活过的贫齿类动物。

尽管托马斯 · 杰斐逊是这种动物的命名者，但他对这种动物及其进化的认识是错误的。像当时的大多数博物学家一样，托马斯 · 杰斐逊不相信动物会灭绝，认为在美国西部应该还存在这些动物的种群。他甚至告诉探险家刘易斯和克拉克，在其考察中应注意寻找这种动物。

在很长的时间内，“巨爪”就是这种动物的名字，虽然是正式发表过的，但因为没有给予其种名，仍然不是合法名称。1822 年，法国动物学家德斯马里斯特为了对托马斯 · 杰斐逊表示尊重，将这种动物命名为杰斐逊大地懒。1825 年，理查德 · 哈兰最终将这种动物的名称修订为杰斐逊巨爪地懒。

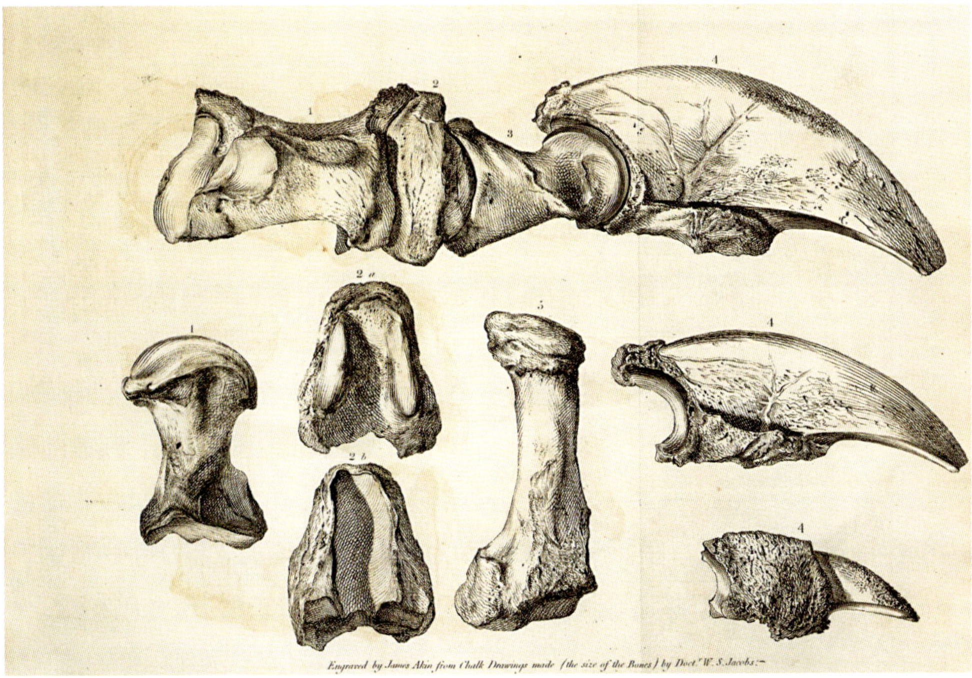

图 3-8　杰斐逊研究过的巨爪化石

乔治 · 居维叶

乔治 · 居维叶是 19 世纪初期自然科学研究的主要人物之一。他通过将现生动物与化石进行比较，建立了现代比较解剖学和古生物学，被誉为“古生物学之父”。

1800 年，乔治 · 居维叶发表了自己的第一篇古生物学论文，分析了印度大象和非洲大象的骨骼残骸，猛犸象化石以及当时被称为“俄亥俄州动物”的化石骨架，第一次证明了非洲大象和印度大象不是同一物种，而且猛犸象与非洲大象和印度大象都不同，从而证明了猛犸象已经灭绝（图 3-9）。尽管乔治 · 居维叶的工作确立了灭绝的事实，但他认为这些灭绝是灾变的结果。灾变论认为整个地球历史上发生过几次全球性大灾难，导致许多物种灭绝，并在随后的时代被新物种取代。乔治 · 居维叶在 1812 年发表的《四足化石骨骼研究》一书中对这些想法进行了详细讨论。该著作还总结了乔治 · 居维叶在古生物学和地质学领域的主要研究成果。

玛丽 · 安宁

玛丽 · 安宁是英格兰多赛特郡莱姆里杰斯镇的人，出生于 1799 年，去世于 1846 年。在其不算长的一生中，玛丽 · 安宁发现了许多重要的史前爬行动物化石。至今，小镇的人们对她一直念念不忘，每年都要举办“玛丽 · 安宁日”。

玛丽 · 安宁的家境贫寒，为帮助补贴家用，她小时候经常去海边捡拾一些从岩壁上崩塌下来的海洋动物化石卖给游客——通常是一些菊石和箭石的化石。1811 年，在玛丽 · 安宁的父亲去世几个月后，她在哥哥的帮助下挖到一块 8 m 多长的鱼龙化石，这是她早期的发现之一（图 3-10）。这块化石也是历史上第一块被发现的完整的鱼龙化石。这个曾被疑为鳄鱼的怪物惊动了当时的学术界，大家隐约感觉到，在《圣经·旧约》中提到的大洪水之前，地球上生存过一些没有拿到“诺亚方舟船票”的动物。

1821 年，玛丽 · 安宁发现了历史上第一块完整的蛇颈龙化石（图 3-11），后由科尼比尔当模式标本研究发表。海岸的峭壁随时可能发生滑坡，在海边采掘化石是一个很危险的工作。1823 年，玛丽 · 安宁差点死于山体滑坡，而这场事故夺去了她心爱的狗狗“托盘”的生命。同年，玛丽 · 安宁在峭壁上发现了一块奇怪的化石，它拥有一个酷似蛇头的脑袋，一个比长颈鹿还长的脖子，像乌龟一样又扁又宽的躯干，以及船桨一样的四肢。她意识到这很可能又是一个新物种，当即收集好化石并画了草图，然后转卖给了相关的学者。但乔治 · 居维叶提出了疑问，断言此标本是不同化石拼凑成的赝品。幸而一些英国学者为玛丽 · 安宁正名，将这种生物命名为“类蜥蜴”，即幻龙。乔治 · 居维叶后来体面地认错，还从玛丽 · 安宁手中认购了一块幻龙化石，至今保存在巴黎植物园的古生物馆中。玛丽 · 安宁在 1828 年发现了一块重要的翼龙化石，这种翼龙被命名为双型齿翼龙。这是她第一次在英国以外的地方发现的化石，也被认为是第一块完整的翼龙化石。

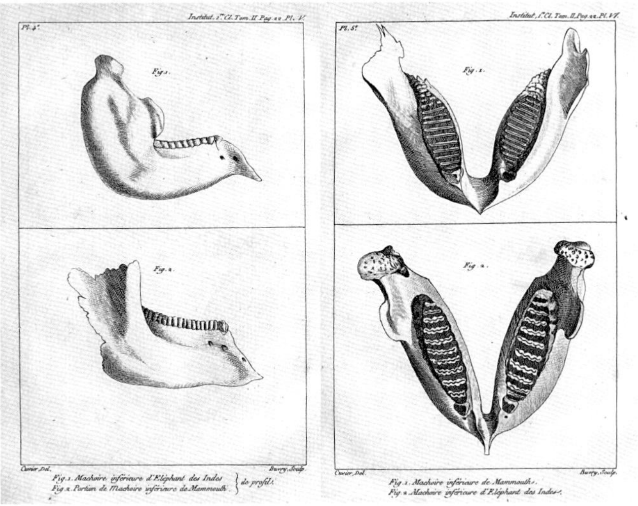

图 3-9　乔治·居维叶对现生大象和猛犸象颌骨化石的对比研究

图 3-10　女孩遇上鱼龙（查尔斯·埃德蒙·布洛克绘，源自阿瑟·梅伊的《儿童百科全书》，伦敦，1925 年）

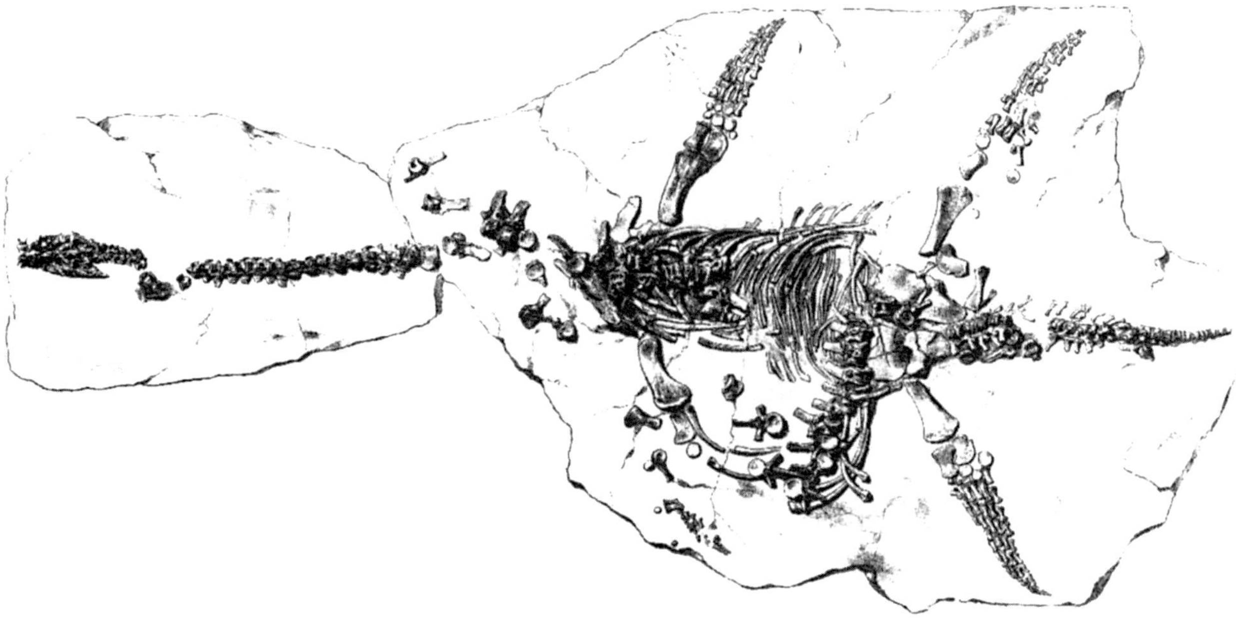

图 3-11　玛丽·安宁发现的完整的蛇颈龙化石

化石传说中的去伪存真

4

Dispelling the false in the fossil legend

虽然人类很早就开始接触化石、认识化石，甚至利用化石，但化石究竟是什么？如何形成的？对这些问题的探索过程是十分曲折的，充满了种种的误解和想象。

石燕会飞吗？

在我国古代，石燕长期以来主要作为药材被人们所关注，甚至列为送入皇宫的贡品。我国的古书中不断重复着石燕遇风雨而“飞翔”的说法。

也有人提出不同的意见，如唐代初期的李勣和苏敬等人在主持编撰的《新修本草》中指出石燕的形态与双壳类蚶子相似，十分坚硬且沉重，是不会飞的，将其视作飞燕是大错特错了。北宋时期的苏颂在其《本草图经》中指出：人们已经知道江畔沙滩上的石燕，可能是周围一带含石燕的岩石经过风化侵蚀以后，被水流冲来的。比苏颂年长四岁的张师正在《倦游杂录》中记载了一个叫作谢鸣的乡村医生破解石燕飞翔之谜的故事。谢鸣是一个爱思考、爱质疑、善于通过实验验证的人。他在山中寺庙读书时，看到崖壁的岩石上有石燕，就用笔圈出来，并经常去观察石燕是否真会飞。后来，他发现被圈出来的石燕，由于日晒、雨打等风化作用，在暴雨过后往往会掉落在地上，因此推测这是热胀冷缩导致岩石崩碎的结果，并非石燕能飞。

科学地记载腕足动物化石的历史可以追溯到中世纪，瑞士博物学家格斯纳在1565年出版的著作《化石实体论》中，绘记了德国佛登堡的小嘴贝类腕足动物化石。1806年，法国动物学家迪梅里首次将这类软体动物命名为腕足动物。1846年，比利时古生物学家和化学家德·科尼克首次报道了来自中国广西和云南的腕足动物化石——一种石燕（图3-12）和一种小嘴贝化石，并附有精美的插图。这是中国的腕足动物第一次出现在科学文献中。

远古巨人的真相是什么？

无论在中国还是欧洲，远古巨人都在各地的神话中占有一席之地。

在中国，有史书记载，在春秋时期，处于长江下游的吴国攻打越国，占领了越国的都城会稽，得到越国珍藏的一些大骨头。那些骨头实在太大了，仅一节骨就要用一辆车来装。吴国人想知道这些大骨头是什么，但越国人自己也不明白。于是吴国国君

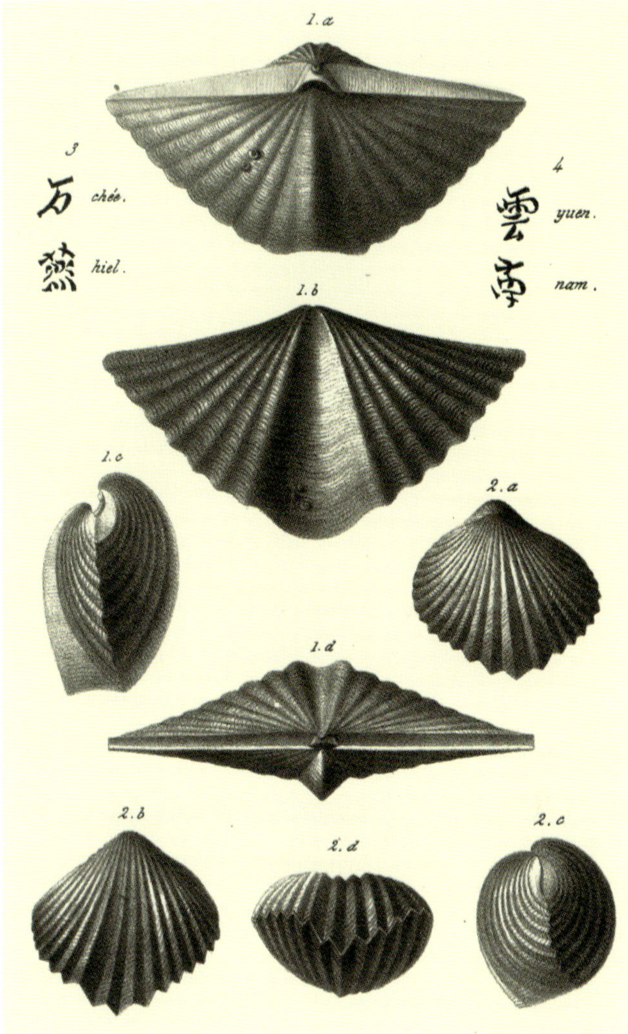

图 3-12　1846 年关于中国腕足动物化石（石燕）科学论文中的图版

派遣使者，驱车拉着大骨头前往鲁国请教博学多才的孔子。孔子告诉使者，他听说当年大禹治水成功后，召集群臣在会稽山开大会，有个叫防风氏的迟到了，大禹命人将他斩首示众。防风氏的骨头一节可以装一辆车，就与这些骨头差不多。防风氏是中国上古时期神话传说中的巨人，是防风族的首领，身高可达 10 m。当然防风氏是不存在的，吴国人从越国缴获的大骨头极有可能是恐龙的化石，科学家在浙江就发现了丰富的恐龙化石。

猛犸象和乳齿象是更新世时期常见的大型长鼻类动物。在欧洲，人们常常对猛犸象或乳齿象的骨头和牙齿有极大的兴趣，并将其与远古巨人联系在一起。圣奥古斯丁（公元 354—430 年）可能是最早误解长鼻类动物长牙身份中最有代表性的人。他说：“我本人在尤蒂卡海岸上，与其他几个人一起看到了巨大的人类磨牙，如果将其分解成与我们的牙齿大小相仿的碎片，在我们看来，可以分成成百上千个。但我想那颗臼齿属于某个巨人。” 1678 年，作家亚撒纳修斯 · 基彻出版了论著《地下世界》。他猜测所谓的巨人的牙齿可能来自猛犸象、乳齿象等大型哺乳动物的骨骼。

约 5000 年前，古希腊水手在现在意大利西西里岛埃特纳山脚下的岩洞里，发现了一大堆只有一个眼眶的庞大的头盖骨散布在洞里，认为它们是曾经住在岛上的可怕的独眼巨人的头盖骨，这种说法代代相传（图 3-13）。长期以来，人们对独眼巨人的存在深信不疑，还为巨人家族添加了其他成员。古罗马的博物学家老普林尼曾提到，在希腊克里特岛发现了希腊神话中巨人奥利安的骨骸，有 13 m 长。阿拉伯人也认为存在独眼巨人。其实，所谓的“独眼巨人”只不过是长有巨大的臼齿，以植物为食的矮脚象。所谓神秘的巨人“眼眶”，其实是矮脚象的鼻孔——它们生前有一个长鼻子。距今约 200 万年的第四纪初期，矮脚象生活在地中海的海岛上。人类见到矮脚象的骨骸时，它们早已灭绝。它们在人类的想象之中变成了可怕的巨人。

菊石是去头蛇吗?

在很多地方，菊石化石非常丰富，人们在很早以前就接触菊石化石。由于菊石旋绕的形状很像埃及阿蒙神头上的角，故有“阿蒙角”之称，这也是它的英文名字 Ammonites 的由来（图 3-14）。在传说中，巫师可以利用菊石使“沉睡的神灵显圣”。在中世纪，欧洲人视菊石如盘曲无头的蛇。在英国和德国，菊石被称为“蛇石”。传说英国约克郡的惠特比城曾经蛇多为患，7 世纪的圣女希尔达砍了它们的

图 3-13　古代欧洲想象中的独眼巨人

图 3-14　矿化的菊石化石（示内部结构，傅强供图）

头，这些无头的蛇就变成了菊石。为了迎合这一传说，很多人会在捡到的菊石上刻出一个蛇头，使它们“恢复原样”，出售给来访的游客。

在喜马拉雅山地区，菊石化石被认为是神圣的。在印度各地，很多印度人高度崇拜菊石化石。在尼泊尔和中国西藏，从神圣的寺庙到普通的家庭里，黑色的菊石频频现身，有些保存精美的更是被作为代代相传的传家宝。科学家已经研究证明，菊石是一类已经灭绝的海洋生物，属于软体动物门头足纲，与我们熟悉的章鱼、乌贼是近亲。

舌形石是鲨鱼牙齿吗?

鲨鱼牙齿的化石在地中海地区非常常见，在远离海洋的高山上也有发现。老普林尼认为，这些牙齿化石是舌头变成的，在月食时从天而降。他创造了“glossopetrae”这个名字，即“舌形石”。后来人们把它们当作蛇的舌头，是圣保罗在访问马耳他群岛时将其变成石头的。“舌形石”这个名称一直到 17 世纪都被欧洲人广泛使用。

在当时大多数人心中，“舌形石”具有很多神奇的性质，特别是能够抵抗多种毒素。为了发挥其“魔力”，人们仅需将“舌形石”放在被蛇咬的部位或放入可疑的葡萄酒杯中，任何毒都可迎刃而解。由于这些“出色的功能”，中世纪的许多贵族和政治家将“舌形石”当作护身符，有的做成项坠戴在脖子上，有的秘密地藏在口袋中。

丹麦地质学家和解剖学家尼古拉 · 斯泰诺（又称尼尔斯 · 斯坦森），是最早发现“舌形石”的真实本质的博物学家之一。1666 年 10 月，年仅 29 岁的尼古拉 · 斯泰诺解剖了一条大白鲨的头。尽管鲨鱼的头部严重脱水，许多牙齿缺失，但尼古拉 · 斯泰诺解剖了其颌骨、眼睛和耳朵，并在 1667 年发表的一份报告中详细描述了这些结构（图 3-15）。尼古拉 · 斯泰诺指出，鲨鱼的牙齿在形状和结构上与他所研究过的“舌形石”非常相似。据此，他认为在岩石中发现的成千上万的“舌形石”和欧洲博物馆大量的相关藏品是鲨鱼的牙齿。

洪水证人真的存在吗?

在认识化石的历史中，曾经存在一种十分流行的论点，认为化石是被《圣经》中描述的大洪水杀死的生物形成的。因此，化石也曾经成为《圣经》中大洪水的直接证据。很多学者为这一说法著书立传，包括英国医生约翰 · 伍德沃德于 1695 年出版的《地球自然史论文集》，瑞士博物学家舒施泽于 1708 年出版的《鱼的抱怨和诉求》和 1709 年出版的《洪水植物志》等。舒施泽在《鱼的抱怨和诉求》这本书中详细介绍了在大洪水中被杀死的鱼的不满，在《洪水植物志》中编目了因大洪水而灭绝的植物。尽管舒施泽将化石的形成视为大洪水的证据，距离科学的认识存在一定距离，但他在这两本书中对化石的描述和性质的认定还是准确的。但在十几年后，他在一块化石的识别上犯了大错误。

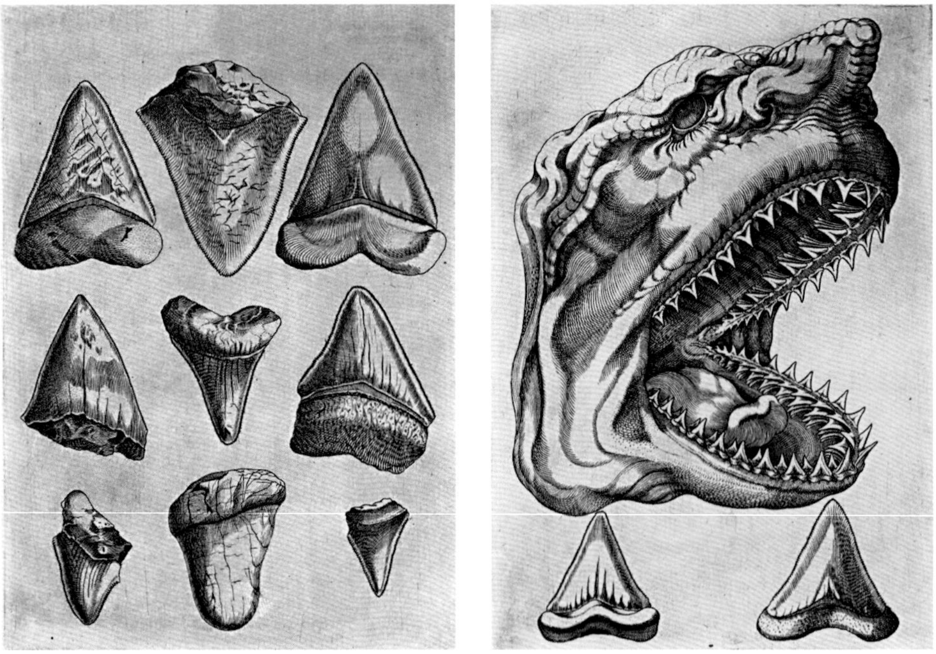

图 3-15　尼古拉 · 斯泰诺在 1667 年发表的报告中的鲨鱼牙齿化石及其与现生鲨鱼牙齿的比较

1726 年，舒施泽出版了著作《大洪水的见证人》。他描述了产自瑞士厄赫宁根附近的 1300 万年前的中新世湖相地层中的化石骨架（图 3-16），并附了精美的插图。尽管要在这具骨架中找出人类特征需要巨大的想象力，但舒施泽完成了这一“重任”，并坚信它们是大洪水以前的人的遗骸。直到 1787 年，“洪水证人”都一直是文献中公认的大洪水之前的人的实证。就在这一年，荷兰解剖学家彼得鲁斯 · 坎珀重新研究了这块化石，发现了舒施泽的错误，但他误认为这块化石是大型蜥蜴的遗骸。

1811 年，乔治 · 居维叶用锋利的针将这块化石周围柔软的围岩剔掉，清晰地揭露出了化石中的动物的肩带和双臂。据此，他确定了这绝非人类的骨骼，实际上是一种已灭绝的巨型蝾螈的骨骼（图 3-17）。

图 3-16　“洪水证人”的化石

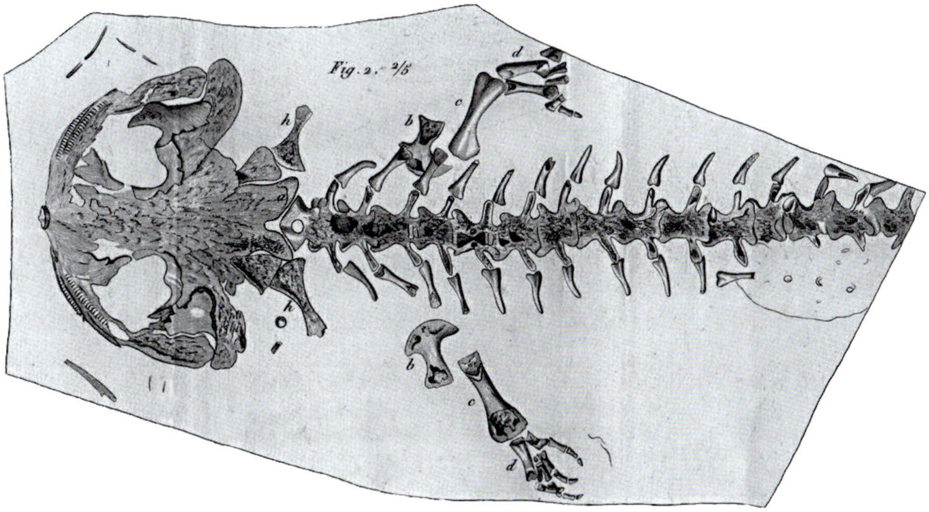

图 3-17　乔治 · 居维叶重新对“洪水证人”进行研究后画的化石素描图

中国的化石科研成果斐然 5

Brilliant Chinese research results in fossils

中国人对于化石的认识虽然源远流长，但作为一门学问去研究，还是随着西方现代科学进入中国而建立起来的。通过翻译的书籍，中国的一些读书人开始了解西方学者对化石的研究，以及对远古生命的一些认识。中国人自己采集化石和研究化石的历史要追溯到1910年前后。

1910年，担任直隶省矿政调查局总勘矿师的邝荣光，在中国地学会创办的《地学杂志》上发表了《直隶地质图》《直隶矿产图》《直隶石层古迹》等研究成果。其中《直隶石层古迹》中描绘了三叶虫、珊瑚、螺、蛤等动物化石和沙谷棕树叶（苏铁类叶片）、石芦叶（轮叶）、鱼鳞树（鳞木）、凤尾草（真蕨类叶片）等植物化石。该图相当精美，是中国人自己采集、自己绘画、自己初步鉴定的化石图，也是中国的第一幅古生物图版。这是中国地质古生物学的重要发端。邝荣光在1872年以幼童的身份留学美国，在学习采矿工程后回国。他虽然不是古生物学者，但对化石特征描绘得相当准确。

1911年，中国地质事业主要奠基人之一的丁文江（图3-18）从英国格拉斯哥大学毕业回国，于5月12日到达云南昆明。丁文江在昆明住了两个多星期，做了充分的准备后，开始了经由云南曲靖的沾益、麒麟、富源等地，以及横穿贵州的返乡和考察之旅，了解沿途各地风土人情，并采集了大量化石标本。1913年10月5日，丁文江为中国地学会做演讲时，用幻灯片展示了这些标本，轰动一时。丁文江将这些标本带回北京后，变成共享资源，有的则送到国外请专家进行鉴定和研究。

为了国家的建设，丁文江与中国最早的地质工作先行者们先后于1913年和1916年成立了“工商部地质研究所”和“工商部地质调查所”，开展地质人才的培养和矿产资源调查。并在1914年初至1915年初，去云南、四川、贵州调查地质，1916年去江苏、安徽、浙江调查扬子江下游地质，1918年在陕西、河南、山西等地进行地质考察，对考察地区的地层、古生物、构造、矿床都进行了详细研究。

图 3-18　丁文江

1915 年 1 月 9 日，地质研究所第二学年第二学期开学，丁文江讲授古生物学，这是中国人第一次教授古生物学。但是丁文江并非以古生物学见长，为学生讲授一般知识尚能勉力为之，但要指导和进行具体研究还是力不从心。

古生物学是地质工作的基础，缺乏化石知识就很难确定地层的时代，无法进行地层对比，也就无法开展大规模的矿产资源调查。在发展的初期，丁文江深感中国地质研究最大的困难是化石知识的欠缺。为解一时之急，丁文江于 1916 年聘请瑞典皇家自然历史博物馆的著名古植物学家赫勒教授到地质调查所指导工作，并为中国培养古植物学人才。1918 年，他指派周赞衡前往瑞典留学，师从赫勒学习古植物学。但是总的来说，我国早期的地质学人才都对古生物学不够专精，尤其因缺少无脊椎动物专家，所以对地质时代不易精确鉴定。

图 3-19　葛利普

1919 年秋，丁文江在美国游历期间，通过美国地质调查所的戴维 · 怀特，找到了曾任哥伦比亚大学古生物学教授的葛利普（图 3-19），并请他来中国担任北京大学古生物学教授，兼地质调查所的顾问。

1920 年，葛利普来到中国，从此，中国的古生物学教学与研究进入一个新阶段。诚如杨钟健在纪念丁文江的文章中所言“中国古生物研究的发达最有关系的为葛利普教授之来中国”。翁文灏也有类似的描述：自民国九年丁文江君聘请美国人葛利普博士担任地质调查所古生物技师兼北京大学教授以来，中国始有研究古生物之人，而地层研究亦为长足进步。

凭借深厚的学术功底，葛利普来到中国后很快就完成了《中国北部奥陶纪动物化石》和《中国古生代珊瑚化石》两部著作。葛利普在研究中总是精力充沛、废寝忘食，在课堂上则是诲人不倦，为中国培养了一大批知名的古生物学家（图 3-20）。葛利普当年的学生、地质学家高振西先生在翻译葛利普纪念丁文江的文章中曾有注释称：“今日中国古生物学家，如孙云铸，杨钟健、黄汲清、张席禔、乐森玥、田奇瑪、朱森、陈旭、许杰、计荣森等，直接为葛先生之高足，而间接为丁先生之培植。”

在葛利普来到中国的同一年，李四光从英国留学归来，任职于北京大学地质系，开始了自己的研究和教学生涯，培养了一大批地质学人才。

百年光阴弹指而过，中国古生物学在一代代学者的带领下取得了辉煌的成就：发现了三峡地区埃迪卡拉生物群、云南澄江生物群、曲靖早期鱼类和早期维管植物、内蒙古乌达“植物庞贝城”、贵州兴义和关岭三叠纪海生爬行动物、辽西及周边地区的热河生物群、和政的新生代哺乳动物、山东山旺生物群等一系列重要的化石，在生命起源和早期演化、寒武纪生命大爆发、奥陶纪生命大辐射、维管植物登陆、从恐龙到鸟类的演化、被子植物的起源和早期演化等一系列重大科学问题的研究上走在了世界前列。

图 3-20　中国地质科学的奠基人（1933 年夏天摄于北京豆芽胡同葛利普寓所）

前排左起：章鸿钊、丁文江、葛利普、翁文灏、德日进

中排左起：杨钟健、周赞衡、谢家荣、徐光熙、孙云铸、谭锡畴、王绍文、尹赞勋、袁复礼

后排左起：何作霖、王恒升、王竹泉、王曰伦、朱焕文、计荣森、孙建初

结　语

6

Conclusion

人类认识化石的历史悠久而曲折，从直观地描述到赋诗讴歌，从盲目地迷信和崇拜到理性地认识，从只言片语地描述到系统地研究并最终形成古生物学科，这些充分反映了人类在探索地球奥秘和生命奇迹的道路上的努力与进步，也体现了化石具有极为丰富的科学内涵，化石在促进人类认知自然和生命的过程中起到了非常重要的作用。

扫描二维码，观看视频：中国古生物学研究取得了辉煌的成就

Be a fossil hunter

做一个化石猎人

/ 傅强

说到寻找化石，大家脑海中可能会浮现这样一幅画面：许多专家靠着各种专业的设备在山石中穿梭，敲敲打打后惊喜地发现了化石。事实上，不只是专家，还有一批化石爱好者，他们对化石充满了兴趣，甚至将一生奉献给了化石挖掘和研究工作。于是，出现了一个专有名词“化石猎人”，特指那些将兴趣和事业结合在一起，专门挖掘和搜集古生物化石的爱好者和研究人员。现在，随着化石知识的普及，对化石入迷者越来越多，民间不乏收藏者和鉴赏者。那么，想要成为一个合格的化石猎人，需要具备哪些知识和必要的准备呢?

去哪里找化石？

1

Where to find fossils?

化石通常保存在沉积岩中，要想找到化石，首先要找到岩石，要到见得到岩石的地方去寻找。在植被茂密的地区或被沉积物覆盖的地区，寻找岩石并非易事。以下一些地方比较容易采集化石。

出露了岩石的路边

在很多山区或丘陵地带，为了修路人们不得不将山壁劈开，这样就为寻找化石提供了良机。例如，南京古生物所的专家曾经去重庆的金佛山考察。在上山的路上，车坏了。在等待换车的过程中，他们在路边出露的岩石上掰下一块较大的石块往地下一摔，在破碎的岩块上就看到了很多腕足动物化石（图 4-1）。

在道路上会有很多车辆来来往往，因此在路边寻找化石的时候一定要注意安全，要尽量选择离开路面的地方。

采石场

采石场是寻找化石的最佳去处，会比较容易发现化石（图 4-2）。开山采石虽然对自然环境造成了一定的破坏，但为化石的发现和采集提供了极大的便利。将山体

扫描二维码，观看视频：化石就在我们身边

图 4-1　重庆金佛山路边岩石中的腕足动物化石（傅强摄）

炸开，然后将石头取下来，就可以在里面仔细寻找。在古生物学的发展史上，很多重大的成果是在开山采石中发现的，如著名的尼安德特人、南方古猿、北京猿人、南京猿人、中华曙猿等。而3亿年前的原始森林、著名的“植物庞贝城”的发现则得益于当地的煤矿开采。

采石场往往是被人承包的，一定要得到允许才能进入。此外，采石场存在很多不安全因素，因此一定要注意安全。

植被稀少的旷野

我国西北的戈壁地区和南方石漠化的石灰岩地区是寻找化石的好地方（图4-3），这些地方没有植被遮挡，也没有车辆和采石施工的危险。但这些地方往往人烟稀少，去之前要做好各种充分的准备。

图4-2 南京乌龟山采石场（傅强摄）

图4-3 新疆准噶尔盆地的戈壁旷野（傅强摄）

化石猎人的秘密武器 2

Fossil hunters' secret weapons

在了解了去哪里可以找到化石之后，你是不是也想走出户外，大展身手亲自采集化石，与远古生命进行亲密接触呢？！

不用着急，要想成为一个化石猎人，还要做很多功课！虽然我们对地球上的石头已经有了初步的认识，并且知道化石通常保存在沉积岩中，且到路边、采石场和没有植被的旷野比较容易寻找到化石。但世界这样大，要出去还要有一个大概的目标，不能像无头苍蝇一样，漫无目的地瞎碰啊！

首先，我们要学会查资料，了解哪些地方曾经发现过化石，哪些地方可能找到化石。

最初级的方法就是在网络上泛泛地搜索，找一找你所在的城市或村庄周围以前有没有人发现过化石。如果有发现过化石，就可以根据网络上提到的地点前去探索一番。

如果在网络上没有发现相关资料，就要求助相对专业的数据库。科学家会将自己的发现和研究成果发表在杂志上，现在几乎所有的中文杂志历年来发表过的文章都可以在中国知网（CNKI）网站上搜索到。在这个网站中，你可以搜索你所在的城市或地区，或是你想要去的地方的化石资料，看看科学家在这些地方有没有过发现，都发现了些什么。

此外，你还可以去图书馆，查找一些关于各地化石图册的工具书，如《东北地区古生物图册》《华北地区古生物图册》《西北地区古生物图册》《秦岭化石手册》《湖北省古生物图册》等，在这些书中查阅你想要去的地方有没有相关的化石发现。

扫描二维码，观看视频：寻找化石，我们需要准备些什么？

在确定了目的地之后，还要了解目的地的地质、地层分布情况。这就要求助地质图了。地质图是一种把各种岩石地层和地质构造按照一定比例投影在平面上，并用规定的颜色和符号来表示的图件。从地质图上，可以全面了解一个地区有什么样的岩石地层，它们形成的时代，排列的顺序和分布范围，以及有关的矿产资源的分布情况。

现在让我们通过图 4-4 所示的地质简图，试着完成一个找化石的任务吧。义马银杏化石是一种最早发现于河南省义马煤田的古老银杏化石，其时代为中侏罗世（1.74 亿—1.64 亿年前）。假设有人在常家疃附近也发现了义马银杏化石，你能够根据图 4-4 找出来应该到图上的哪个区域寻找义马银杏化石吗？

其次，俗话说“工欲善其事必先利其器”，在查阅好资料、做好知识准备以后，还要做好物质上的准备。采集化石需要一套工具和装备（图 4-5），工具有地质锤、凿子、报纸、放大镜、铅笔和笔记本、记号笔、透明胶带等，装备有登山鞋（或是底较厚的、耐磨的运动鞋）、遮阳帽、雨伞、手套、背包、护目镜等。

当然也要准备足够的食物和水，因为在野外工作可能时间比较长，周围也不一定能买到食物和水。如果要在野外待很长的时间，还要准备睡袋和帐篷等装备。

一切准备好后，就可以出发了！切记，一定要注意安全哦！

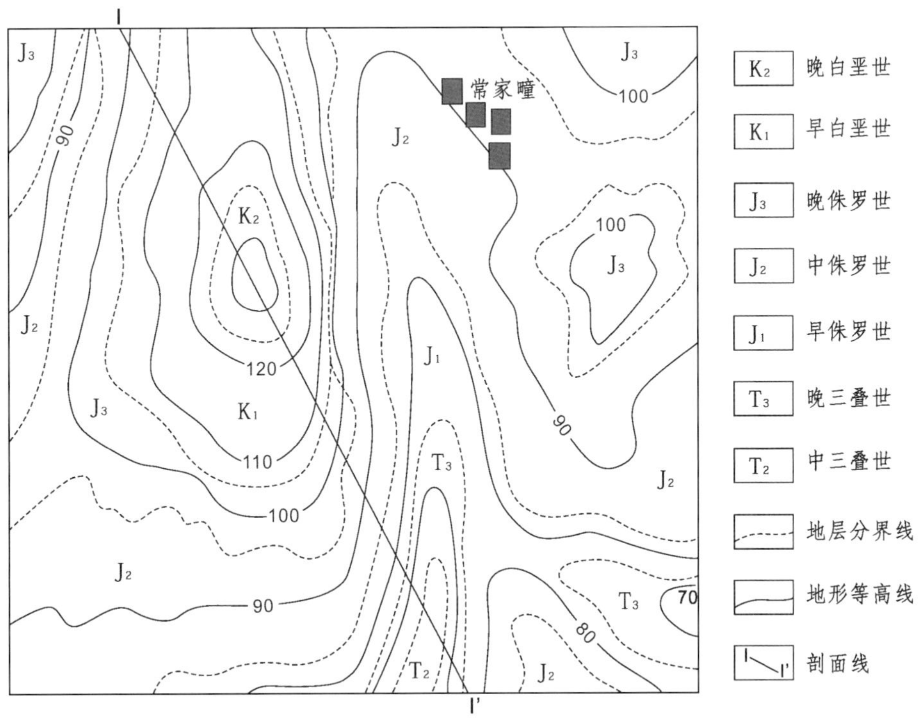

图 4-4　常家疃附近的地质简图（傅强供图）

图 4-5　采集化石需要使用的部分工具和装备

阅读化石的秘密

3

Read the secrets of fossils

一个完整的化石采集过程，包括出发前的准备、化石的寻找和挖掘，以及化石处理和鉴定等步骤。

我们已经知道了出发前大概有哪些准备。在采集化石的过程中，地质锤是使用频率最高的工具。地质锤有一个凿尖 / 面，既可以用来在剖面露头上挖掘化石，也可以用来顺着自然层面劈开标本。采集到标本后要用多层纸将其包裹起来，然后放在采集包中。包裹化石的时候要记着写清楚采集的地点、时间等有关信息。

化石采集者要有耐心。古生物学的发展也需要古生物学家和化石业余爱好者进行合作，很多重要的化石往往是由化石业余爱好者发现的。

化石采回后，通常要对它们进行必要的清理，清除灰尘和围岩。对于不易破碎的化石，可以用水冲洗或用软毛刷子刷洗，然后用各种适合的凿挖工具如錾子和细针等进行处理。在修理化石时，要根据化石的大小和脆弱程度选择工具。其中，牙用探针是修理化石的好工具。对于易碎的化石要特别小心和仔细。

化石被清理和修理好之后，可以参考各种资料进行鉴定。鉴定完成后，要为每一块化石标本制作详细的标签，标明化石名称、化石产地、产出层位、采集时间和采集人姓名等信息。

在实际研究过程中，古生物学家是根据化石所属的生物学属性，也就是它们属于哪类生物进行研究的。

扫描二维码，观看视频：一块化石的诞生

做一个城市化石猎人

Be an urban fossil hunter

并不是每个人都能够到野外去亲自采集化石，也不是每个人都以研究化石为职业。其实化石并不像我们想象得那样难以发现，往往在我们生活的城市的很多角落里也能找到化石，在旅游的路上、景区、宾馆里也可以找到化石的身影（图 4-6）。也许你会觉得不可思议，但是只要你具有了相应的知识储备，拥有一双善于发现的眼睛，就会发现其实化石就在我们身边。让我们尝试做一个城市化石猎人吧！

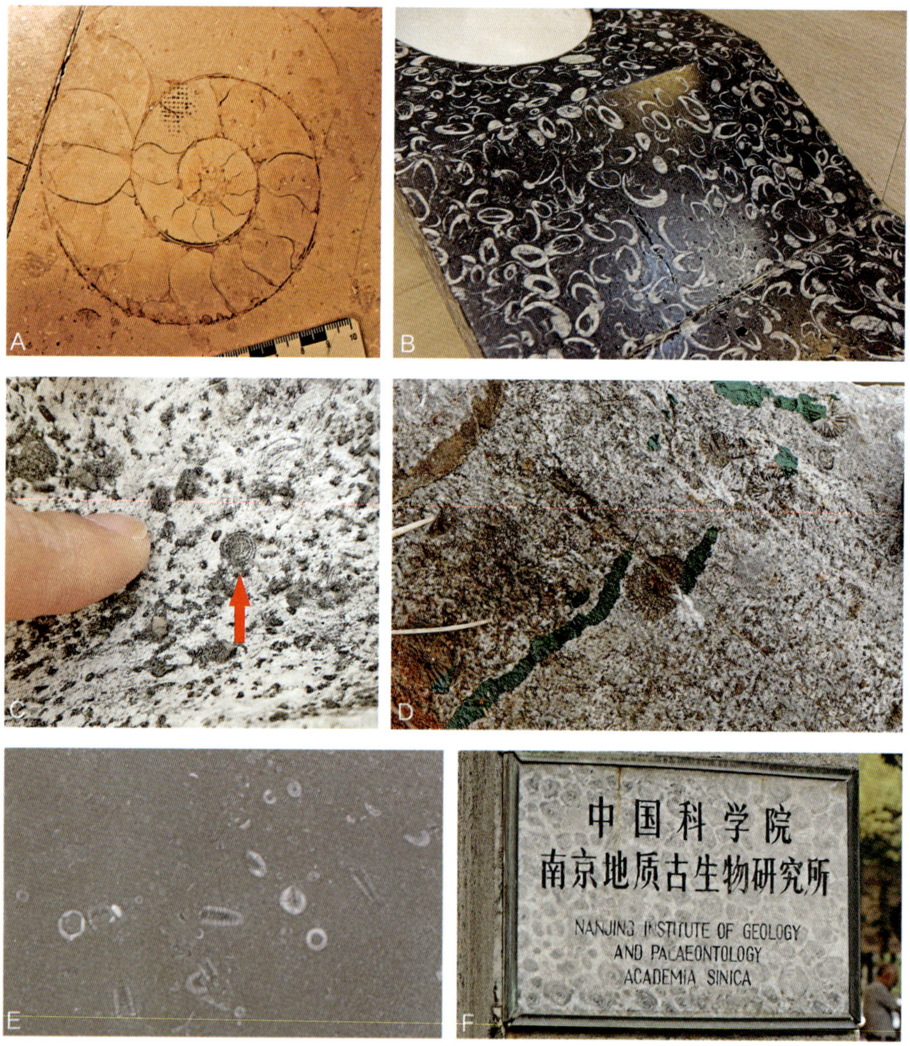

图 4-6　城市的多个角落里的化石（傅强供图）

A. 南京德基广场地砖上的菊石化石；B. 贵阳龙洞堡机场洗手池志留纪（4 亿多年前）的腕足动物化石；C. 南京仙林湖公园的蜓化石；D. 湖南郴州东江湖路边岩石上的珊瑚化石；E. 四川省博物馆地砖上的海百合茎化石；F. 中国科学院南京地质古生物研究所的门牌是叠层石做的

火眼金睛——鉴别假化石

5

Piercing eye: identifying pseudofossils

有些物品看上去非常像化石，却是“赝品”。如何鉴别假化石呢？假化石与化石相似，具有一定的形态和结构，但与生命活动无关。我们一起来辨别几种常见的假化石吧！

种子和结核

在很多地方的地层中经常会有一些大小不一、圆溜溜的石头，很多人认为它们是植物种子或果实的化石。实际上这些石头往往是泥岩中的结核。

种子和果实是种子植物的生殖器官，其大小、颜色和表面纹饰也随着植物种类的不同而不同。结核是沉积岩中一种常见的团块状构造，其成分、结构或颜色与围岩截然不同。结核的形状各异，大小不一，往往在岩层中呈层状或零星分布。很多结核在外形上与我们见到的种子或果实存在相似之处，但是仔细观察和分析，还是可以区分种子化石（图 4-7）和结核的。那么，有什么秘诀呢？

第一，由于种子或果实含有机物，在形成化石的过程中往往会被压扁，仅留下一层碳膜。虽然在一些特定的条件下，种子也会矿化形成立体的化石，但比较少见。而结核通常是立体的。

图 4-7　产自新疆的早侏罗世的种子化石（傅强摄）

第二，长在植物枝条上的种子或果实，脱落时会留下疤痕，因此种子化石上会保留相应的结构，但结核没有这样的结构。

第三，种子的表面往往会有纹饰或其他附属结构，而结核没有这样的特征。

第四，绝大多数的种子植物生长在陆地上，种子往往与枝叶同时落入沉积物中，因此含有种子化石的岩层中往往会有很多枝叶的化石。这些岩层中有时也会发现动物的化石，这些动物往往是在淡水中生活的双壳类和叶肢介等生物，海生生物是极为罕见的。

树枝石

经常会有采石场的工人打电话咨询古生物学家，他们在采石过程中发现的有漂亮的水草、松枝样花纹的石头是不是化石。

具有这些花纹的石头大都并非真正的化石，而是一种常见的假化石，人们常常称为树枝石或松枝石（图 4-8）。其实人类很早就注意到这类石头了，中国古代文献中屡有记载，欧洲的很多学者还将这一现象详细记录并仔细描绘。

地下的岩石并非铁板一块，而是分层的或有很多裂隙。当岩石周围的地下水中含氧化铁、氧化锰等矿物时，在溶液过饱和的情况下，这些矿物会沿着岩石裂缝结晶形成类似水草或松枝样的图案。根据地下水中所含元素种类和含量的不同，这些图案的色彩也各不相同，但总体上以黑色为主。由于这类假化石是矿物结晶形成的，与生命无关，故它们可以在各种岩性的石头上出现，也就是说无论火成岩、沉积岩还是变质岩中都可以找到。真化石是生物的遗存，具有生物结构，一般只保存在沉积岩中。

图 4-8　树枝石（傅强摄）

我们可以想象在北方寒冷的冬天，由于气温降低，温暖的室内空气中充满水蒸气，在夜间水蒸气会在玻璃窗上形成冰晶，“长”出各种形状的窗花。如果将两块玻璃平行地贴在一起，并使其中一块具有裂缝，再浸入适量的食盐溶液中，待溶液沿裂缝侵入玻璃平面的夹缝后，取出令其自行干透，在玻璃上就可以看到树枝样的花纹。

松枝石虽然不具备真化石的生物学意义，但具有一定的美学价值，如果你感兴趣，也可以采集作为装饰摆件。

象形石

2015 年，据南京的媒体报道，一位娄先生与女友在长江边散步时，发现了一块非常像豹子头的奇怪石头。石头上有“鼻子”、有“眼睛”、有“嘴”，“嘴”里还有“牙齿”，在“豹子的脸上”甚至能看到“血管”。娄先生跑了多家拍卖公司，一些拍卖公司竟纷纷表示这是珍贵的化石，甚至有人打算高价购买。

其实这块石头只是一块不规则的砾石，勉强算是一块象形石。所谓的象形石，就是指外形像某种动物或物体的石头，其组成成分各式各样，是岩石不均匀风化的结果。它们与化石最大的区别是，它们的形成与生物没有关系。象形石上没有典型的生物结构，而生物形成的化石一定是有生物特征的。

在石灰岩丰富的洞穴中，由于水的作用产生碳酸钙的重新沉淀，可能形成千奇百怪的钟乳石、石笋等石头。经过破坏后，这些石头往往也会夹杂在岩层中。不少人会将形态像动物的钟乳石误认为化石。区别真假并不难，只要轻轻去掉一小块，在新鲜的断面上就可以清楚看到，它们是由许多结晶的方解石构成的。

人造化石

随着经济的发展，人们对于精神层面的追求越来越多。化石的经济价值，特别是一些珍稀的脊椎动物化石的价格越来越高。为了经济利益，一些不法之徒开始在人造化石上打主意。化石造假方法层出不穷，常见的有以下几种：① 按真化石结构制作的“化石”模型；② 按现代生物外形，通过铸模、雕刻、酸泡等技术手段制作的雕塑工艺品；③ 在有化石或完全没有化石的石板上雕刻出化石的形态；④ 运用移花接木法，用属于不同个体或不同种类的真化石拼接成一种新生物的化石；⑤ 直接在岩石表面画出生物的样子；⑥ 采用重熔琥珀、现代树脂或塑料等其他材料制作人工琥珀。图 4-9 中的石头就是一种称为“龙纹石”的假化石。

在以上这些制造假化石的手段中，移花接木法是比较有技术含量的，造假技术高的甚至可以骗过专家。2009 年 1 月 13 日，《美国国家科学院院刊》发表了一篇名为《一种上新世晚期的猎豹，并论猎豹的系统演化》的论文，文中描述了一个新种柯氏猎豹（*Acinonyx kurteni*），并据此认为发现了最原始的猎豹。随后，在中国甘

图 4-9　龙纹石（傅强供图）

肃临夏盆地工作多年的古脊椎动物学工作者指出，该论文发表所涉及的来自中国甘肃临夏盆地的猎豹化石是一块经过拼凑的假化石，这个物种的实际身份可能是 2004 年建立的临夏西瓦猎豹（*Sivapanthera linxiaensis*）。

无独有偶，1999 年 11 月，美国《国家地理》杂志报道了一个来自中国辽西朝阳地区早白垩世九佛堂组出土的似龙标本，因为这个标本有鸟的头部和身体，却长了一条恐龙的尾巴，故被命名为"辽宁古盗鸟"（*Archaeoraptor liaoningensis*），被认为是一种介于鸟类和恐龙之间的新物种。这篇文章尚未刊登之时，《国家地理》杂志的编辑曾经到北京拜访过中国的恐龙专家徐星，他们当时从照片来看这件标本有拼接的痕迹，但没有相关的证据。1999 年的年底，徐星等学者在辽西同样的地层中发掘出了一块小型兽脚类恐龙的化石，其尾巴同"辽宁古盗鸟"一模一样。有了这个发现之后，徐星给美国国家地理学会写信，通报这一发现，并指出"辽宁古盗鸟"的化石标本是用不同动物的化石拼接起来的假标本。因为事关重大，美国国家地理学会于 2000 年 4 月召集了一场专家听证会，并邀请徐星等学者带着相关证据到华盛顿美国国家地理学会总部进行质证。专家经过论证，正式确认"辽宁古盗鸟"化石是一块人为拼接的假化石。此后，中美两国学者合作对"辽宁古盗鸟"进行研究发现，"辽宁古盗鸟"的尾巴为赵氏小盗龙（*Microraptor zhaoianus*）的尾椎，"辽宁古盗鸟"的头部和身体属于如今的鸟纲的马氏燕鸟（*Yanornis martini*）。

结 语 6

Conclusion

通过上面的阅读，大家如果能多找机会进行实地考察，相信一定可以成为一个合格的化石猎人。但值得我们注意的是，化石作为一种不可再生资源，是整个人类极其宝贵的财富。由于种种原因，我国一些化石产地遭到了严重的破坏，乱采滥挖和贩卖走私的情况时有发生。例如，2005 年，沈阳海关缴获了 4 件约 1.4 亿年前的孔子鸟化石和其他 2360 件辽西化石，轰动一时。2006 年 12 月 3 日，在美国洛杉矶以 42 万美元的高价成功拍卖了一窝原产于中国广东南雄的恐龙蛋化石。

为了更好地保护珍贵的化石资源，在我国政府加大立法和管理的同时，我们每一个公民都应该行动起来。首先，我们对化石要有正确的认识，热爱化石。其次，我们要从自身做起，不乱采滥挖、不非法买卖化石。最后，我们应积极推动政府的立法保护工作，配合政府有关部门制止非法采挖和买卖化石的行为。

Let's get the fossil a CT scan

给化石做CT

/ 殷宗军

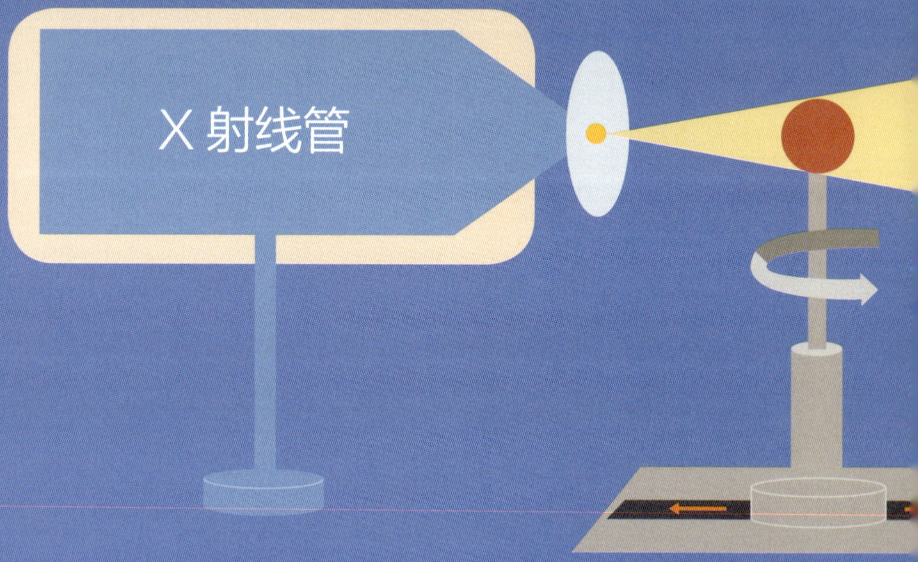

化石是古生物学的研究对象。由于形成化石需要十分苛刻的条件，曾经生活在地球上的生物只有极少的一部分形成了化石，所以对于研究史前生物圈的古生物学而言，化石都是珍贵的，而记录了重要演化事件的化石则更加稀有，很多关键化石材料甚至是孤例，就像国宝级文物一样，需要重点保护。因此在研究时，研究人员不希望对珍贵的化石造成任何物理性或者化学性的破坏，而是尽可能保持化石的完整性。但这一要求往往给研究工作本身带来诸多挑战。其中一个常见的挑战就是：如果不想破坏化石，那么如何观察化石的内部结构呢?

传统的方法如何研究化石的内部结构？

1

How to investigate the internal structures of fossils using traditional methods

化石的外观形貌只是化石蕴含的一部分生物学信息，如果研究人员想一窥化石内部的解剖学特征，通过制作切片，将化石的内部结构暴露出来，是一种传统的方法。但它是以牺牲化石的完整性为代价的，对于特别珍贵的化石标本是难以接受的，尤其是只得到一个断面也不足以揭示化石所有的内部特征。因此研究人员往往会放弃制作切片的方法。

当面临如果不获取某块化石的所有内部结构就无法回答重要的科学问题时，研究人员采用的传统方法是制作系列磨片或者系列切片。系列磨片是每研磨一层拍摄一张照片，从而得到成百上千张断层照片，然后借助计算机三维重构软件进行三维结构复原，获得标本的一个数字模型。这种研究的代价是标本研磨成了粉末，失去了采用其他技术研究它的可能性，因此，系列磨片技术让不少研究人员望而却步。系列切片的方法则是将标本逐层切片，制作成一系列薄片后，对薄片进行拍照，然后借助计算机三维重构软件进行三维结构复原，得到一个完整的标本数字模型。与系列磨片相比，系列切片或多或少能给研究人员带来一些安慰，尽管破坏了标本，但至少留下了一系列的切片。但实际上系列切片技术也没有得到广泛应用，主要原因是：一方面，精度有限，制作的三维模型误差比系列磨片要大；另一方面，操作费时费力，数据质量不仅十分依赖技术人员的熟练程度，而且对于多数样品而言，制作系列切片是一项非常耗时的工作。例如，我国著名的古生物学家张弥曼院士曾经采用系列切片技术，耗时半年制作了鱼化石的颅骨立体结构，解决了鱼类演化的一个重要难题（图 5-1）。太高的时间成本和质量风险限制了这些传统方法的推广。那么，有什么技术可以提供最佳的解决方案呢？

扫描二维码，观看视频：化石研究技术的发展

图 5-1　张弥曼院士制作的鱼化石的连续切片（卢静供图）

A. 张弥曼院士用的连续磨片的小机器；B. 张弥曼院士要研究的鱼化石标本；
C. 张弥曼院士磨制的单个光面（上面是照片、下面是手绘图）；D. 连续磨制了无数光面，每一张手绘后的稿纸堆在一起的效果；
E. 张弥曼院士工作的照片；F. 张弥曼院士根据连续磨片的数据制作的蜡质模型，三维重建了她研究的鱼化石结构

什么是 CT 成像技术？ 2

What is computed tomography?

1895 年，德国物理学家威廉 · 康拉德 · 伦琴发现了 X 射线。这种穿透性很强的射线被广泛应用于医疗诊断，并且在工业无损探测领域大放异彩，极大地推动了医疗诊断和工业领域的进步。伦琴也因此在 1901 年获得了首届诺贝尔物理学奖。然而，直到 20 世纪 70 年代，X 射线成像一直是二维的，即一次只能获得一张一个方向上的透射投影。1972 年，英国电子工程师亨斯菲尔德发明了全球首台医疗 CT 设备，标志着 X 射线成像从二维拓展到三维。这一革命性的发明也使得亨斯菲尔德获得了 1979 年诺贝尔生理学或医学奖。

CT 究竟是一种什么技术呢？ CT 是 Computed Tomography 的首字母缩写，字面意思是计算机断层成像技术，即借助强大的计算机三维重构计算获取目标对象内部一系列断面结构信息的成像技术。说起 CT，大家可能会想到医院里的 CT 检查。例如，医生怀疑病人的内脏器官上长了肿瘤，在判断是否需要手术前，要确认病人腹腔内肿瘤的具体位置和大小，就需要对病人进行高分辨率的 CT 扫描检查来获取这些信息。那么 CT 是如何做到的呢？ 医疗 CT 机（图 5-2）采用 X 射线源作为光源，类似拍片子一样，高能的 X 射线可以大部分穿透人体而小部分被人体组织吸收，穿透人体组织的 X 射线携带了人体内部结构的信息，这些信息经过计算机数据处理分析就可以转化成直观的三维影像数据了。

扫描二维码，观看视频：什么是 CT 成像技术？

CT 成像技术的优势

CT 技术有两个明显的优势，造就了它在成像领域不可替代的地位：一是无损检测，扫描过程不需要对扫描对象进行特殊制备，也不会对扫描对象造成任何物理性破坏；二是三维成像，CT 成像最后获得的是一个三维空间上的数据，称为“体数据”，它可以借助计算机的三维可视化展示进行任意角度、任何断面的观察和研究，它不仅仅能看到扫描对象的任何角度的外观形貌，还能看到其内部任意位置的结构信息。

CT 扫描与制作切片或者磨片相比，时间成本较低，通常数个小时就能获得最终结果，而且数字模型的精度也更高。更重要的是，CT 扫描是无损检查，不会对标本造成任何破坏，也不影响采用其他技术对标本进行进一步的研究。由于 CT 技术的优势，这种技术一出现就获得了古生物学家的青睐。

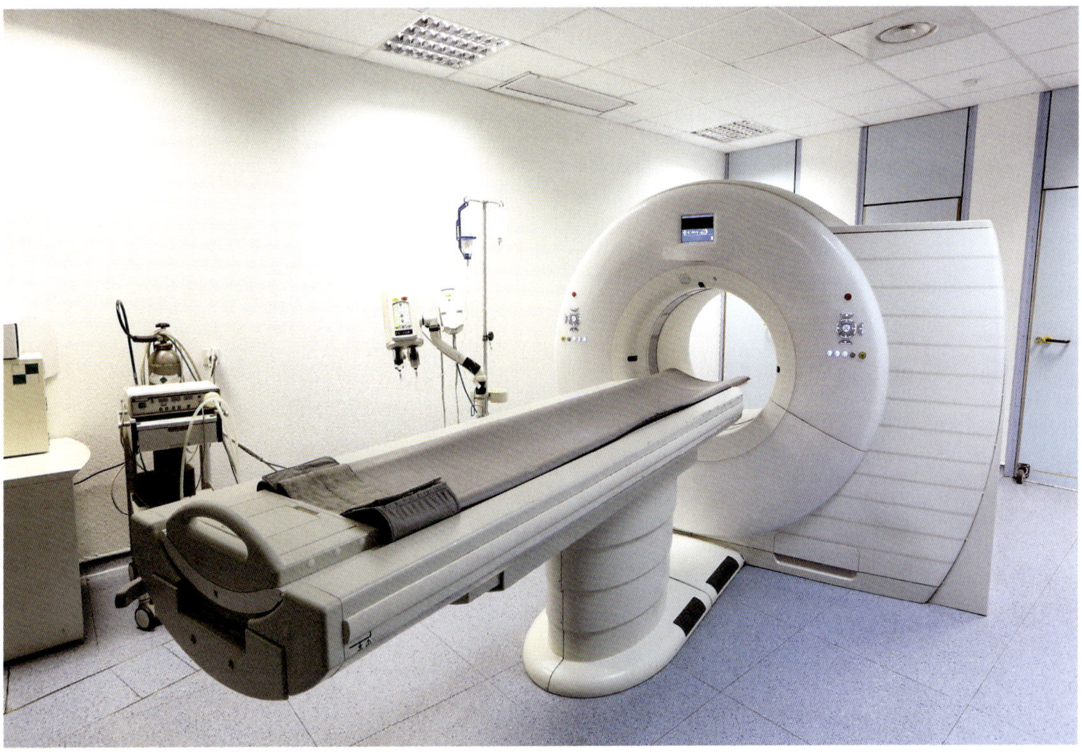

图 5-2　医疗 CT 机

能用医疗 CT 扫描化石吗？

3

Can we scan fossils with the medical CT machine?

如今我们去医院做 CT 扫描是一项非常便捷的常规医疗检查了，可能整个过程的耗时主要在排队等候而非扫描检查本身上。医疗 CT 机是非常精密的医疗设备，在扫描人体时，作为检测对象的人是躺在平台上不动的，通过射线源和探测器的运动来完成各个不同角度的拍摄。若扫描多个不同部位，平台可以轴向移动，完成螺旋式扫描。整个过程充分考虑了人的舒适度和健康安全性，因此辐射剂量是有严格控制的。这些特殊的考量也使得医用 CT 机的结构设计复杂，造价很高。但是，常规的医用 CT 机无论多么先进，都是针对人体诊疗进行优化设计的产品，并不适合用来扫描化石。

其实，CT 成像技术是一个庞大的技术家族，医用 X 射线 CT 只是其中一种。医用 CT 设备并不能满足各行各业的要求，于是业界产生了一系列工业 CT 设备。这些设备尽管针对的扫描对象和适用领域千差万别，但基础原理几乎都是类似的，设备的核心组件也大同小异，均由 X 射线管、载物台和探测器组成。与医疗 CT 相比，工业 CT 的设计更加简约。工业 CT 不需要考虑样品的舒适度和安全的辐射剂量，因此在工业 CT 扫描过程中，扫描样品固定在载物台上需要自旋 180° 或者 360° ，而射线源和探测器是不动的，这和医疗 CT 机运行的情况恰好相反。

实体化石多是石头，成分是各种各样的矿物，和人体组织相距甚远，因此对化石进行 CT 扫描，需要借助工业领域的 CT 设备（图 5-3）。对于化石而言，一般根据化石的大小选择合适的 CT，对于大型标本常规 CT 即可满足要求，对于小型和微体化石标本则需要选择分辨率更高的显微 CT。

图 5-3　扫描化石的 CT 设备（殷宗军供图）

如何给化石做 CT？

4

How to get the fossil a CT scan?

如果单纯就扫描流程而言，给化石做 CT 并不比去医院做 CT 更复杂，甚至更简单一些。毕竟我们无需考虑化石被扫描时候的感受，也不需要化石的“积极配合”。总体而言，只需要将化石标本固定放置在载物台上，设定好扫描参数后，设备就会完成所有扫描流程并获得图像数据。研究人员更多的时间不是用来操作设备，而是用在后期的数据处理和分析上。当然，这种轻描淡写的简单操作只是一种理想状态——研究人员对扫描的化石标本非常熟悉，所有扫描参数都已经预先确定。

医疗 CT 设备扫描的对象都是人，不同个体的人对于 CT 设备而言在结构和成分上大同小异，因此每次扫描的参数设定近乎相同，即使有变化，变化的区间也比较局限，总体上不需要工作人员反复摸索扫描条件和参数。但给化石做 CT 扫描时情况就完全不一样了。无论是形态结构还是组成成分，实体化石可谓千差万别，每一次扫描都要针对扫描的标本进行个性化的参数设定，而这些参数并不是已知的，需要科研人员和技术人员合作一起优化，找到最合适的参数才能获得高质量的成像数据。这个过程对实验技术人员有较高的要求，比较依赖技术人员对技术原理的理解程度和扫描经验。

扫描二维码，观看视频：给化石做 CT 的过程和难点如今 CT 技术在古生物学研究中的应用已经非常流行了。我国首个专门针对化石进行 CT 扫描成像的实验室是中国科学院古脊椎动物与古人类研究所（简称“古脊椎所”）建设的 CT 实验室。古脊椎所的科研人员和中国科学院高能物理研究所的科研人员合作，自主设计并建设了两台开放式的高精度常规 CT，还自主创新设计了一台专门用于扫描板状化石的平板 CT（图 5-4），目前市场上尚无同类商业化设备。

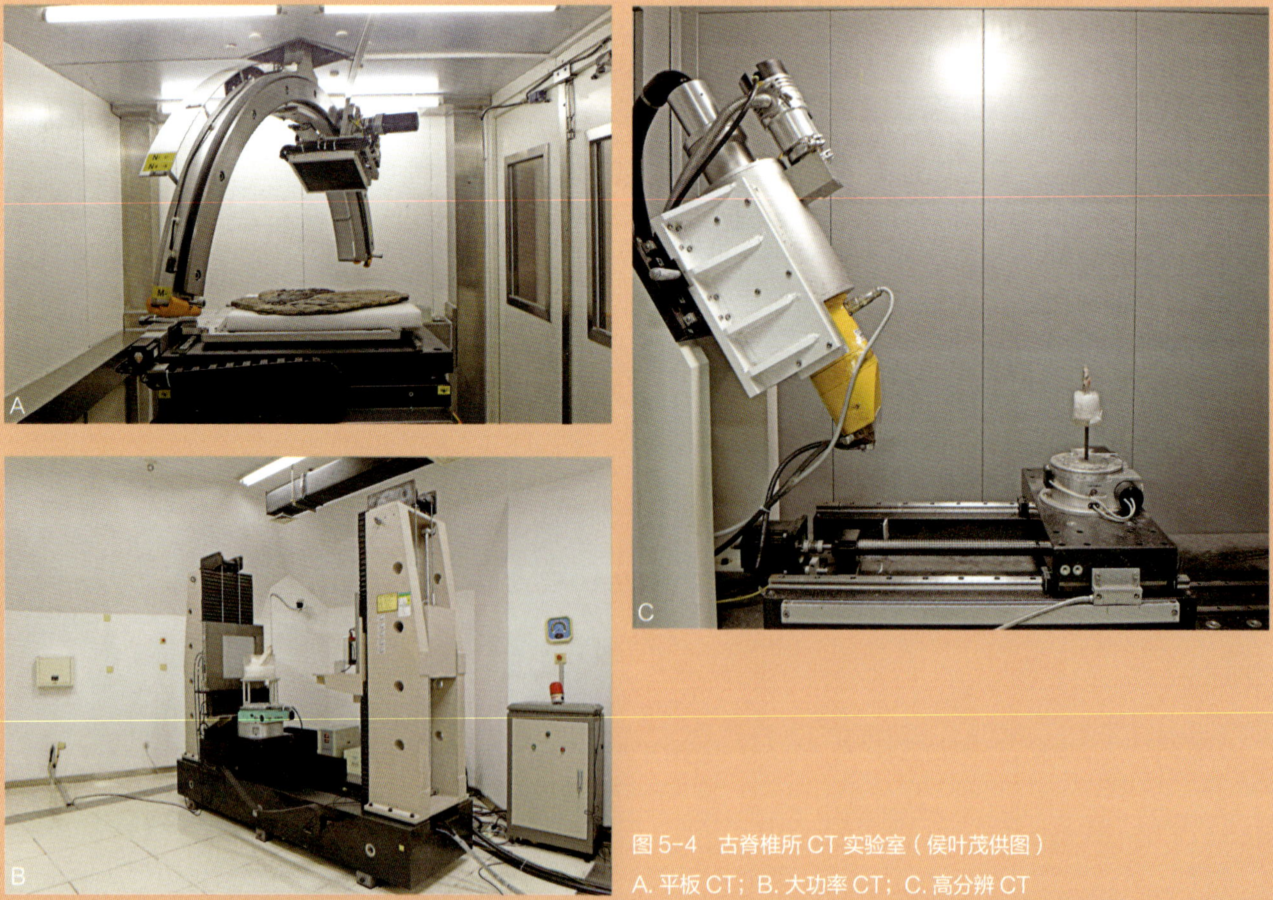

图 5-4　古脊椎所 CT 实验室（侯叶茂供图）
A. 平板 CT；B. 大功率 CT；C. 高分辨 CT

对化石进行 CT 扫描通常可以有以下几个步骤：首先将化石标本固定在载物台上，载物台位于射线源和探测器中间的导轨上，然后调试设备摸索扫描参数，找到合适的扫描参数后启动扫描，X 射线从射线管出发穿透标本后抵达探测器。整个扫描过程中标本将在载物台上围绕中心轴自旋 360° ，每隔一定的角度探测器将进行曝光拍摄该角度的透射投影图像。扫描结束后，设备往往还会将标本移除视野拍摄背景，用于后期矫正图像噪点。因此每次扫描获得的原始数据实际上是一系列（往往是数百张到数千张不等）的二维投影数据，相当于在不同角度对同一个标本拍了很多张片子。然后通过复杂的数学计算，计算机能根据一系列二维的投影数据计算出扫描对象的内部三维结构（图 5-5），并通过可视化手段展示出来，给科研人员的工作带来了极大的便利。由于数据量较大，普通计算机无法胜任这份工作，通常需要配备了中央处理器（GPU）的大型图形工作站完成。

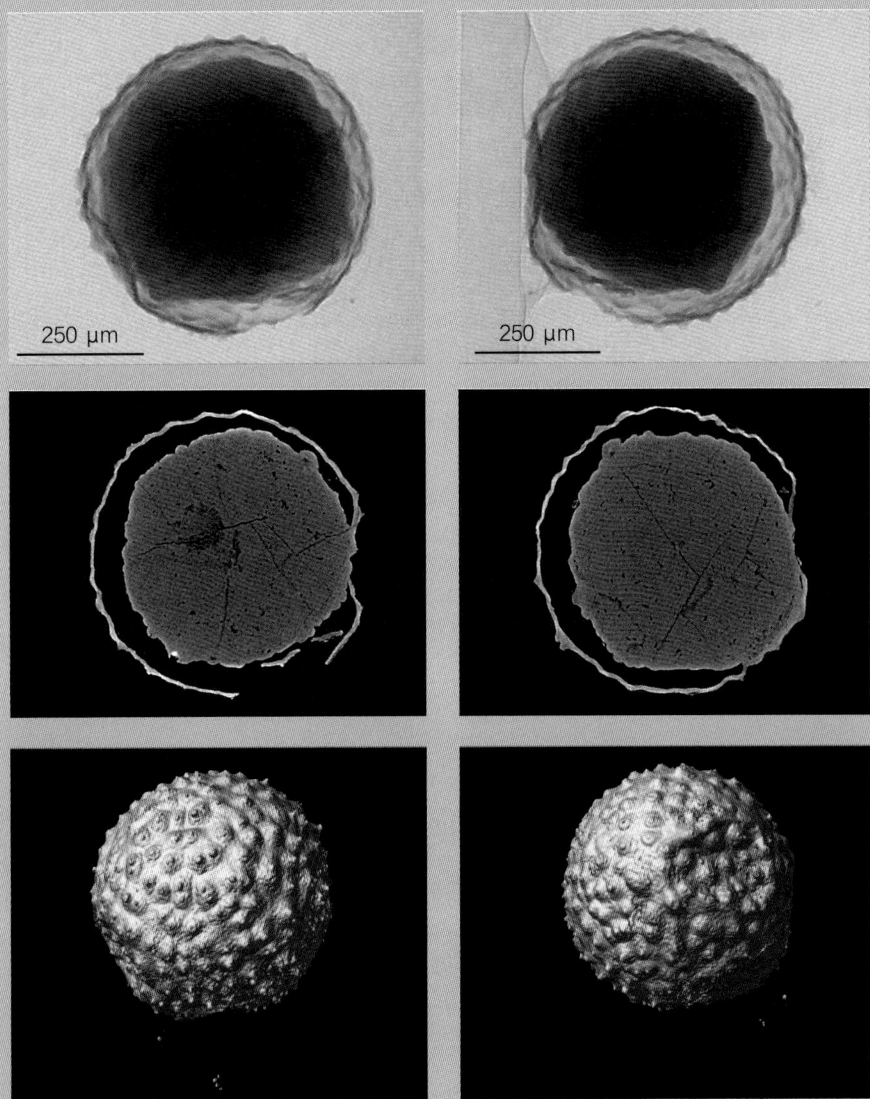

图 5-5　同一标本不同角度的二维投影（上）、不同深度的二维虚拟切面（中）、不同角度的三维重构图像（下）（殷宗军供图）

常规 CT 如何放大标本而做到高分辨率成像？

How to achieve high resolution with the conventional CT scan?

这里简单介绍一下常规 CT 成像的几何放大原理。X 射线管发射出来的 X 射线是典型的锥状光束，类似手电筒的光，靠近光源位置的光束很细，远离光源位置的光束截面比较大（图 5-6）。因此，只需要调节标本在光源和探测器之间的距离就可以得到合适的放大投影，通常扫描的时候会让标本尽量靠近光源而使标本和探测器之间的距离最大化，使得探测器上标本的投影最大化，这样就能获得最大的放大倍数，从而获取最高的分辨率。这种放大方式就是几何放大。几何放大在日常生活中十分常见，如投影仪和在电影院播放电影的工作原理都是基于几何放大原理。

也许有人会追问：既然通过几何放大来实现高分辨率，那么是否可以尽可能拉大标本和探测器之间的距离而让分辨率无限提高呢？实际上，常规工业 CT 的分辨率基本局限在微米级别，很难突破。这是因为几何放大有一个天然的弊端。由于 CT 的光源并不是点光源，从光源出发的光并不是理论上描述的来自同一个点，而是来自一个小圆盘状的区域，因此这些光对同一个标本产生的投影落在探测器上的位置并不是完

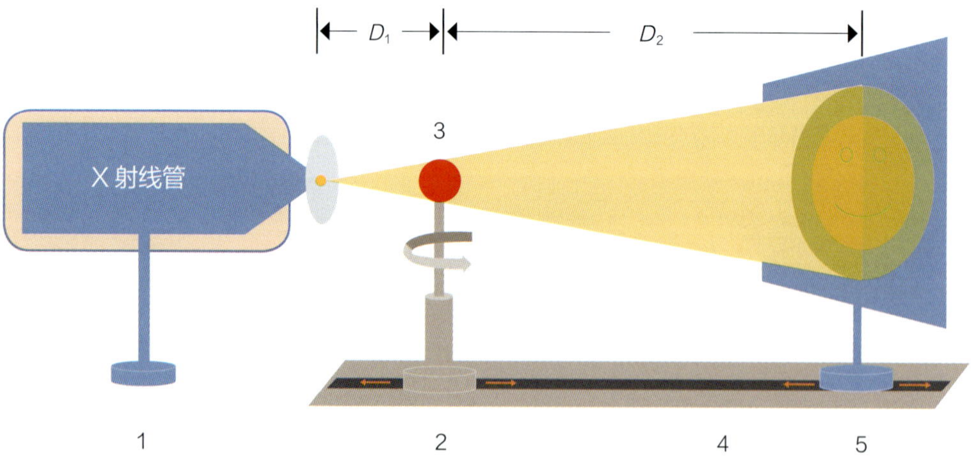

图 5-6　CT 扫描成像原理示意图

图中，1 表示 X 射线管，2 表示载物台，3 表示待测化石，4 表示导轨，5 表示探测器，D_1 表示光源与待测化石之间的距离，D_2 表示待测化石与探测器之间的距离

全一致的，会有微小的错位，即在投影的周缘产生微弱的重影，称为几何半影（图 5-7）。它最终会影响我们对标本真实边界的判断，导致分辨率下降。通常为了减小几何半影，工业 CT 的 X 射线管的光源焦点会制作得尽量小，但总会有一定尺寸，因此几何半影总是存在的。除了光源焦点的尺寸外，另一个影响几何半影大小的因素是放大倍数。放大倍数越大，重影就越大，对分辨率的影响就越大。这导致了一个悖论：研究人员想获得更高的分辨率，就需要更高的放大倍数，但更高的放大倍数带来了更大的几何半影，导致分辨率下降。因此，基于几何放大的常规 CT 成像中，需要平衡几何半影和放大倍数的大小，而不能为了一味地追求理论上的最大像素而无限拉大探测器和光源之间的距离。

扫描二维码，观看视频：常规工业 CT

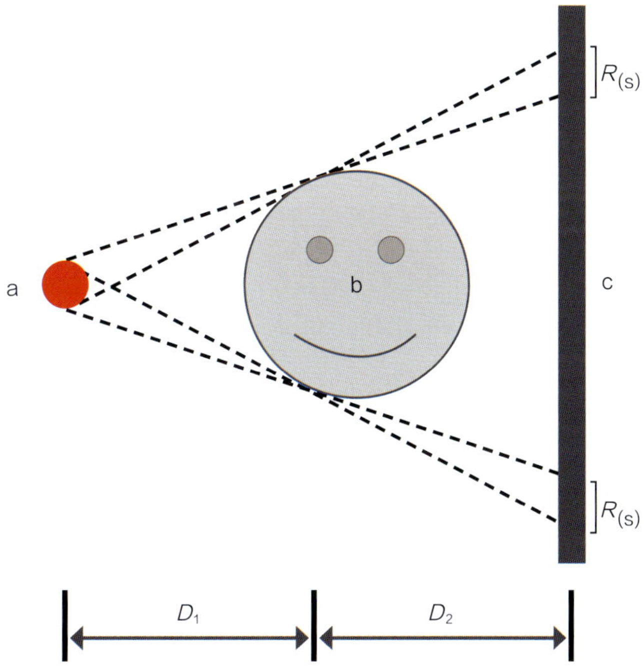

图 5-7　几何半影示意图

图中，a 表示 X 射线源，b 表示待测物品，c 表示探测器，$R_{(s)}$ 表示微小的错位，即几何半影，D_1 表示光源与待测物品之间的距离，D_2 表示待测物品与探测器之间的距离

几何半影可以消除吗？ 6

Can geometric penumbra be eliminated?

常规工业 CT 的实际空间分辨率因为几何半影的影响，很难突破微米级别，那么当古生物学家需要更高分辨率的时候怎么办呢？不依赖几何放大的同步辐射 CT 技术，可以消除几何半影的影响。

同步辐射 CT 设备产生的 X 射线的亮度比 X 射线管产生的要高若干个数量级，如果把 X 射线管的亮度比作一支蜡烛，同步辐射的亮度就是光芒万丈的太阳。高亮度的 X 射线保证了成像的高信噪比，就像在阳光灿烂的大晴天拍照比在晚上更容易获得清晰照片一样。与 X 射线管发射的锥状光源不同，同步辐射的光是准平行光，发散度很小，即使传播了很长的距离也不会扩散衰减，因此其穿过化石标本后，光斑并不会变大，无法像常规 CT 那样通过几何放大来提高分辨率。那么，同步辐射成像

扫描二维码，观看视频：同步辐射 CT 技术

如何提高分辨率呢？技术人员采用一种叫闪烁体的光学器件，将穿过标本的同步辐射 X 射线转化为可见光，然后让其经过一组显微镜的物镜抵达探测器，这样就像显微镜一样放大标本的投影像。这种放大技术称为光学放大。光学放大不受几何半影的影响，因此同步辐射 X 射线 CT 的空间分辨率比常规工业 CT 要高一个数量级，可以轻松达到亚微米甚至是纳米级别。

不过，同步辐射 X 射线需要同步辐射加速器才能产生。同步辐射加速器是大型科学装置，造价十分高昂，通常由政府直接投资和运营，因此在全球范围内数量有限。我国目前能用于化石成像的只有上海光源（我国目前唯一的第三代同步辐射光源，图 5-8）的生物医学成像线站，但是其设计目标主要针对生物医学领域，主要对生物体而非化石进行成像优化。目前全球范围内针对化石成像进行特殊优化的成像线站并不多。由于同步辐射光源提供的扫描时间非常稀缺，很大程度上限制了该技术的普及。当前，同步辐射加速器技术已经发展到第四代，我国正在建设的北京光源就是使用第四代同步辐射加速器。北京光源建成后有望提供更多扫描机会给古生物学家使用。

图 5-8　上海光源外景（胡蔚成摄）

同步辐射 CT 因为扫描机非常稀缺，供不应求，而常规 CT 的分辨率又很难满足一些古生物学家尤其是研究微体化石的科研人员对分辨率的需求，那么该如何解决研究需求呢?

近几年，一种新型工业 CT 适时出现了。它将同步辐射 CT 技术的光学放大系统应用到常规 CT 的成像架构中，改变了常规 CT 单纯依赖几何放大的局限性，将成像分辨率和密度分辨率提到接近同步辐射 CT 的水平。这种新型 CT 类似常规 CT 和同步辐射 CT 的组合体，既保证了成像质量，又降低了造价，因此很快在全球普及。南京古生物所于 2015 年的年底建成了我国首个针对化石成像的新型显微 CT 实验室（图 5-9），随后国内多个高校也陆续建设了同类实验室，这些实验室对我国古生物学的发展起到了非常大的推动作用。

南京古生物所的科研人员利用新型显微 CT 实验室解答了很多古生物学研究的问题，其中就包括了对早期动物如何适应环境

扫描二维码，观看视频：新型工业 CT

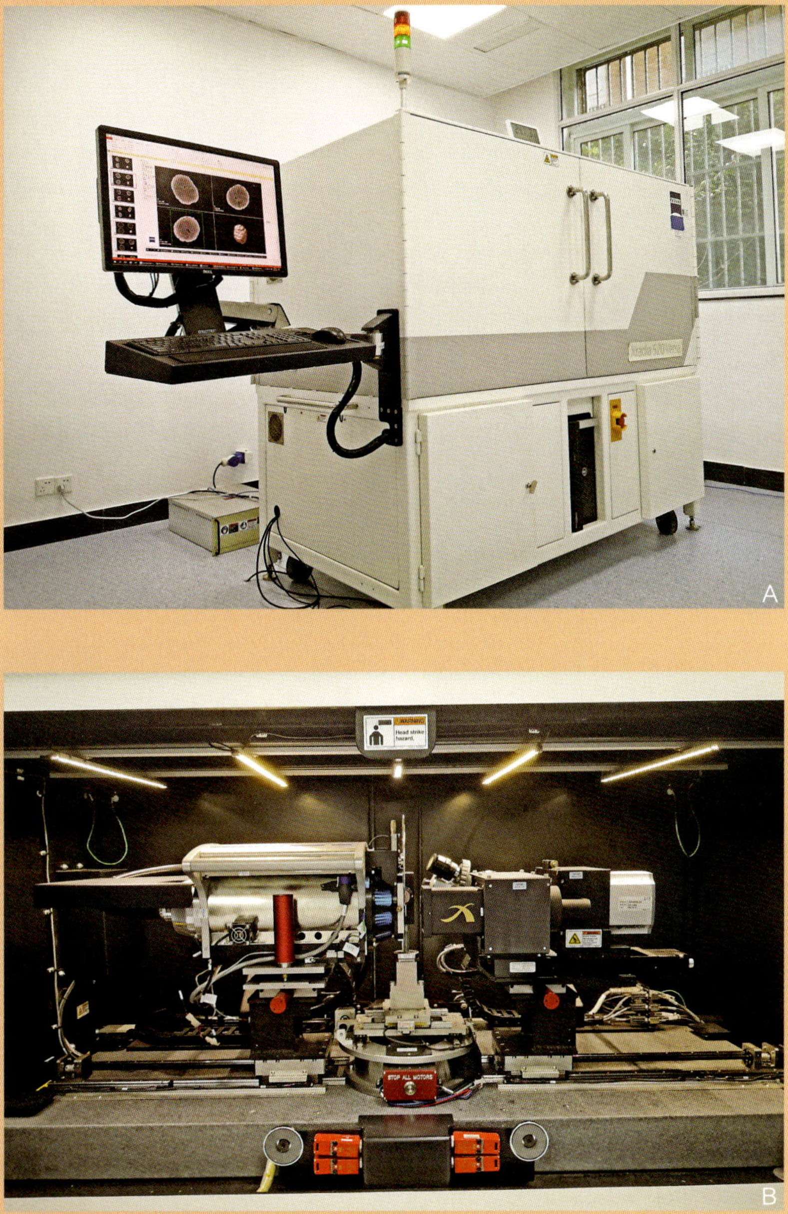

图 5-9　南京古生物所针对化石成像的新型显微 CT 实验室（殷宗军供图）
A. 新型显微 CT 实验室；B. 新型显微 CT 内部结构

的研究。自动物起源之后，在距今 5.4 亿—5.2 亿年的寒武纪早期发生了大规模的爆发式演化，当时整个地球正经历一次大规模的增氧事件，海洋中氧气的含量尚未达到现今海洋的水平，整体环境对处于“摇篮期”的动物而言动荡不安，十分恶劣，那么这些早期动物是如何适应这种动荡的恶劣环境的呢？

为探讨早期动物和环境之间共演化的机制，南京古生物所的专家团队研究了距今 5.35 亿年的一类名叫古球蛋的微体化石。古球蛋呈球形，个头微小，直径大约1 mm，外表长满了凸起的瘤状装饰，在扫描电镜下看起来像是一颗巧克力球（图5-10）。但由于其内部结构不清楚，自1977年被发现以来，它究竟是什么生物一直是未解之谜。

如今，研究人员采用高分辨率显微CT精准地复原了古球蛋的内部结构（图5-11），发现古球蛋原来是停滞发育的早期动物胚胎，和现代水生无脊椎动物的滞育胚胎无论是尺寸、外观还是内部生物学结构都惊人得一致。现代水生无脊椎动物会通过发育休眠囊包产生滞育胚胎来度过水体缺氧等恶劣的生存环境，而古球蛋化石在全球的广泛分布恰好与寒武纪早期全球动荡的浅海环境，尤其是不稳定的海水氧化水平十分吻合。该研究不仅解开了古球蛋的身世之谜，也揭示了动物胚胎对抗不良环境的滞育机制在5.35亿年前的寒武纪早期就已经起源了，为理解早期动物如何适应恶劣环境提供了一个精彩的案例。

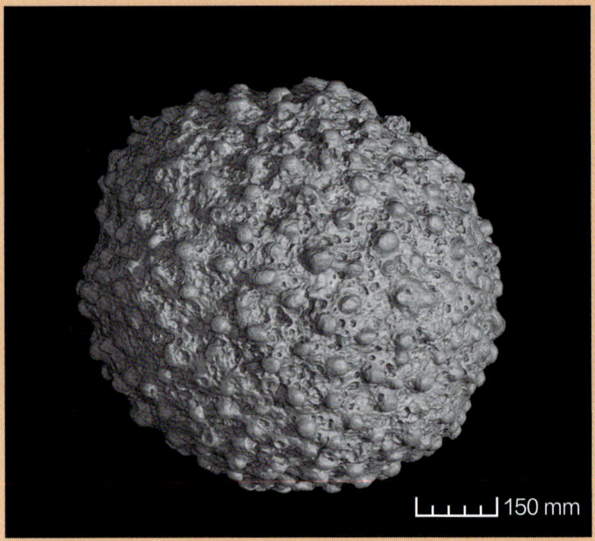

图5-10　古球蛋化石（殷宗军供图）

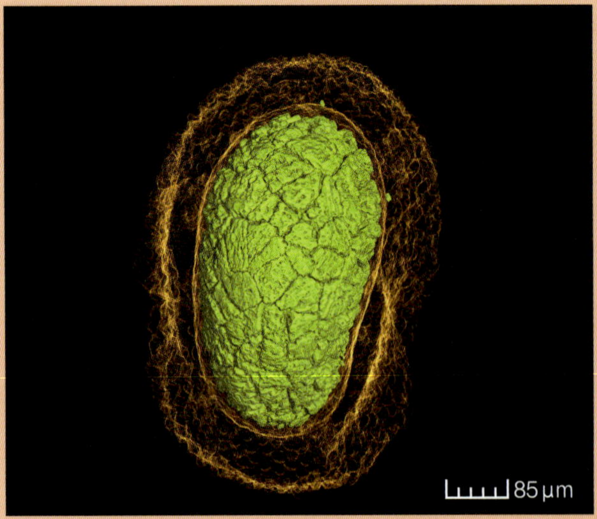

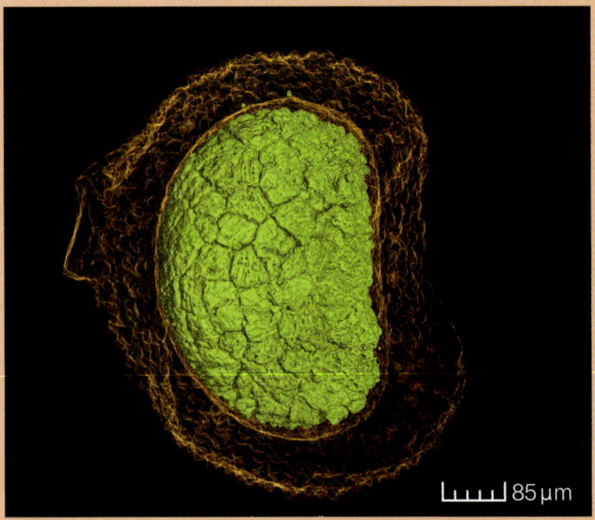

图5-11　距今5.35亿年的古球蛋化石三维结构复原图（殷宗军供图）

结　语　　7

Conclusion

对古生物学家来说，挖掘到化石之后，复原生物外观形态固然是必不可少的工作，但了解化石内部的结构也很重要。以前，为了研究化石内部的结构，研究人员不得不将化石切开或者一层层磨掉。如今，这个问题得到了彻底解决。CT扫描不仅可以“深入”观察化石的内部结构，而且对化石本身没有任何损伤。这项技术赋予了古生物学家前所未有的精度去研究化石。随着 CT 技术的不断完善，科学家将运用这个能“看穿化石的透视眼”揭开更多化石中蕴藏的远古密码。

Calibration of the Earth's history: Global Boundary Stratotype Section and Point (GSSP)

地层年龄的标尺——“金钉子”

/ 张元动

我们生活的地球约有46亿年历史。在这漫长的演变过程中，发生了许许多多的故事，或精彩纷呈如同壮丽史诗，或恐怖惊悚如同灾难大片。这些故事的内容细节和演绎进程大多保存在各个不同时代的地层记录中，需要我们对地层“天书”进行深度发掘，从而再现地球历史变化进程。那么，我们如何给地层划分“年龄”呢？

地球历史的记录本——地层“天书”

1

The strata: notebooks of the Earth's history

我们知道，保存化石的沉积岩有一个特点就是看上去是一层一层的（图 6-1）。这些记录了地球故事的地层，时代跨度非常大，从 30 多亿年直到今天。如同记录年代的单位年、月、日一样，地球地层也有自己的年表，依次分为宇、界、系、统、阶。其中，阶是基本单位。我们看到的每套地层都有它特定的年龄。要深刻认识和理解地球的演绎过程，首先需要对这些地层按照年龄由老到新进行编录、命名，如同编写古代的编年史，这个步骤就是我们常说的“地层划分”。这就好比我们划分人文历史的朝代（如我国的唐、宋、元、明、清等朝代），是以曾经发生的重大历史事件为依据的。不同的是，地质历史比人文历史要漫长久远得多，对地质历史时期发生的变革性事件的识别是以保存在地层中的化石、岩石特征及其所蕴含的时间、古环境等属性为依据的，而不是文字记载和文物。如何确定地层的年龄是一个挑战。

确定地层的年龄有两种常用的方法：同位素测年法和生物地层学法。

同位素测年法是通过测定地层中的放射性同位素与其衰变产物的比率，再应用这种放射性同位素半衰期计算年代的方法，计算出地层的年龄。同位素测年法是一种重要的定年方法，但测出的地层年龄值是绝对年龄，受到地层属性、保存状态以及实验技术等多方面的影响，容易导致不同实验室和专家对同一套地层测得的数据不一致，以及出现精度的差异等问题。

生物地层学法则利用生物演化的不可逆性，根据地层中赋存的古生物化石对地层进行定年、划分和对比，它通常侧重于确定地层的相对年龄。我们说中生代是“爬行动物时代”，新生代是“哺乳动物时代”，就是因为在这两个时期的生物演化具有完全不同的内容和表现形式。因此，根据地质历史时期的古生物化石，就可以对地层进行划分。

但是，不论是同位素测年法还是生物地层学法，都存在不同地区、国家之间对比的问题。

图 6-1　新疆柯坪县大湾沟地层剖面（距今约 4.58 亿年，张元动供图）

“金钉子”是什么？ 2

What is GSSP?

地质记录是不完整的，而且常常是不连续的，其间存在大量的不整合面、小间断等，这些都代表地质记录的缺失。在不同地区，地质记录往往也有差别，甚至大相径庭，因此常常使用不同的划分方法和地层名称。同时，地球又是一个整体，在一个地区发生的生物演化事件往往在其他地区也有相应的体现，一些全球性的地质事件就更是如此，这就需要进行“地层对比”。否则，当一位专家说在某一地区发生了某次生物演化事件，或提到一个地区性的地层单元时，其他地区的生物地层工作者可能连这一事件或单元在其所在地区的大致对应位置都无法确定。而当一个地层单元在不同地区被赋予不同的含义和时间跨度时，就将导致对地质历史认识的偏差，甚至得出错误的结论。

由于不同地区的地层具有不同的发育背景和特征，所含的古生物化石也往往千差万别，有的物种表现出非常明显的地方性，甚至全世界“独此一家”。即便同类生物也存在迁移和扩散的过程，在发生时间上有差别。这就造成各国或各地区的专家学者纷纷自立标准，缺少一个全球统一的标准。为解决“全球共同语言”的问题，现代地层学的“金钉子”概念于20世纪60年代应运而生。

“金钉子”的正式名称为“全球界线层型剖面和点”（Global Boundary Stratotype Section and Point，英文简称GSSP），是指在一个特定的地层序列中，一个特定的点被选作定义和识别某一地层界线的全球标准（图6-2）。这个定义的关键词——全球、特定地层剖面、点。“金钉子”的这个点代表这段地球历史的一个特定瞬间，点位之下代表该瞬间之前的记录，点位之上代表该瞬间之后的记录，

扫描二维码，观看视频：“金钉子”的来历

因此“剖面＋点”就能充分反映这一特定历史节点及其“来龙去脉”。通过确立一系列代表不同地球历史时间的“金钉子”，就把地球历史划分成了一个个断代，就像中国古代史划分的一个个朝代。“金钉子”作为划分地球历史记录的重要时间节点，一方面要充分反映地球历史发展的阶段性（地球演变不是匀速的，而是分阶段的，不同阶段发生和演绎着不同的故事），另一方面要在世界各地能得到准确识别和应用。

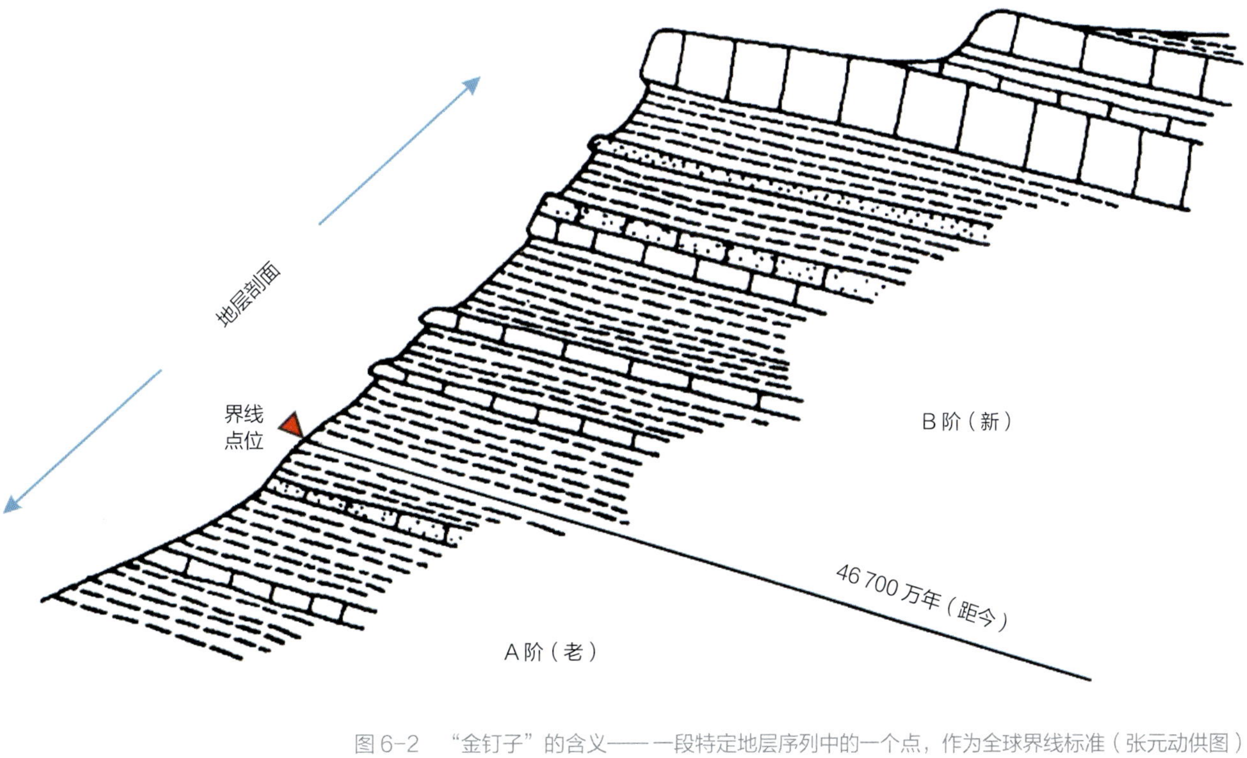

图 6-2　“金钉子”的含义——一段特定地层序列中的一个点，作为全球界线标准（张元动供图）

"金钉子"名称的由来

"金钉子"名称来源于美国修铁路的历史。19 世纪中叶，美国人为开发美国西部地区丰富的矿产资源，开始修建横穿北美大陆的铁路。为了快速修建，他们分别从东西两端向中部推进。1869 年 5 月 10 日，美国东西铁路在犹他州北部的普罗蒙特里高地汇合，成为第一条连接大西洋和太平洋的横贯美洲大陆的铁路。为纪念这一成就，在庆典上，美国中央太平洋铁路公司总裁把一枚金质道钉（总重 436 g，含 17.5 g 黄金）——最后的道钉（即"金钉子"），敲进特制的月桂枕木中，标志着这条铁路贯通（图 6–3）。地质学上借用这一典故，把全球界线层型形象地称为"金钉子"，较好地体现了它的真实含义和它在年代地层划分上的重要地位和永久性。

图 6–3　最后的道钉——美国东西铁路于 1869 年贯通合龙的庆典（油画，托马斯 · 希尔绘，1881 年）

从理论上说，直接按各国专家约定的一系列地质年代进行地层划分是最简单的方法，但是如何约定，如何得到全球专家学者的认可和共识，并不简单。地球历史很漫长，过程极其复杂，对划分断代的时间节点很难像人文历史那样容易毫无争议地建立年代共识。原本各国学者之间对一些地质事件的发生时间就有分歧，随意地人为设定一个时间点难以得到多数学者的认同。从原则上来说，一条界线可以通过文字描述来定义，但语言的不同、字义解释的差异、描述不充分或错误、文字表达能力不够，都容易导致误解。因此，最好的办法是用一个地层实体来定义界线，并作为标准。物理性实体定义的好处是：界线点是固定不变的（避免无休止地争议），该界线所代表的时间就是全球标准，尽管这个时间的测定值可以随着后续研究而不断调整。

对界线而言，一个特定岩石体中的一个具体的点，提供了最稳定、明确的定义标准，如果这个点被作为全球标准（全球界线层型），就将永久性地标定全球地质年表中一个地质时期的起始。

什么样的化石适合定义“金钉子”？

3

What kinds of fossils are ideal for defining a GSSP?

现代地层学的年代地层系统普遍采用一些特定的古生物物种的首次出现层位来定义“金钉子”。例如，我国的第一个“金钉子”就是用笔石（一类海洋群体动物，于寒武纪中期起源，石炭纪早期灭绝）的一个特定种——澳洲齿状波曲笔石（图 6-4）——在浙江常山黄泥塘剖面（即奥陶系达瑞威尔阶底界“金钉子”剖面）的首次出现层位作为标志；此外，三叠系印度阶底界的“金钉子”是以一种牙形动物（一种原始的游泳动物）的咀嚼器官——微小欣德刺（图 6-5）——在我国浙江长兴煤山剖面的首次出现层位来定义的。

如果要作为定义全球界线标准的“金钉子”，那么通常要求这个定义物种的首次出现事件是全球等时的，这个物种是全球广布的。从理论上来说，一个新物种在一个地方或区域形成后，有一个扩散和迁移到全球其他地区的过程，这个过程需要的时间是因生物门类而异的，有的快，有的慢，古生物学家寻找的就是那些能够快速扩散到全球的物种。因此，那些漂浮的、浮游的或游泳的海洋生物就成为首选，如笔石（漂浮）、球接子类三叶虫（浮游）、牙形刺（游泳）、有孔虫（浮游）等。多数海洋底栖的生物类群通常只局限于生活在某个地区，或某种生态域，不适合作为定义“金钉子”的物种；同样，陆生生物大多容易受到高山、峡谷、江河、海洋的阻隔而不容易地理扩散，或者即便发生扩散迁移，也耗时甚多，也不适合作为定义“金钉子”的物种。

因此，定义“金钉子”需要寻找那些数量多、分布广、演化快、特征明显的化石物种。

图 6-4　澳洲齿状波曲笔石（*Undulograptus austrodentatus*，张元动供图）

图 6-5　微小欣德刺（*Hindeodus parvus*，张克信供图）

何处寻找“金钉子”？

Where deserves to be ratified as a GSSP?

对每一条界线而言，“金钉子”都是全球划分和对比的唯一标准，因此“金钉子”研究存在着激烈的国际学术竞争。全球共有 107 个“金钉子”需要建立，目前已经有 70 余个“金钉子”确立在世界各国。世界上第一个“金钉子”是志留系和泥盆系之间的界线，于 1972 年在捷克布拉格盆地克隆克剖面确立。迄今为止，奥陶系、志留系和泥盆系的所有“阶”的“金钉子”均已建立，是比较完整的，其他很多系的“金钉子”还未完成，有的甚至还有大片空白。

“金钉子”作为全球划分对比标准的权威性和公认性主要来自对它的严格要求。对其自身条件的专门性要求包括以下几个方面：

第一，全球界线层型必须选择在代表基本连续沉积的剖面中。将界线层型选在一个不整合面上可能是最糟糕的选择，因为这不但不能代表一个精确的时间点，而且还有横向穿时的可能性。

第二，全球界线层型应处在海相、含化石的剖面中，其岩相或生物相没有大的纵向变化。由于这一项要求，我国自中生代晚三叠世以来的地层迄今尚无一个“金钉子”，主要是因为从那时起我国的地层记录都以陆相为主，海相地层仅见于少数边远地区。

第三，化石内容丰富，特征显著，保存良好，所代表的动物群或植物群尽可能多样化、全球性分布。

第四，剖面应出露完好，所在地区的构造变形或地表扰动、变质作用和成岩变化要尽可能少。所选择的界线层型在纵向和横向上的地层延伸都应有相当厚度。

第五，界线层型应位于易到达的剖面地点，确保各国学者自由研究、采样和长期保护，还要求有永久性的野外标记。不太符合该项要求的一个例子是我国新疆柯坪大湾沟剖面，那里的上奥陶统底界地层完整连续，出露极好，化石丰富，各方面都完美符合“金钉子”的要求，除了不易到达这一个要求——这个剖面位于塔克拉玛干沙漠的戈壁山沟里，附近无人居住，也没有固定道路通达，每年如期而至的夏季洪水会把原本可以勉强行走的河床冲得乱七八糟。为了到达该剖面，每次都需要先修路数十千米，然后下车步行约 1.5 小时。因此这个剖面未能入选“金钉子”。

第六，界线层型剖面应被透彻地研究和充分采集过，研究结果业已发表，且这个剖面中所采集的化石已被妥善收藏并易于观察研究。

第七，在可能的情况下，全球界线层型的选择应考虑历史上优先和惯用的原则，应大致接近传统的界线。

第八，为了确保能在世界范围内被接受和使用，全球界线层型应含有尽可能多的、特殊而完好的标志面或有利于在大范围内进行年代对比的其他特征标志，因此通常还应开展地球化学、同位素测年学、磁极性地层学及古地理和古环境等方面的研究。

“金钉子”的确立，除了作为全球划分和对比标准外，更重要的是为深入研究地球历史时期物质和生命过程提供了一个全球统一的时间框架。在此基础上，地球历史时期发生在世界各地的生物演化事件将得以准确对比和深入研究，从而大大促进我们对地球历史的认识和理解。

“金钉子”的确立体现了一个国家地质学的综合研究实力和总体水平，被各国相关领域的学者普遍视为国家荣誉，因此存在激烈的国际竞争。我国从 20 世纪 70 年代开始积极争取建立“金钉子”的工作，历经坎坷，于 1997 年在浙江常山确立我国第一个“金钉子”——奥陶系达瑞威尔阶全球界线层型剖面和点（图 6-6，图 6-7）。截至 2021 年，我国已确立了 11 个“金钉子”，分别位于寒武系、奥陶系、石炭系、二叠系等断代，数量居世界之首，在全球该研究领域占有重要的一席之地。

争取建立“金钉子”的研究工作对相关科学家和候选剖面所在国都是巨大的挑战，需要面临实力、勇气、耐心和智慧的多重考验。

第一，候选地层剖面所在国要有很强的地质学综合研究基础，否则无从谈起。因为，对“金钉子”地层的认识首先要取决于研究区的大地构造背景、岩石矿物学、沉积学、古生物学、地层学、地球化学、古地磁学等多学科的研究水平，如果这些研究基础不足，就无法说服其他国家的地质学家。目前，非洲大陆的“金钉子”比较少可能

扫描二维码，观看视频：我国第一个“金钉子”的建立

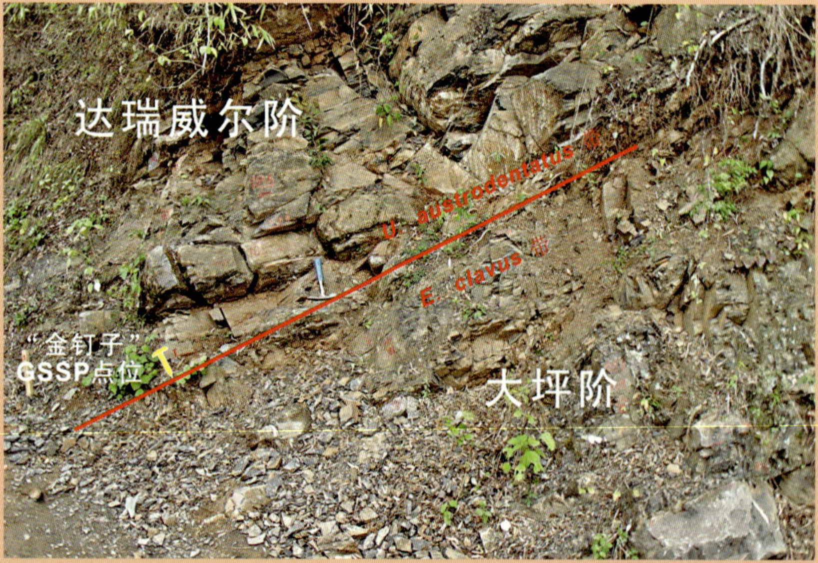

图 6-6　我国第一个“金钉子”——奥陶系达瑞威尔阶底界（张元动供图）

图 6-7　奥陶系达瑞威尔阶“金钉子”工作组主要成员合影（1998 年揭牌典礼，张元动供图）
从左到右：Florentin Paris（法）、Barry Webby（澳）、陈旭（中）、张元动（中）

与其地质学基础较弱、本土研究人员不足有关，少数建立在摩洛哥等国的“金钉子”大多是由他国科学家主持完成的。

第二，研究“金钉子”的科学家要有巨大的勇气面对来自他国科学家的各种苛刻的要求，甚至是不合理的“挑刺”。一方面，由于“金钉子”本身带来的巨大荣誉，各国科学家之间竞争异常激烈，竞争中往往充斥着各种不和谐的、非科学的杂音，甚至学术上的诋毁和人格侮辱，需要妥善处理和面对。另一方面，候选剖面可能确实存在一些瑕疵，如小型构造扰动、某些关键化石门类多样性偏低等，因此需要科学家有勇气、敢于面对，加以解释和妥善解决。

第三，研究者要有“十年甚至二十年磨一剑”的耐心。“金钉子”的研究和建立工作往往是命运多舛的、磨人的，需要科学家能耐得住寂寞枯燥，坐得住冷板凳。我国从 20 世纪 70 年代开始研究，到 1997 年建立第一个“金钉子”，经历了 20 多年的坎坷磨难，大批科学家倾注了大量心血，耗费宝贵青春，无怨无悔。如果说“金钉子”是世界地层古生物学的皇冠上的明珠，那是再恰当不过的。唯其如此困难，方显其“全球地层标准”的重要。

扫描二维码，观看视频：科学无界，科学无价

第四，这是对科学家智慧的考验。一个“金钉子”的建立，往往要推翻多个国家沿用已久的地层划分系统，会遇到巨大的阻力，这就要求科学家有创新性的、有说服力的、经得起时间检验的科研成果，让各国专家口服心服。另外，“金钉子”是全球的参照标准，往往需要取得各国专家的广泛支持，要有“他山之石，可以攻玉”的开放思想，这是对主持研究的科学家的智慧和胸襟的考验。

如何建立“金钉子”？

How to establish a GSSP?

在建立“金钉子”的工作程序上，主要有以下步骤：

◎ 成立某一特定界线工作组，通常由对该段界线地层和地质历史最具深入研究、最优秀的世界地质学家组成。

◎ 界线工作组在全球范围内开展调查研究，遴选最有潜力的候选剖面。

◎ 界线工作组成员投票表决出最佳的候选剖面，界线所属的国际地层委员会的相应分会（如国际奥陶系分会）选举委员投票表决（系和系之间的界线由界线之上地层所属分会决定，如寒武系 – 奥陶系界线应由奥陶系分会决定）。

◎ 各系地层分会的选举委员投票表决，以 60% 赞成率为通过线。若通过，则进一步提交给国际地层委员会。各系的选举委员通常由世界各国最优秀的地质学家组成。

◎ 国际地层委员会的委员（由各个系的地层分会主席等专家担任）投票表决。若通过，则提交给国际地质科学联合会；若未通过，则回到起点，重新研究。

◎ 国际地质科学联合会执行委员会批准执行。

由此可见，每个“金钉子”的确立，除了要有理想的剖面、国际一流水平的研究成果、所在地区开放安全的政治、地理和交通环境外，还与国际上各方面地层学专家对该“金钉子”研究的了解和信任程度密切相关，能够最终建立，很不容易。

“金钉子”确立后还要有一些规定工作，包括文本性描述、“金钉子”标志碑、揭牌典礼等。其中，标志碑的设计没有固定的套路和要求，完全取决于主要完成者的表达。如全球第一个“金钉子”—— 位于捷克的泥盆系底界的“金钉子”标志碑，就在记述的同时考虑到界线位于远处陡坡上、参观者不易靠近的问题，将碑设计成了“瞄准镜”式：参观者站在特定的位置，通过碑体上的缺口，正好看到远处山坡上的“金钉子”界线（图 6–8）。

图 6-8　位于捷克布拉格市附近的泥盆系底界“金钉子”标志碑（张元动供图）

奥陶系底界的“金钉子”位于加拿大纽芬兰岛西海岸的绿岬剖面，那个区域属于加拿大的格罗斯莫纳国家公园。加拿大人为了展现他们保护自然、维持自然原始状态的理念，只在剖面旁放置了一块足够大的花岗岩体，上面嵌入一块说明性、保护性的金属牌匾，铭文翻译如下：“在 2000 年，寒武系 – 奥陶系界线的全球层型由国际地层委员会指定在这里——绿岬。该界线位于第 23 层的页岩和灰岩内，暴露在西南倾向的海岸陡崖和滨岸台地上。该层位以牙形刺化石——随波雅佩特颚刺（*Iapetognathus fluctivagus*）的首次出现为标志，位于迄今所知的最老漂浮笔石层位之下 4.8 m 处。该地点位于格罗斯莫纳国家公园内，未经允许不得进行采集和科学研究活动。——国际奥陶系分会及加拿大国家公园管理局。”

我国第一个“金钉子”的标志碑（图 6-9）于 1998 年 2 月建立。整个碑体采用底座、腰身和头部的三段式设计。底座主要用于记述“金钉子”的名称、界线年代、确立时间、主要完成单位及保护单位等；腰身展现了“金钉子”所在地——浙江常山作为一个“江南水乡”的柔美，同时又融合了“金钉子”的两个辅助化石门类——牙形刺和几丁虫的形态学特征；头部则采用了定义界线物种的抽象化形态特征，两列胞管如麦穗般蓬勃向上，中间的中轴直刺蓝天，仿佛在聆听宇宙回声，又像是一种“问天”姿态，体现了人类对自然的无穷探索。腰身和头部的比例采用了“黄金分割”，以体现大自然的鬼斧神工之美。

图 6-9　浙江常山黄泥塘的我国第一个“金钉子”（奥陶系达瑞威尔阶）的标志碑（张元动供图）

结　语　　6

Conclusion

在地层中钉下一个“金钉子”，不仅是对全人类地层学的贡献，也能反映出一个国家地层研究领域的总体科研水平。古老的地层像无字的书页，镌刻着地球沧海桑田的秘密。截至 2021 年，中国地质人已经在这些厚重的书页上标注了 11 个属于自己的页码，占据世界领先地位。还有许多“金钉子”等着科学家去发掘、研究、确立，而我们将循着“金钉子”的指引，不断揭开地层“天书”中蕴藏的远古故事。

Fossils are artists in reconstructions of tectonic blocks on the Earth

化石是地球板块的“拼图师”

/ 张以春

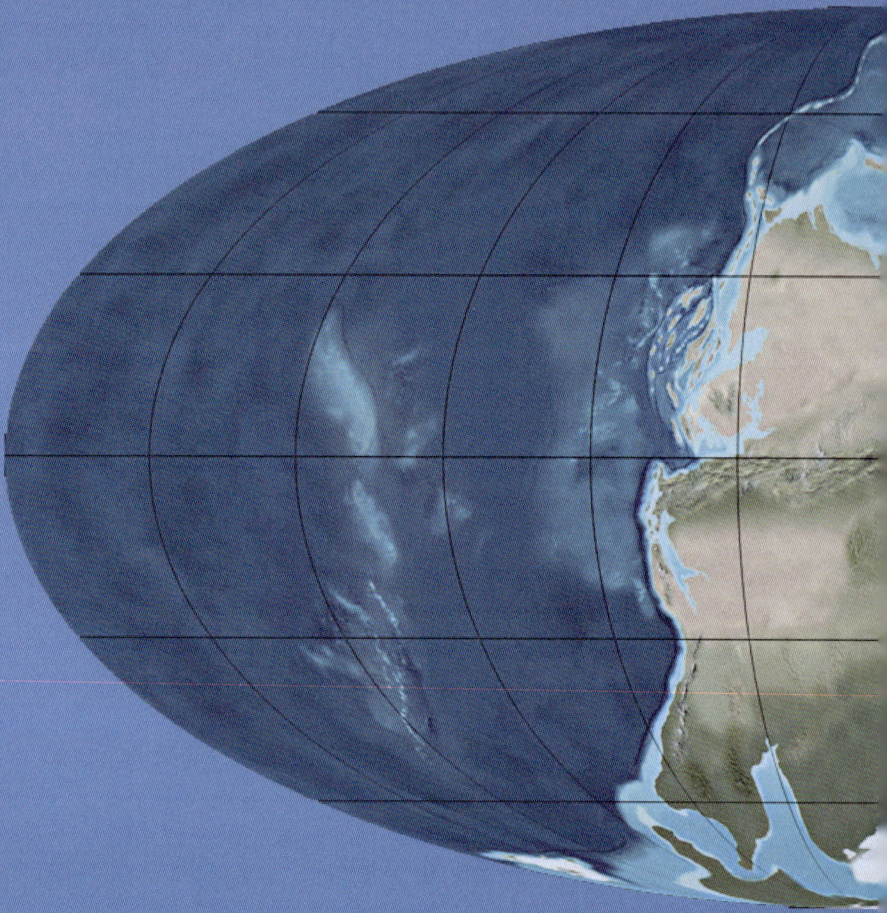

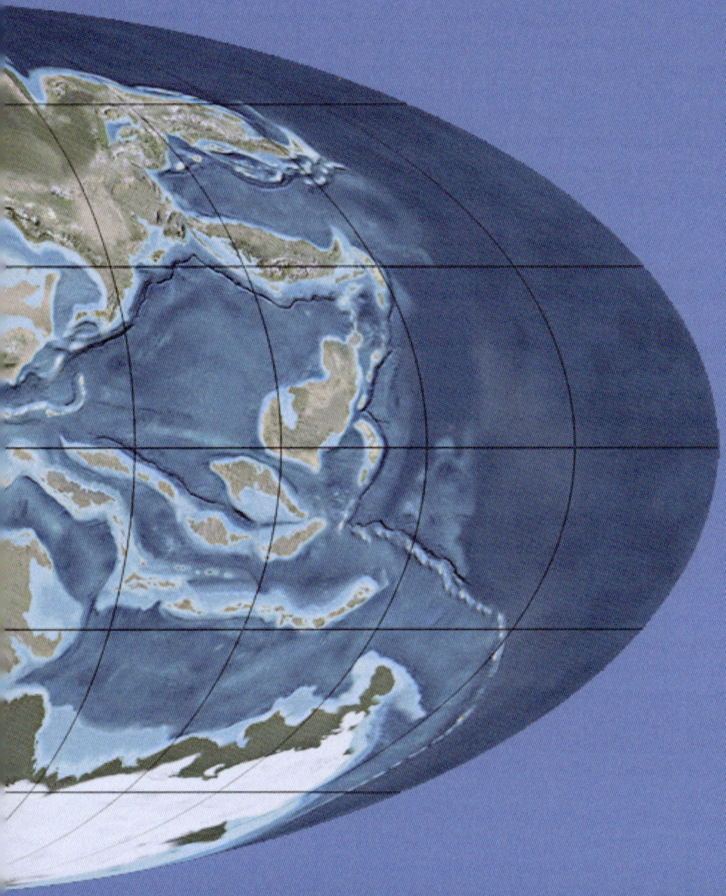

青藏高原是地球的第三极、世界的屋脊，但你曾想过在许久以前，它是一片汪洋大海吗？青藏高原上消失的“海底世界”曾经生活着多种多样的生物，它们是青藏高原上的“精灵”。在二叠纪时（2.99 亿—2.52 亿年前），青藏高原上的不同地块散落在南半球不同的古纬度区，不同的地块上生活着不同类型的生物，它们的组成和演化方式各有不同。这个“海底世界”曾经发生怎么样的气候变化和地理变迁？如今静静地保存在岩石中的化石可以告诉我们一些答案。

化石在古地理重建中有重要作用

1

Fossils are significant in paleogeographic reconstructions

“滚滚长江东逝水，浪花淘尽英雄”“天门中断楚江开，碧水东流至此回”，当吟诵这些经典诗句的时候，我们会发现古人在形容我国的大江大河的走向时常会用到“东”字，这是因为我国的地形是西高东低。西面就是世界的屋脊、地球的第三极——青藏高原。在今天的藏北羌塘、可可西里等地，生活着耐寒的野生动物，如藏羚羊、藏牦牛。但如果我们把时光倒回到 2300 万年前，当时的藏北伦坡拉盆地的海拔不过 2000 余米，生长着热带的棕榈植物。如果再把时光倒回到 4000 多万年前，现在的喜马拉雅地区很多地方还在海平面之下，沉积了大量的海相有孔虫和钙质超微化石。如果再把时光倒回到 3 亿年前，我们几乎找不到如今的青藏高原，因为青藏高原上各个不同的地块散落在不同纬度上，并且几乎都在海平面之下。现在的青藏高原看起来是一个整体，但在地质工作者的眼中，它其实是由很多地块拼起来的，如喜马拉雅地块、拉萨地块、北羌塘地块、南羌塘地块等，这些地块拼合的位置就是“缝合带”（图 7-1）。缝合带指的是两个大陆碰撞衔接的地方，通常代表了两个大陆之间的大洋消亡的痕迹。缝合带中通常保存残余洋壳的蛇绿岩、深海硅质岩、高压变质岩等。青藏高原的这些缝合带都是过去特定时期存在着的洋盆记录。

扫描二维码，观看视频：化石在古地理重建中有重要作用

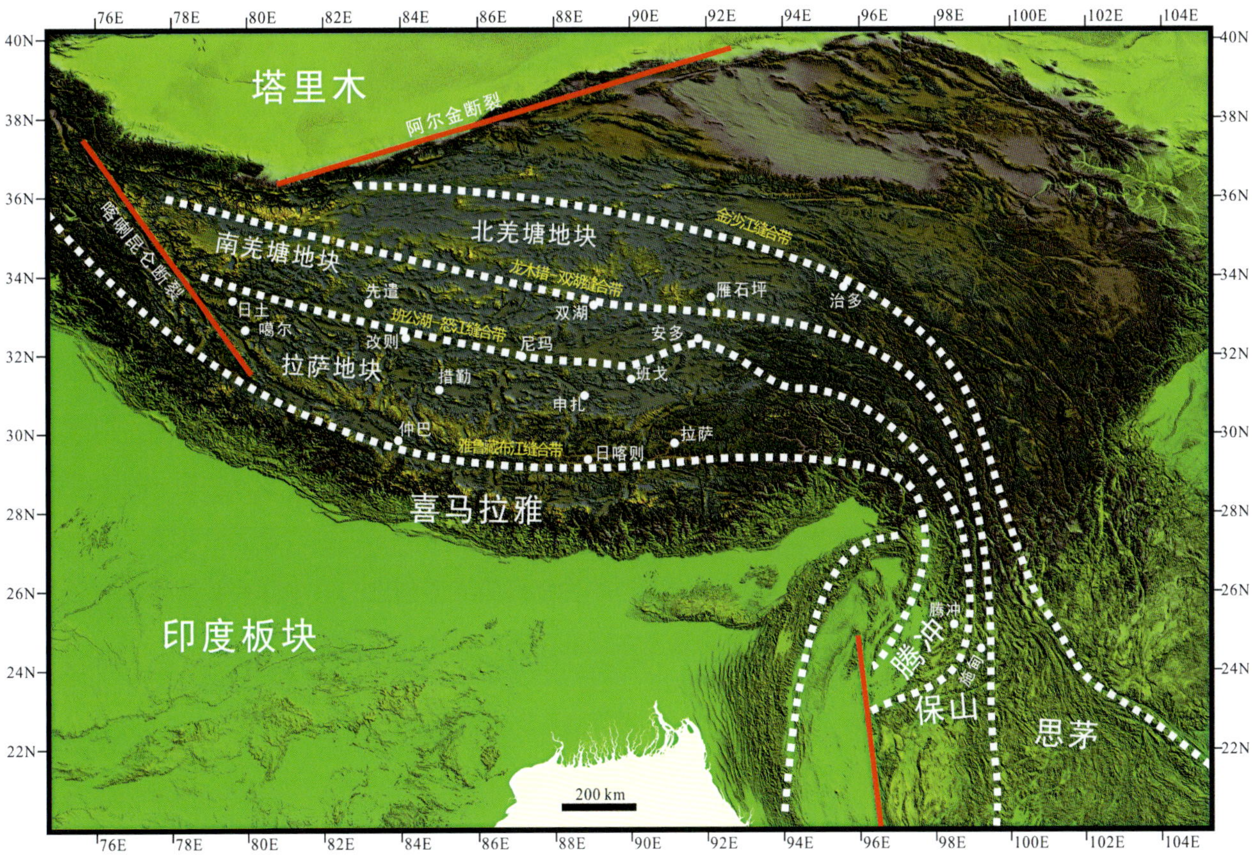

图 7-1　青藏高原构造划分图（白色的线表示缝合带，张以春供图）

古地理重建是一项非常重要的大工程，从科学上来讲，我们需要知道地球内部是如何运行的，不同板块是如何运动的；从应用上来讲，古地理重建可以帮助我们了解重要矿产、油气资源的分布规律。青藏高原的古地理重建是学术界研究的热点和难点之一，科学家分别从不同的学科和角度进行探索研究。化石在其中起着非常重要的作用。化石在不同地区的分布，隐含着非常重要的古地理和古环境信息，那些隔海相望的化石，或许曾经是生活在同一块大陆上的邻居，那些埋藏在高山上的海洋生物化石，诉说着遥远的过去这里曾是一片汪洋大海。化石能通过特定的生物组合发现不同地块之间的亲缘性和差异性，从而为古地理重建添砖加瓦。我们通过科学家在青藏高原科考的一些实例来体验化石在古地理重建方面作为“拼图师”的作用吧。

寻找神秘的古特提斯洋的主支

2

Tracing the main branch of the mysterious Paleotethys Ocean

泥盆纪至三叠纪时期，地球上曾经存在一个非常宽广的洋盆，被称为“古特提斯洋”。这个洋盆的闭合位置就在青藏高原的某个缝合带。但究竟在哪里，学术界存在较大的争议。金沙江缝合带、龙木错－双湖缝合带、班公湖－怒江缝合带都在不同时期被认为是古特提斯洋的主支。在这项研究中，化石最有发言权。原因在于当时的古特提斯洋两边的陆块位于不同的古纬度上，北方是温暖的浅海，南方则是冰天雪地。环境是生物赖以生存的载体，在不适应生物生存的条件下，生物一般不存活或在组成类群上有差别，因此存在生物地理分区。不同的生物地理区造就了差别迥异的生物面貌。例如，如今南北极附近的生物群与赤道附近的生物群有着天壤之别。因此，当时古特提斯洋两边的陆块上生活的生物种类也有明显的差异。

扫描二维码，观看视频：寻找神秘的古特提斯洋的主支

特提斯的由来

特提斯这个词来源于希腊神话，代表了一位从未被其他人见过的女神。奥地利地质学家爱德华·苏斯于 1893 年将该词引入地质学领域，代表了横贯欧亚大陆、位于北方安加拉大陆与南方冈瓦纳大陆之间的海洋。后来学者引申出了古特提斯、中特提斯、新特提斯等概念，代表了不同时期存在的不同特提斯古海洋（图 7-2）。

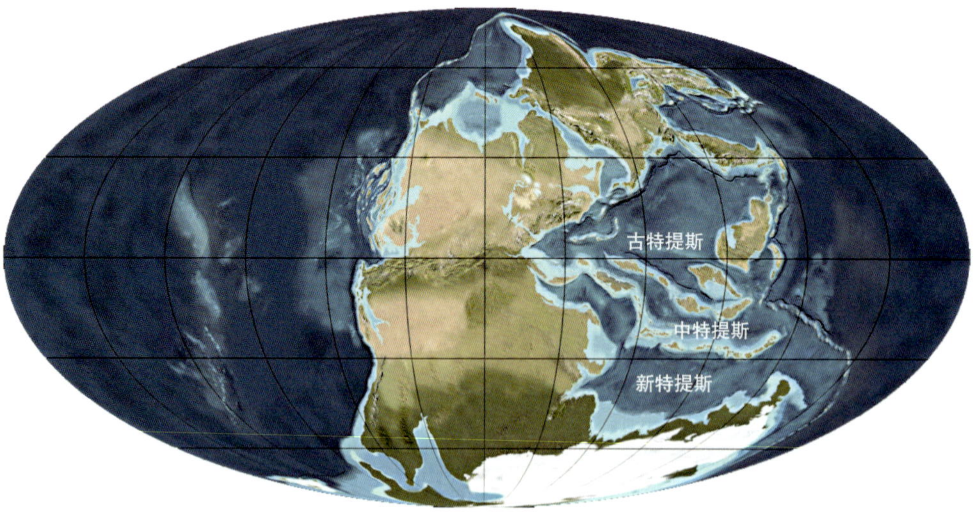

图 7-2　特提斯洋（修改自 Christopher R. Scotese 的古地理图项目）

在我国第一次青藏高原综合科学考察时，科学家就取得了重要突破：在尼玛县以北热觉茶卡一带（属于北羌塘地块）发现了生活在温暖环境的属于华夏植物群的大羽羊齿植物群。这个发现被后来的学者广泛引用，并依此来确定羌塘盆地中部的龙木错－双湖缝合带是古特提斯洋的主支。在二叠纪时，这个宽广的洋盆分隔了南羌塘地块和北羌塘地块。但一些美国学者反驳这种说法，认为大羽羊齿植物群的时代属于晚二叠世晚期（约 2.52 亿年前），而冈瓦纳北缘的冰期在早二叠世（约 3 亿年前），它们属于不同时代，仅仅代表了同一个地块在不同时期、不同气候条件下的产物。这种观点使得龙木错－双湖缝合带的性质和来源变得扑朔迷离。为了探究事实的真相，南京古生物所的科学家多次前往热觉茶卡一带进行大范围考察。2009 年，他们无意中看到了一个不起眼的很破碎的小山包（图 7-3 A），然后决定去碰碰运气，结果敲了许久也没有找到化石。正当失望之时，他们猛然看到不远处的浮土下面隐约有化石，拨开浮土后，看到赫然醒目的几个较大的圆球形䗴类化石（图 7-3 B）。这令他们兴奋不已，因为这正是他们要找的最重要的证据。这种䗴叫作球希瓦格䗴，一方面，它是典型的暖水动物群分子，生活在温暖的海域，分布在当时赤道两侧低纬度区域；另一方面，它生活的时代是二叠纪最早期（约 2.95 亿年前）。正好在此时，南羌塘地块还在南方高纬度地区，当时正是南方大陆冰川最发育的时期，地层中保存了多期冰碛岩。显然，同一时代范围内的古环境对比显示北羌塘地区的暖水环境与南羌塘地区的冷水环境形成显著差异，龙木错－双湖缝合带确实是古特提斯主支所在位置。在 2.95 亿年前，它所在的古特提斯洋是一个宽广的大洋，分隔了北羌塘地块和南羌塘地块。所以，别看化石小，解决科学问题的功劳可大着呢。

图 7-3　热觉茶卡地区的下二叠统地层及化石（张以春供图）
A. 地层；B. 球希瓦格䗴化石

揭开中特提斯洋打开和延伸的奥秘 3

Unlocking the secrets of the opening and extension of the Mesotethys Ocean

班公湖－怒江缝合带分隔了北部的南羌塘地块与南部的拉萨地块。这两个地块之间曾经存在的班公湖－怒江洋（也称为“中特提斯洋”）是近年来学术界关注的焦点之一。中特提斯洋何时打开？向南如何延伸？科学家从不同的学科（如古地磁学、岩石地球化学）角度进行深入研究。南京古生物所的科学家是否能从地层和古生物的角度解决这个问题呢？这是一个较大的挑战，原因在于拉萨地块和南羌塘地块很可能都是在二叠纪从南方冈瓦纳大陆裂解出来并向北漂移的，它们都有冰碛岩。为了回答这个问题，他们连续多次分别在拉萨地块和南羌塘地块上进行大量考察研究，也四次去缅甸做研究。通过研究化石，他们终于揭示了其中的奥秘。

2009 年，南京古生物所的科学家在西藏双湖以西的措折羌玛乡考察时，有了较为欣喜的发现。因为那个地区原先很少有人去工作，因此资料极为匮乏。他们发现那里大面积分布着玄武岩和灰岩组成的地层，因此判断可能是来源于远古的海山，就像现在夏威夷附近的很多海山一样。他们在灰岩的底部发现了许多有价值的化石，包括䗴类化石、腕足动物化石等。在䗴类化石中他们发现了很多在华南常见的生活在温暖海域的䗴类分子（图 7-4）。同样，相邻地区采到的腕足动物化石也是以生活在温暖海域的为主（图 7-5）。这些化石的发现告诉我们：南羌塘地块的中部在空谷晚期至罗德早期（2.76 亿—2.73 亿年前）已经是相当温暖的环境了，很多生物和当时在赤道的华南生活的生物有较大的相似度了。

扫描二维码，观看视频：揭开中特提斯洋打开和延伸的奥秘

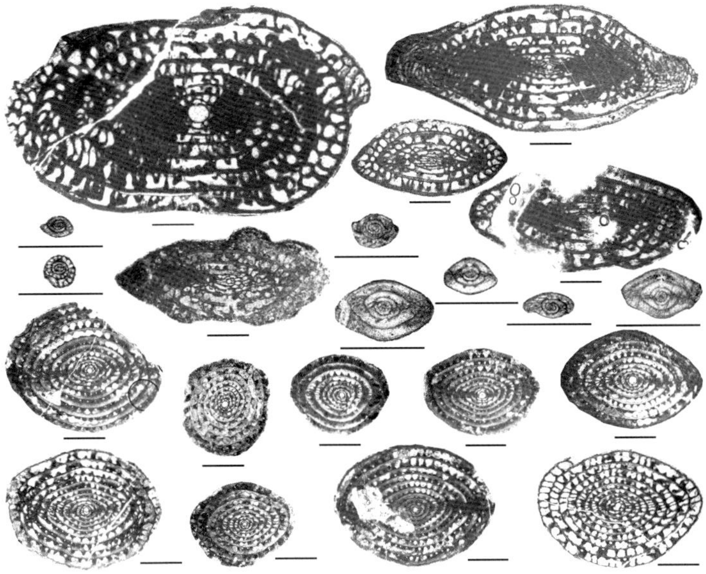

图 7-4 南羌塘地块措折羌玛乡一带鲁谷组的暖水蜓类化石（图中比例尺为 1 mm，引自 Zhang et al., 2012）

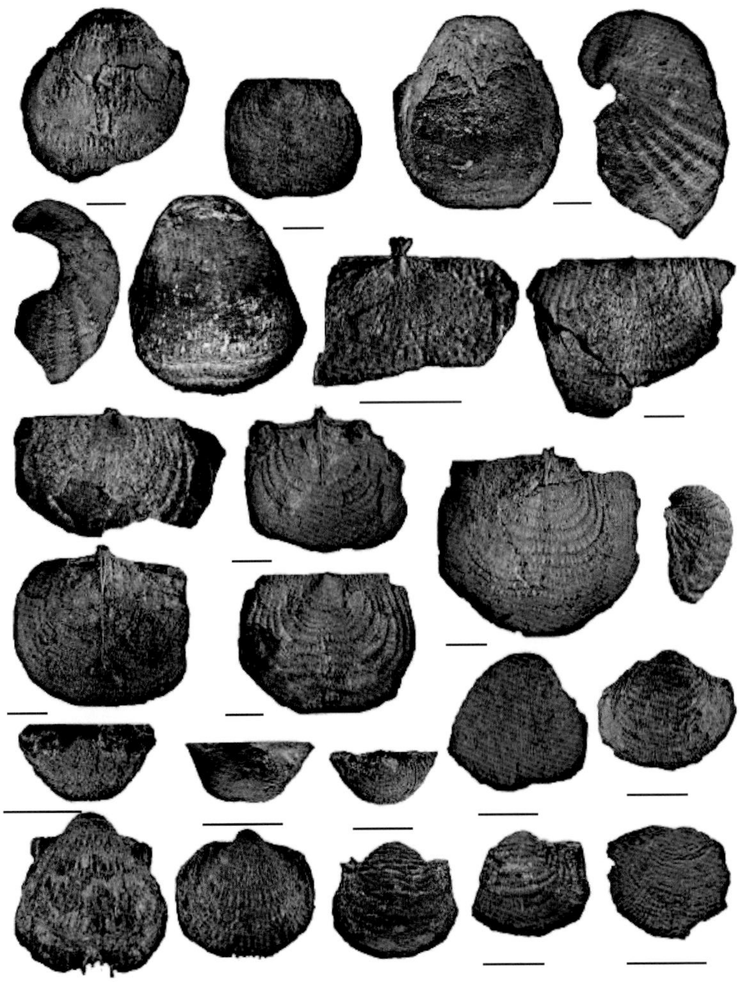

图 7-5 南羌塘地块措折羌玛乡一带鲁谷组的暖水腕足动物化石（图中比例尺为 1 cm，引自 Shen et al., 2016）

为了确认这个动物群是否在南羌塘地块上广泛分布，他们在西藏日土县北部的多玛乡、东汝乡一带也进行过多次考察。那里的工作环境比羌塘盆地中部还艰辛，原因在于喀喇昆仑山周边山势陡峭，海拔一般都在 5000 m 左右，因此采集化石显得非常吃力。但尽管如此，他们还是测量了许多剖面，也寻找到许多重要的化石。例如，他们在东汝乡北面的清水河一带采样时，在吞龙共巴组的灰岩里找到了腕足动物、䗴类、复体珊瑚等多种生物的化石（图 7-6）。其中，䗴类和南羌塘地块中部措折羌玛乡附近的动物群较相似，腕足动物也不是冷水的动物群。更显著的是，地层中出现了很多复体珊瑚的化石。这些化石的发现说明南羌塘的西部可能在空谷期已经是由暖

图 7-6　南羌塘地块西部东汝乡一带吞龙共巴组中的化石（张以春供图）
A. 生物碎屑灰岩，化石生物有苔藓虫、有孔虫、腕足动物、海百合茎等；B. 复体珊瑚化石

水动物群主导了。所以，南羌塘地块中部和西部表现出来的特征一样。

但是，在班公湖－怒江缝合带以南的拉萨地块上，地层和动物群可都不一样了。从西部的狮泉河到东部的八宿，都可以看到在晚古生代大冰期结束以后，伴随着海平面的上升，整个拉萨地块的地层都从碎屑岩转变为碳酸盐岩。但和南羌塘地块不同的是，拉萨地块虽然岩相变了，但灰岩里的生物和南羌塘地块很不一样。例如，他们在申扎县的空谷阶地层里，并没有发现䗴类和复体珊瑚的化石，取而代之的是丰富的苔藓虫、厚壳的腕足动物（图 7-7）以及偏凉水的牙形刺的化石（图 7-8）。

图 7-7　申扎县木纠错地区空谷期的腕足动物化石（张以春供图）

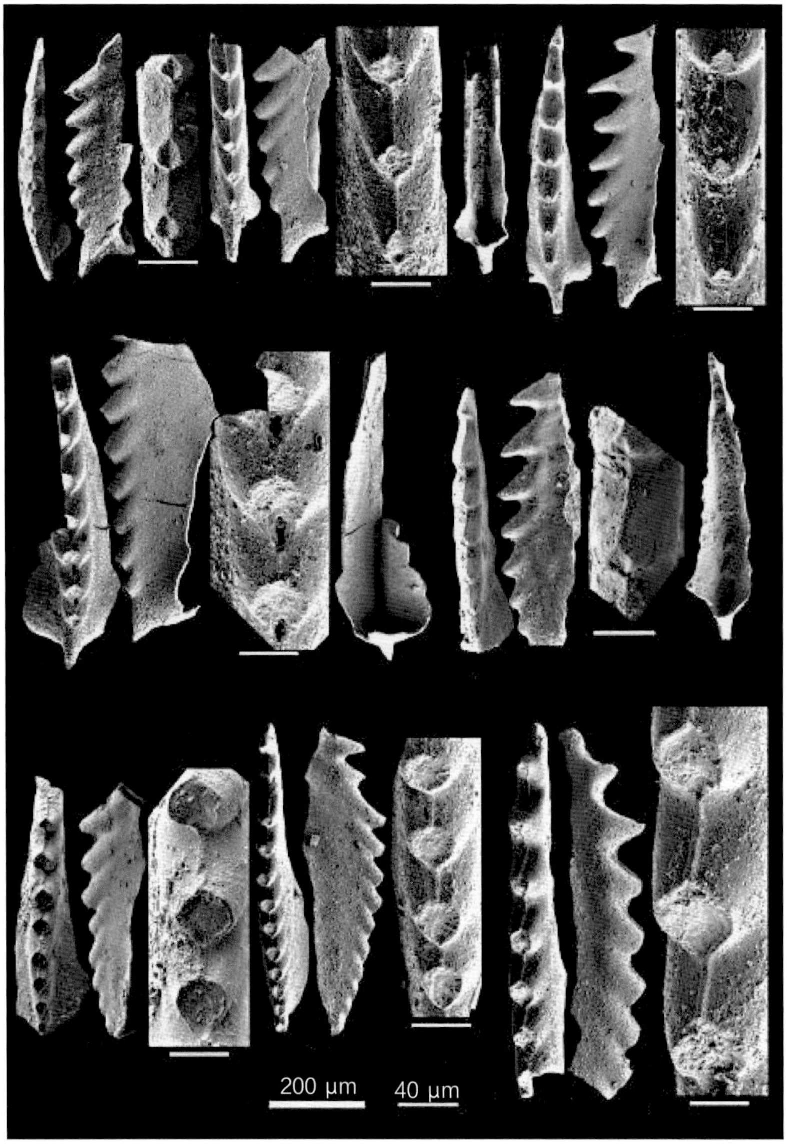

图 7-8　申扎县木纠错地区空谷期的牙形刺化石（引自 Yuan et al., 2016）

所以，研究证实，同样在空谷期，南羌塘地块和拉萨地块的动物群面貌完全不一样，这表明在同样的古气候条件下，这两个地块之间一定有着相当大的距离才能产生如此动物群差异。也就是说，当时南羌塘地块和拉萨地块之间的中特提斯洋盆在空谷期时已经有一定的宽度了。所以，化石古生物地理面貌的差异可以帮助重建古地理格局。

这个问题解决了，科学家又想到了另外一个科学问题：中特提斯洋当时在横向上是怎么穿越的，也就是这个缝合带在缅甸和中国云南具体是从何处通过的？这个科学问题同样也是学术界不同学科关注的重大科学问题。如前所述，西藏的研究证实了在早二叠世空谷期时，中特提斯洋已经有一定的宽度了，那么通过地层古生物的差异理应能够追踪到它在缅甸和中国云南的走向。带着这个假设和前提，南京古生物所的科学家开始了缅甸掸邦高原的地层古生物研究。

缅甸地层古生物研究基础比较薄弱，缅甸掸邦高原的地层里面有什么动物群科学家基本不清楚。但是第一天在野外考察，映入眼帘的化石就令他们兴奋不已。他们找到了非常有特征的始复通道蜓类（*Eopolydiexodina*）化石（图 7-9）。它个体很大，在野外很好识别，最长的可以达到 4 cm。这种化石的奇特之处在于，它沿着云南的保山地块、西藏的南羌塘地块分布，但在腾冲地块和拉萨地块上至今找不到。所以这块化石的发现告诉我们，缅甸的掸邦高原可以和中国云南保山地块以及中国西藏南羌塘地块连接，它们当时处于相似的古纬度区。也就是说，班公湖－怒江缝合带是从中国云南西部保山地块和腾冲地块之间的高黎贡山通过，并延入缅甸的。所以可以看出，虽然今天在这两个地块之间并未发现代表洋盆的蛇绿岩，但化石的差异性明确地告诉我们这个洋盆的消逝痕迹在哪里。

图 7-9　缅甸掸邦高原始复通道蜓类动物群（张以春供图）

喜马拉雅来自遥远的南半球 4

Himalaya came from remote Southern Hemisphere

我们说的喜马拉雅地区，是今天雅鲁藏布江缝合带以南的广大地区，即藏南地区。在6000万—5000万年前，伴随着新特提斯洋的闭合，藏南地区（印度板块）在那时才与北方的欧亚大陆碰撞。在这个时代以前的大部分时间里，喜马拉雅地区都位于南半球冈瓦纳大陆的北缘。例如，在二叠纪时期，它位于南半球高纬度地区。因此，喜马拉雅地区的动物群和拉萨地块以及南羌塘地块的动物群有显著的差异性。具体表现如下：由于喜马拉雅地区位于南半球高纬度地区，水温较低，而适应于暖水环境的动物群几乎无法在凉水中生活，因此，在喜马拉雅地区找不到䗴类、复体珊瑚等暖水生物的化石，取而代之的是个体较大的腕足动物化石和壳壁较厚的单体珊瑚化石（图7-10）。值得说明的是，冷水环境中的腕足动物化石一般有较厚的壳体，仿佛和人类一样，在冷的环境中要穿上厚的衣服。喜马拉雅地区的冷水动物群序列为我们勾勒了一个南半球高纬度区较凉水的生态系统。它们的面貌与处于中低纬度区的拉萨地块、南羌塘地块截然不同。

扫描二维码，观看视频：喜马拉雅来自遥远的南半球

图7-10　喜马拉雅地区色龙群中的化石（张以春供图）
A. 单体珊瑚化石；B. 腕足动物化石

结　语　5

Conclusion

今天巍峨耸立的青藏高原曾经是海洋生物的乐园，在二叠纪时期是一片跨越数千千米的“海底世界”。在海底曾经生活着不同的生物，它们现在都安静地保存在青藏高原的不同岩层中，记录着青藏高原不同地区曾经经历过的沧桑变化。它们有着千姿百态的类型和形态，也有着丰富多彩的故事。隐藏在青藏高原里的化石不仅是地层的“计时器”，更是环境的“晴雨表”，对它们的研究可以诉说青藏高原的形成与演化的历史。期待更多的年轻研究者加入探索青藏高原化石奥秘的队伍中来，共同揭示青藏高原不同地区不同时代的化石和掩藏在化石背后的故事。

下篇

化石讲述地球生命演化的传奇

百万年	宙	代	纪		世
	显生宙	新生代	第四纪		全新世
					更新世
2.58			新近纪		上新世
					中新世
23.04			古近纪		渐新世
					始新世
					古新世
66.0		中生代	白垩纪		
143.1			侏罗纪		
201.4			三叠纪		
251.902		古生代	二叠纪		
298.9			石炭纪	宾夕法尼亚亚纪	
				密西西比亚纪	
358.86			泥盆纪		
419.62			志留纪		
443.1			奥陶纪		
486.85			寒武纪		
538.8	元古宙				
2500	太古宙				
4031	冥古宙				
4567					

通过对化石长期的研究，科学家建立起地球生命演化历史的框架。

最早的生命可以追溯到大约 38 亿年前，是结构简单的单细胞生物。在 6 亿多年前，多细胞生物开始大量发生，生命变得复杂起来。在大约 5.4 亿年前的寒武纪早期，多细胞生命出现了爆发性增长，出现了现代动物各门类的祖先代表，也就是广为人所知的寒武纪生命大爆发。

在生命演化历史的大部分时间里，生命主要生活在海洋中。直到大约 4.8 亿年前，苔藓植物开始出现在靠近水边缘的陆地上，吹响了生物登陆的号角。随着节肢动物、维管植物和脊椎动物纷纷登陆，陆地成了生命的新家园。之后两栖动物、爬行动物、蕨类植物、裸子植物，你方唱罢我登场，在地球的大舞台上上演着一幕幕精彩剧目。陆地上的古生物还是地球传统能源（煤、石油、天然气）的制造者。

2.5 亿年前的一场规模空前的灾难，让超过 90% 的地球生命销声匿迹。然而，无论灾难再大，生命总能找到出路。随着海洋中鱼龙等海生爬行动物和菊石等头足动物的繁盛，陆地上迎来了恐龙称霸的时代。此时昼伏夜出的哺乳动物在慢慢积蓄力量，未来将要把鲜花开满大地的被子植物开始崭露头角，翼龙时而在天空呼啸而过，时而俯冲到水面攫取鱼儿为食，而恐龙家族中的一类恐龙的前肢逐渐演变成了翅膀，它们成了后来掌控天空的鸟类。

6600 万年前的白垩纪末，恐龙、翼龙、菊石等生物在小行星撞击中灰飞烟灭，哺乳动物和被子植物成为生命世界的多数物种。而几百万年前，人类从非洲稀疏草原慢慢走出，随着他们的足迹遍布全球，人类发展出了强大的文明和科技，成了能够认识生命历史的生命。

如果把地球形成至今看作一天的 24 小时，那么地球形成的时间在零点，生命大约起源于凌晨 4 点，原始多细胞动物在晚上 8 点左右出现。寒武纪生命大爆发发生在晚上 9 点 15 分左右。恐龙的出现大概在晚上 10 点 50 分，灭绝于晚上 11 点 40 分左右。人类在最后一分多钟才闪亮登场。从寒武纪开始，才有大量化石被发现，从寒武纪到第四纪被称为显生宙，意思是“看得见生物的年代”。在这约 5.4 亿年的时光里，地球上的生物经历了快速增多的过程，也遭受了大规模灭绝的惨剧。地球生命的演化仿佛一部抑扬顿挫的大型交响乐，且至今仍未结束。

The origin of life on the Earth

地球生命的起源

/ 冯伟民、王玥

地球大约形成于 46 亿年前。经过 40 多亿年的沧海桑田，地球从一片没有生命、没有氧气的荒漠，演变成如今生机勃勃的美丽星球。包括我们人类在内的各种生物在这个星球上繁衍生息。那么，地球上最初的生命是在什么时候产生的呢？早期的生命又是什么样的呢？

生命是谁创造的？

Who created life?

生命的起源是人类自有记录以来一直试图破解的谜题之一。无论是古希腊神话中天神欧律诺墨创造世界，还是中国神话中盘古开天辟地，抑或是万物生于土壤的自生论，都是人类早期对生命起源的蒙昧认知。如今，随着科学技术的不断发展，破解生命起源之谜有了很多来自地层中的化石证据及科学上的理性探索。

有科学家认为，地球生命可能是“天外来客”，地球上最早的生命或构成生命的有机物来自宇宙空间。地质学的证据表明在生命诞生之际，地球上有大量陨石降落。1969 年，人们发现坠落在澳大利亚默奇森镇的陨石中含有并非来自地球的氨基酸。天文学家在星际空间发现了数十种有机物。

现代的化学进化论认为，生命是在一个温暖的小池塘中慢慢孕育出来的。美国科学家米勒模拟了这个“温暖的小池塘”（图 8-1）。他在一个烧瓶里注入水，模拟原始的海洋；在其上部的球形空间里通入氢气、甲烷、氨气等气体，模拟原始的大气。当他加热烧瓶，让球形空间内的气体经火花放电（模拟电闪雷鸣）后，发现烧瓶中生成了简单的有机物。米勒的实验证明，在地球早期“温暖的小池塘”里，无机物可能会合成简单的有机物，甚至产生生命。当然，这个观点也不是十全十美的，有些科学家对其提出了疑问，认为地球早期的大气中并不含氢气、甲烷等还原性气体，而是二氧化碳等氧化性气体，这些氧化性气体在自然条件下，很难合成有机物。而且地球在形成初期遭受了大量行星、陨石和彗星的撞击，这种“温暖的小池塘”可能很难长期保存。

1979 年，人类在水下近千米深的地方发现了海底热泉，俗称“黑烟囱”。海底热泉的温度很高，周围漆黑一片，含有大量的还原性气体，富含铁元素和硫元素的高温水从地底喷涌而出。这里生机勃勃，其食物链的最底层是化学自氧细菌，其他大型生物可能是被这些细菌逐步吸引来的，最终这里形成了富含各种奇异生物的复杂生态系统。海底热泉的发现点燃了人们研究生命起源的热情。因为这里和早期地球的严酷环境相似，现代海底热泉中的生物都是生物演化史中基本的类型。当然，生命起源于

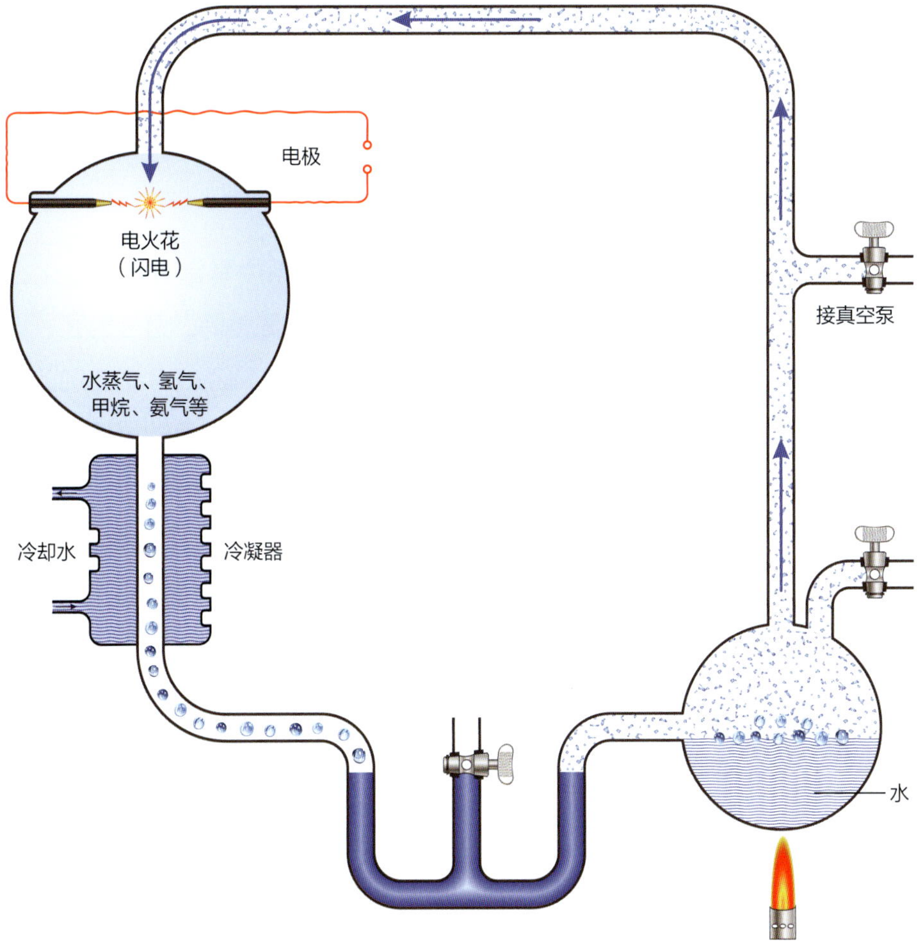

图 8-1　米勒实验装置示意图

海底热泉的观点也遭受了一些质疑。有科学家提出，组成生命体的重要物质之一的氨基酸，在这样极端的高温、高压环境下非常不稳定，很快会被分解，这个观点也无法解释海底热泉里的嗜热微生物是如何演化成现代生物的。

地球经历了 40 多亿年的沧桑变化，在地球上寻找生命起源的信息无异于大海捞针。科学家尚未找到第一个细胞出现之前的与有机大分子的进化过程相关的化石记录。

生命起源三步走

无论生命是诞生在“温暖的小池塘”还是海底的“黑烟囱”，目前大家普遍接受的生命起源的过程大概可以分为三个步骤：第一步是从无机物到有机小分子，第二步是从有机小分子到有机大分子，如蛋白质、多糖、核酸等；第三步是从有机大分子到原始单细胞生命。米勒的实验证明了第一步存在可能性，第二步通过热聚合反应、脱水反应等作用也是有可能实现的，但第三步在实验室是一个目前无法跨越的鸿沟。

原核生物曾经统治着尚未喧嚣的海洋

2

Prokaryotes once ruled the undisturbed ocean

随着地球早期生命研究的不断发展，在古老岩系中常常有古生物化石的新发现，其中绝大多数是微体化石，如蓝细菌、细菌和疑源类等。迄今为止，地球上发现的最古老的化石也是微体化石，产自澳大利亚西部 35 亿—33 亿年前的岩石中。在显微镜下观察发现，它们有的呈丝状，长度只有微米级；有的呈球状，直径只有 0.02 mm。根据形态，科学家认为它们与现代的蓝细菌类似，属于结构简单的单细胞生物——原核生物，而且能够通过光合作用吸入二氧化碳，释放氧气，是最早的氧气制造者。在地球诞生之初，大气中没有氧气，蓝细菌的发展使地球大气层从无氧状态发展到有氧状态，进而孕育了一切有氧生物的演化和发展。

这些微体化石的发现说明在 35 亿—33 亿年前，原始生命在地球上就已经出现了，但这可能还不是地球上最早的生命。近年来，科学家在更古老的岩石中也发现了类似的痕迹，如在格陵兰岛约 38 亿年前的岩石中发现了残存的碳，研究发现它属于有机碳，是生物作用的结果，并据此推测生物在约 38 亿年前就已经出现并拉开了演化的帷幕。科学家还在加拿大北部发现了 42.8 亿—37.7 亿年前形成的古老的微体化石，形状为直径约 20 μm 的赤铁矿化的管状和细丝状结构（头发丝的十分之一粗），可能是铁细菌化石。如果在加拿大发现的这些微体化石的生物属性得到确认，那么它们极有可能是地球上最初的生命形式，说明地球在 46 亿年前形成后不久，就可能出现了细菌。不仅如此，这些化石产出的岩石形成于一个富含铁的深海热泉，这些微体化石的发现还为地球上生命起源于海底热泉的理论提供了证据。

像细菌这样的微生物非常小，难以形成实体化石。那么，科学家是如何发现地球生命史上微生物的蛛丝马迹，为我们探究地球生命史提供有用的证据呢？

扫描二维码，观看视频：地球上最早的生命

在化石家族中，有一类化学化石（或分子化石）引起了科学家的关注，它们是生物死亡后残留在沉积物中的有机物，如氨基酸、糖类、脂肪酸、烃、酚及色素等，它们只有在特殊的仪器设备帮助下才能检测出来。科学家根据微生物形成的分子化石，已经揭开了部分具有特殊功能的微生物群体的神秘面纱，能够帮助我们了解地球历史过程中它们所扮演的角色和作用。

另一个研究微生物的对象是叠层石（图 8-2），它是一种微生物岩，是现代和地质历史时期底栖微生物（主要是蓝细菌）在浅海环境形成的最具代表性的一种沉积构造，换言之，叠层石是无机界和有机界混合响应的产物。蓝细菌等微生物的生命活动在潮汐影响下引发周期性的矿物沉淀、沉积物捕获和胶结作用，从而形成了叠层状的生物沉积构造。这在前寒武纪未变质的碳酸盐沉积中是最常见的一种“准化石”。由于纵剖面呈向上层层凸起而得名叠层石。现代海洋中的叠层石主要分布在澳大利亚西海岸、美国佛罗里达州及中东波斯湾等地。在地球演化史上，叠层石曾广泛发育，因此它是科学家认识生命演化事件的重要研究对象。

扫描二维码，观看视频：如何发现地球生命史上微生物的蛛丝马迹？

图 8-2　叠层石（南京古生物所供图）

【超链接】细菌和病毒的前世今生

作为地球上最古老、最原始的“土著”之一，细菌直到数十亿年后的今天仍然活跃在地球上，与人类的生产和生活也息息相关。穿过了数十亿年的时光，细菌在结构上差异并不大。而提到细菌，人们常常会将另一类生物与其混为一谈，那就是病毒。

细菌和病毒，你分得清吗？

细菌是单细胞生物，可以自己合成需要的酶并且代谢，可以自行分裂繁殖。多数细菌可以独立生存，它们进入人体只求“营养”，并非一定要侵入细胞。细菌虽有细胞结构，但没有细胞核，只有遗传物质DNA的聚集区——拟核（图8–3）。细菌一般呈球状、杆状、螺旋状等（图8–4），人们给细菌命名的时候也不忘加上形状的描述，如大肠杆菌、乳酸杆菌、金黄色葡萄球菌等。目前已知最小的细菌只有0.2 μm长，只能在显微镜下看到它们；而世界上最大的细菌可以用肉眼直接看见，一般有0.2—0.6 mm大，是一种叫纳米比亚嗜硫珠菌的细菌。

扫描二维码，观看视频：什么是细菌、病毒等微生物？

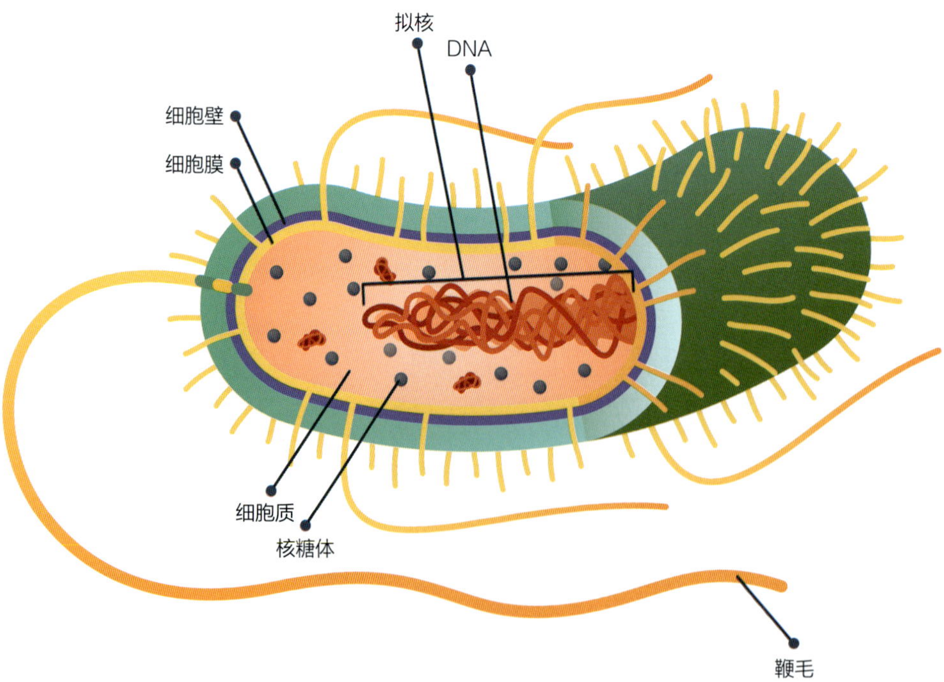

图8–3　细菌结构示意图

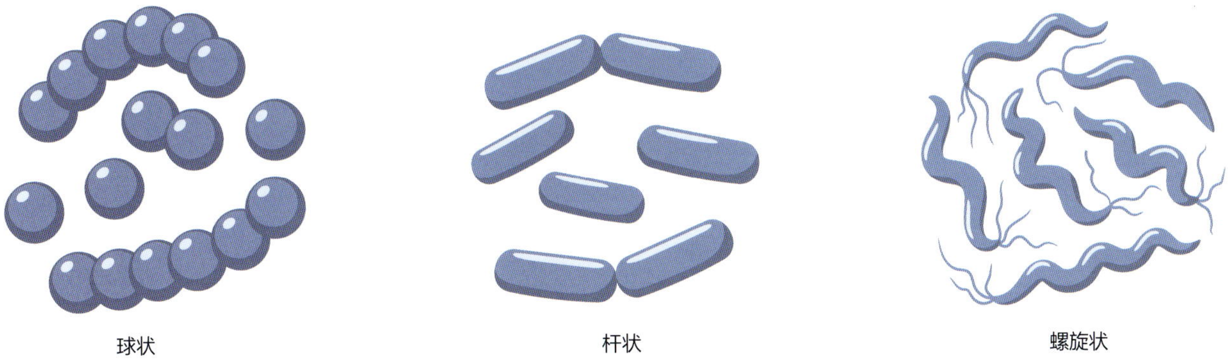

图 8-4　三种细菌形态示意图

病毒是一类非常特殊的生物，它们仅由蛋白质构成的外壳包裹着遗传物质组成。病毒的大小仅约是细菌的千分之一。大多数病毒的直径在 10—300 nm。一些丝状病毒的长度可达 1400 nm，但其宽度只有约 80 nm。所以，大多数的病毒无法在光学显微镜下观察到，而扫描或透射电子显微镜是观察病毒颗粒形态的主要工具。病毒没有细胞结构，必须寄生在其他生物（宿主）体内才能生活。病毒一生只考虑三件事：复制、传播和逃逸宿主。所以它们不感染宿主就没有存在的意义，可谓是最纯粹的“自私的基因”。病毒不能自我复制，需要通过感染宿主细胞来复制自身的遗传物质，然后释放出更多的子代病毒去感染其他的宿主细胞，达到自我繁衍的目的（图 8–5）。病毒靠寄生生活，是介于生命体及非生命体之间的有机体，它们进入细胞后表现的 DNA 复制等新陈代谢确实是生命体的特征，而离开细胞后它们只是没有生命的结晶体。由于这种奇异的生活方式，人们难以将其置于生命演化树的任何节点。

早期地球上的细菌可以找到化石证据，但是人们并未找到病毒形成的化石。第一个病毒是如何诞生的？为什么会有这么多种病毒？这些问题就像“生命从哪来”一样让人充满好奇。有人认为病毒在细胞出现之前就已经存在了，也有人认为病毒是细胞演化过程中一种寄生的形式，还有人说病毒是一些从细胞里面逃离出来的遗传物质，并且在长期的演化过程中在环境里保存了下来。但不管是如何起源的，科学家研究推测病毒在生命起源早期就出现在地球上了，它们也是地球上最古老、最原始的“土著”之一。

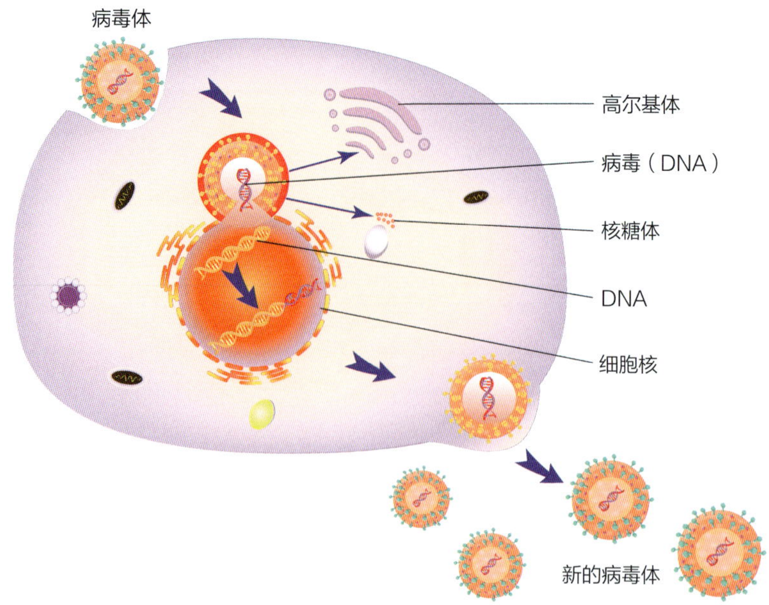

图 8-5　病毒复制过程示意图

细菌和病毒的是与非

细菌和病毒都属于微生物，它们个儿小、种类多、繁殖快、适应强、分布广、变异快。它们几乎无孔不入，岩石、土壤、水体、空气、动植物的体内都是它们逍遥的地方。因此，微生物一直是地球能量传递中的重要角色，无论是在有光生物圈的太阳能转换的过程中，还是黑暗生物圈地下热能和化学能转换的过程中，微生物都起到了最初从环境中摄取能量，最后把能量返回给环境的作用。微生物对全球变化以及地球表层系统起着重要乃至关键的作用，它们是生物与环境相互作用过程中极为重要的纽带，如蓝细菌、硫酸盐还原菌、甲烷菌等微生物功能群对海洋固碳作用、早期成岩作用等有重要影响。微生物是构成地球生命的根基。

细菌和病毒各司其职，扮演不同的角色。细菌中的腐生细菌是生态系统中重要的分解者，使碳循环能顺利进行，部分细菌会进行固氮作用，使氮元素得以转换为生物能利用的形式。细菌等细胞微生物消耗着藻类制造的有机物。而病毒又把各种细胞微生物作为"劫持目标"，一旦抓住机会便疯狂入侵，劫持细胞功能疯狂复制。被杀死的细胞微生物则归于尘土，将养分归还自然。生存与死亡，合成与分解，就在这些不起眼的微生物之间周而复始。

乳酪及酸奶和酒酿的制作、部分抗生素的制造、废水的处理等，有细菌的贡献。但是，细菌又可以形成许多的病原菌，肺结核、炭疽病等疾病是由细菌所引发的。病毒作为地球上最小的生命形式，容易被人们所忽略。可这些小不点却在藻类光合作用的氧气制造、哺乳动物胎盘形成中起到了神助攻的作用。而在现实生活中，一些病毒也在时刻敲打着人们，因为人们一不留神就会被它们感染而患病。小不点病毒"发起脾气来"，会让你痛苦万分。

微生物可谓“人小鬼大”，是一类让人难以琢磨的小东西。它可以奉献给你美酒佳肴，也可以带来天大的麻烦。传染性非典型肺炎、禽流感、口蹄疫、鼠疫等，是它们制造的“恶作剧”。

当今微生物灾害触发因素

在当代现实生活中，细菌和病毒等微生物带来的危害越来越大。这只肉眼看不见的黑手随时在蠢蠢欲动，一有机会就会出击，带给人类灾难。而频发的全球性气候事件、影响广泛的地质灾害事件和人类的不当活动和生产方式，给了看似微不足道的微生物以可乘之机。这些灾害的发生有一些是自然界的报复，有一些是人类不当行为的后果。

自然界的报复

温室效应使史前致命病毒死灰复燃。科学家发出警告，由于全球气温上升使冰层融化，被埋藏在冰层十几万年的史前致命病毒可能会重见天日，导致全球陷入疫症恐慌，人类生命受到严重威胁。科学家表示，虽然他们不知道这些病毒的生存概率，或者是否有再次适应地表环境的可能，但绝对不能排除病毒卷土重来的可能性。

极端气候变化会影响生态系统。极端天气、海平面上升等因素导致降水量和温度的变化，可能扰乱自然生态系统，改变传染病的生态环境，损害农业和清洁水的供给，加重空气污染，引起动植物群落的重大变化。这些因素对人体健康有很大的叠加负影响。

异常的气候变化会产生“热岛效应”（图 8–6），城市市区不仅高温而且持续时间长，热浪又与高污染水平相联系。因此，气温增高给许多疾病的传播提供了更适宜的温床。迅速变暖的气候也许会成为疾病在全球范围传播的刺激因素。气候变暖会改变气候带的界线，这就会给许多“喜热病菌”提供更广阔的生存和活动空间。

图 8–6 “热岛效应”示意图

重大地质灾害滋生越来越严重的生物灾害。近年来，地震、海啸、火山、洪水等地质灾害引发了一系列次生灾害，改变了自然环境条件，也使传染病流行的风险增加。往往大灾过后，伤寒、痢疾和肝炎等传染病容易流行，急性呼吸道感染的可能性也大大提高。

人类不当行为的后果

人们交流的日益频繁和不当生产活动引发生物入侵。许多物种从自己的原始分布区域扩散到新的区域，造成了许多生物入侵事件，给当地原生态环境造成了毁灭性的打击。两栖动物所面临的蛙壶菌威胁就是一个典型的例子，原本只存在于非洲的蛙壶菌，随着两栖类宠物养殖和贸易的兴盛，被人类无意中带到美洲和欧洲，这种寄生菌在毫无抵抗能力的原生两栖动物之间扩散，导致了原生两栖动物大面积死亡，多种蛙类随之灭绝。

人类曾大肆砍伐雨林，致使那些潜藏在雨林里的古老病菌不得不重新寻找宿主，人类就这样成了它们选择的对象之一。像艾滋病这样的“人类杀手”，科学家就倾向于它是出自古老非洲的大森林的观点。

人类当反思

地球生命史告诉我们，微生物开启生命的航帆，根植生物界的基础，与生物演化相伴而来。它们推动生物演化，也带来生物灾难。如今，它们也在与我们人类的交往中，演绎着慷慨与吝啬、生与死的交易。如何摆正与微生物的关系，或者与生物界中动植物的关系，将是人类未来发展的根本。自然法则正在警示我们，人类不能以大自然的主宰者与统治者自居，我们只是大自然生物大家庭中的一个成员。大自然中的生物，并不是人类生杀予夺的资源，它们理应是这个大家庭中与人类平等的成员。

扫描二维码，观看视频：微生物的未来

真核生物登上历史的舞台

3

Eukaryotes stepped onto the stage of history

随着地球早期环境的不断变化，尤其是能够进行光合作用的光合细菌的出现，最初充斥着还原性气体的地球大气层不断被氧化。在约 25 亿年前，大气中含氧量显著增加，为真核生物的出现提供了非常有利的条件。在地球形成的早期，真核生物都是单细胞的，保存下来的化石非常罕见。

自原核生物诞生以来，在相当漫长的时间里，地球上的生命演化相当缓慢，以细菌、蓝细菌为主的简单单细胞生物统治着当时尚未喧嚣的海洋。7.5 亿—6.3 亿年前，地球从赤道到两极可能都被冰雪覆盖，变成了一个大雪球，这一事件称为“雪球地球”事件。在这一期间，严酷的气候环境使得生命活动几乎全部停止，单细胞生物统治时代随之终结，而多细胞真核生物迎来了发展的契机。

原核生物 VS 真核生物

原核生物是一类单细胞生物，而单细胞的真核生物与原核生物相比，结构相对复杂。原核生物的细胞没有成形的细胞核，真核生物的细胞具有被核膜包裹的成形的细胞核（图 8–7）。真核生物的细胞里有很多细胞器，如线粒体等。

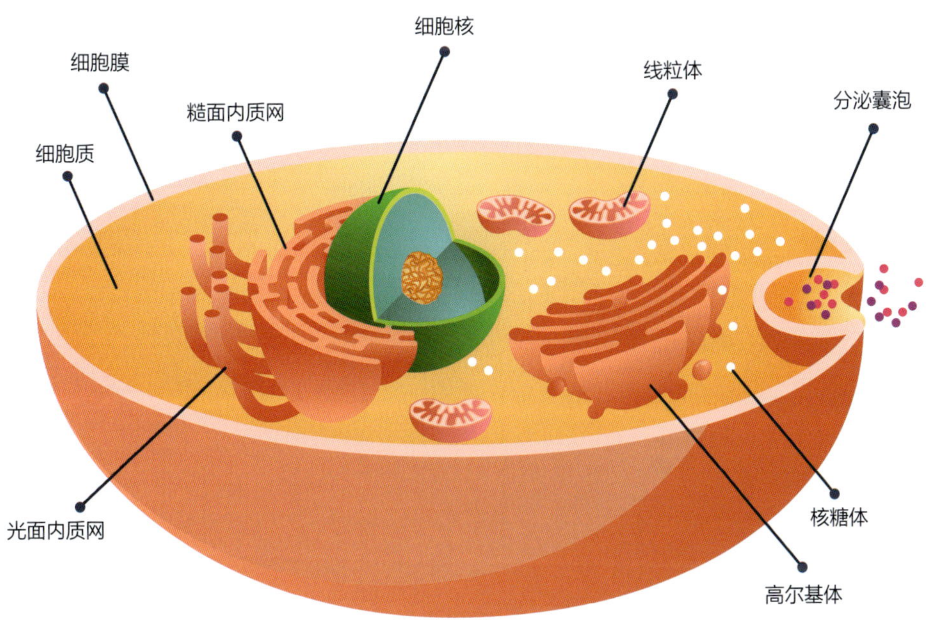

图 8–7　真核细胞结构示意图

如今的地球，绝大多数生物是庞大复杂的多细胞真核生物。多细胞真核生物的起源是地球生物演化史中重要的革新事件。“雪球地球”事件之后，冰川融化导致大规模海侵、海洋洋流等发生变化，为浅海生物带来了大量微量元素，极大地丰富了生物的营养来源，多细胞真核生物开始出现并繁荣发展。多细胞化使生物体内开始形成组织、器官和系统，生物体变得复杂化，伴随着骨骼的出现、胚层的发育、生态的多元化和个体的宏体化，生物演化步入了多细胞生物的高级阶段。

在中国南方地区发现的蓝田生物群见证了地球早期生命演化的顶峰状态。在现今生物圈，所有肉眼可见的生命几乎都是多细胞宏体生物。产自安徽休宁的距今 6.3 亿—5.8 亿年的蓝田生物群化石，被认为是迄今最古老的宏体真核生物群化石。蓝田生物群是一个底栖固着的复杂生物群（图 8-8），是地球上微体真核生物向复杂生物过渡、演化的重要环节。它显示了在“雪球地球”事件刚刚结束之后，地球上的动物和多细胞藻类都已经出现，且发生了快速辐射，这个时期大气层的氧气含量明显提高，较深的海洋环境已经为复杂生命的存在提供了条件。多细胞生物的起源和早期演化很可能发生在较深水、安静、有氧的海洋环境里。英国的《自然》杂志评述指出：蓝田生物群为早期复杂宏体生命的研究打开了一个新窗口。

图 8-8　蓝田生物群复原图（杨定华绘）

结　语

4

Conclusion

生命是如何诞生的，一直是困扰人们的谜题。自生命诞生后，从最初的单细胞原核生物，到单细胞真核生物，到多细胞真核生物，再到如今生机勃勃、精彩纷呈的地球生命世界，生命的演化经历了非常漫长的历史过程。多细胞生物的诞生加速了生物的演化，之后又发生了怎样跌宕起伏的故事？让我们一起去揭开这些故事神秘的面纱。

Darwin's dilemma: Cambrian explosion

达尔文的困惑：寒武纪大爆发

/ 赵方臣

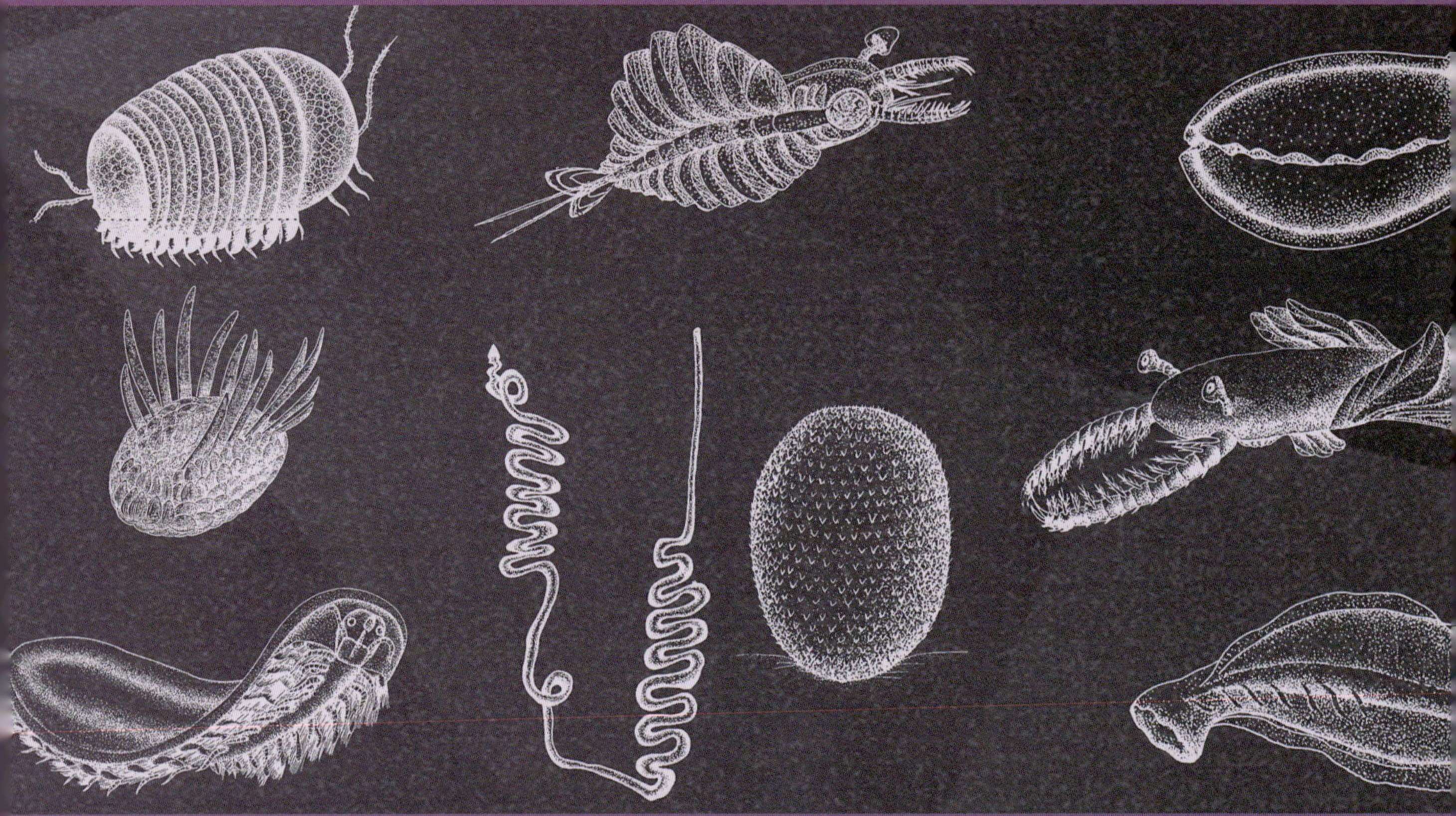

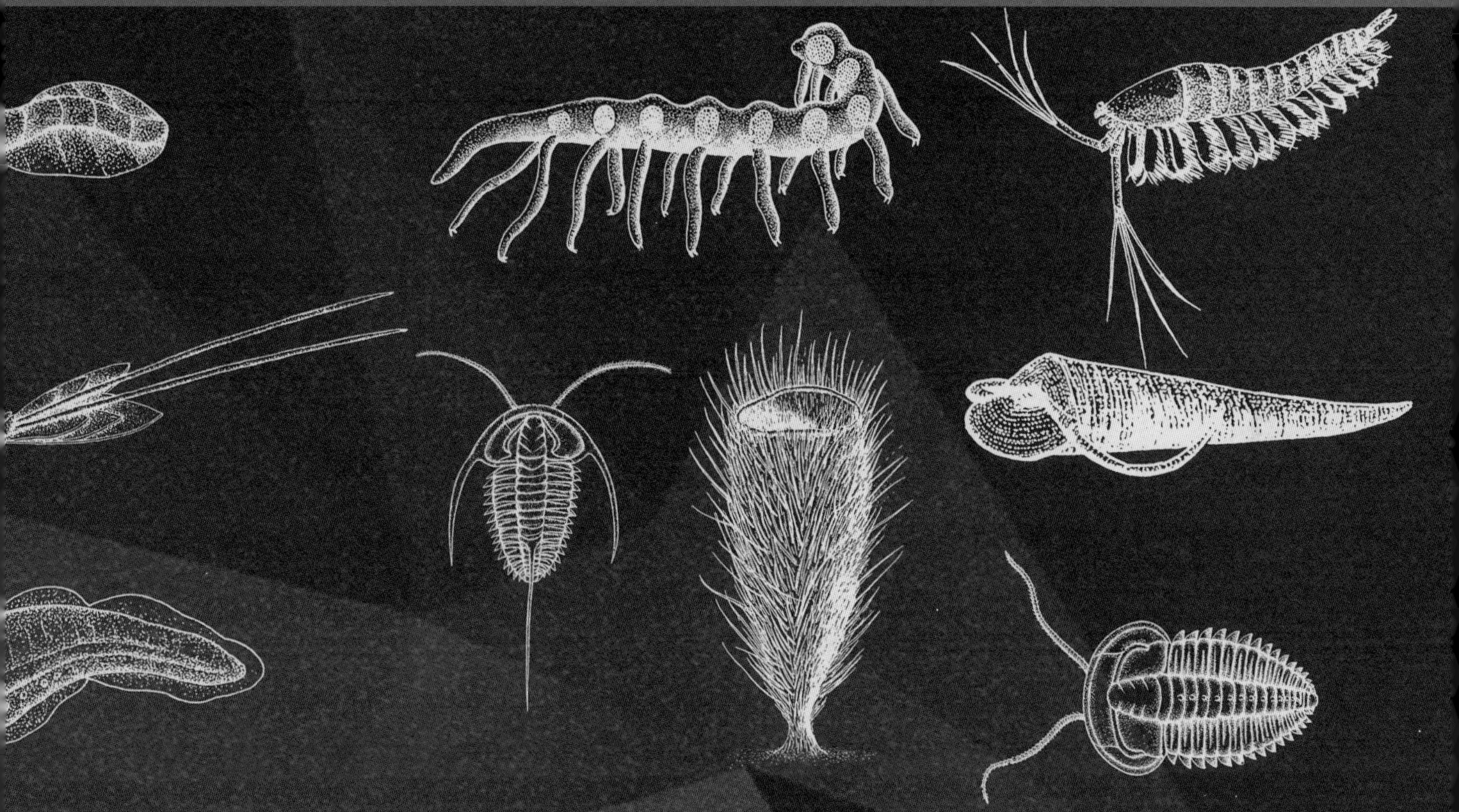

在地球这个充满生机的星球上，生命经历了大约 38 亿年的漫长演化历史。在开始长达 35 亿年的时间内生命演化一直非常缓慢。约 5.4 亿年前的寒武纪时代，地球生命经历了一次快速演化，我们常见的动物门类，如海绵动物、刺胞动物、栉水母动物、环节动物、软体动物、节肢动物、棘皮动物、脊索动物等，都可以在那个时代找到它们的祖先类型。这一重要的生命演化事件造就了如今缤纷多彩的动物王国，这就是生命演化史上最重要的演化事件之一——“寒武纪大爆发”。自达尔文时代开始，寒武纪大爆发就一直是困扰科学界的重大科学谜题。为什么复杂的多门类动物化石在寒武纪地层中突然涌现，而在更古老的地层里没有发现其祖先化石？这些生物不可能凭空而生，它们是如何进化而来的？它们的祖先是谁？它们之间的过渡类型又是什么？

达尔文的困惑

1

Darwin's dilemma

“寒武纪大爆发”在 19 世纪 30 年代就被达尔文及其同时代的地质学家和古生物学家注意到。1872 年，达尔文在他的著作《物种起源》第六版第十章中，就特别写道:“为什么没有在寒武纪之前发现富含化石的地层呢? 我不能给出满意的答案……，目前这种现象令人难以理解，可能会真正成为反对本学说的有力证据。”这就是著名的“达尔文的困惑”。达尔文演化论的一个重要论点是渐变论——他认为新物种的起源需要经过一代又一代微小变异的长时间积累，并通过自然选择才能发生。由此可见，像三叶虫（图 9-1）这样结构复杂的动物在寒武纪突然出现，一定会让达尔文头痛。因为在他生活的年代，人们还不曾发现任何寒武纪之前的动物化石，很自然地便以为出现在寒武纪的复杂无脊椎动物就是最古老的生命。不过达尔文深信这些复杂生命一定经历了一个漫长的演化过程，他将寒武纪之前的地层中没有发现其简单祖先类型的现象，归咎于地质记录的不完整，也就是说大量结构复杂的动物化石在寒武纪地层中突然出现是由于寒武纪之前的地质记录缺失，寒武纪大爆发并不是一个真实的自然现象。这种学术观点影响深远，在 20 世纪中叶以前，人们都没有真正意识到寒武纪大爆发的真实性。

图 9-1　寒武纪三叶虫——丘疹关扬虫（*Kuanyangla pustulosa*）化石（虫体长约 8 cm，赵方臣供图）

扫描二维码，观看视频：达尔文的困惑

寒武纪大爆发是真实存在的演化事件 2

The Cambrian explosion was a real evolutionary innovation

如今，科技发展水平突飞猛进，化石资料也不像达尔文时代那么匮乏，达尔文所遭遇的困难已经得到部分解决。人们在寒武纪之前的古老地层中发现了大量化石，说明尽管地质记录的不完整是一个不争的事实，但不能解释多门类动物化石在寒武纪地层中爆发式出现这一现象。化石证据表明，寒武纪前后的生物在形态上存在巨大差异，寒武纪之前化石中的生物多数已经灭绝、并不能归属到现生动物的分类系统里，很难像寒武纪之后的生物那样可以与现生生物直接对比。而寒武纪时期的动物与现生动物门类具有明显的亲缘关系。前寒武纪化石的发现不但没有帮助解答“达尔文的困惑”，反而加深了“达尔文的困惑”。

目前世界范围内发现了一系列生物群（图 9-2），向我们揭示出寒武纪大爆发是一个多阶段连续演化过程，其持续时间相对于整个生命演化史来说是非常短暂的，在大约不到地球历史 1% 的时间里诞生了现今几乎所有动物门类。在演化过程中，动物门类的出现有先后顺序，并伴有生物快速灭绝事件，在此过程中出现了大量现生动物门类的过渡类型，为研究动物门类间的演化关系提供了重要资料。动物占领海底沉积物内层和海水不同深度的水体空间，不断扩大了生活环境，动物之间形成了高强度的捕食压力，构建了金字塔式的食物网结构。

值得一提的是，寒武纪大爆发不等于动物起源，通过分子钟的计算估计，许多动物类群最早的成员，包括海绵动物、刺胞动物和两侧对称动物在寒武纪之前的埃迪卡拉纪（6.35 亿—5.41 亿年前）就已经分化。寒武纪大爆发作为快速的革命性创新事件，主要体现在动物形貌的创新，如身体构型多样化、身体结构复杂化和躯干骨骼化等，动物自此拥有了步行的腿、用于呼吸的鳃、捕食的牙齿、处理信息的脑和脊索、感知视觉的眼睛等，也表现在类似现代海洋生态系统的快速建立。

扫描二维码，观看视频：寒武纪大爆发的特征

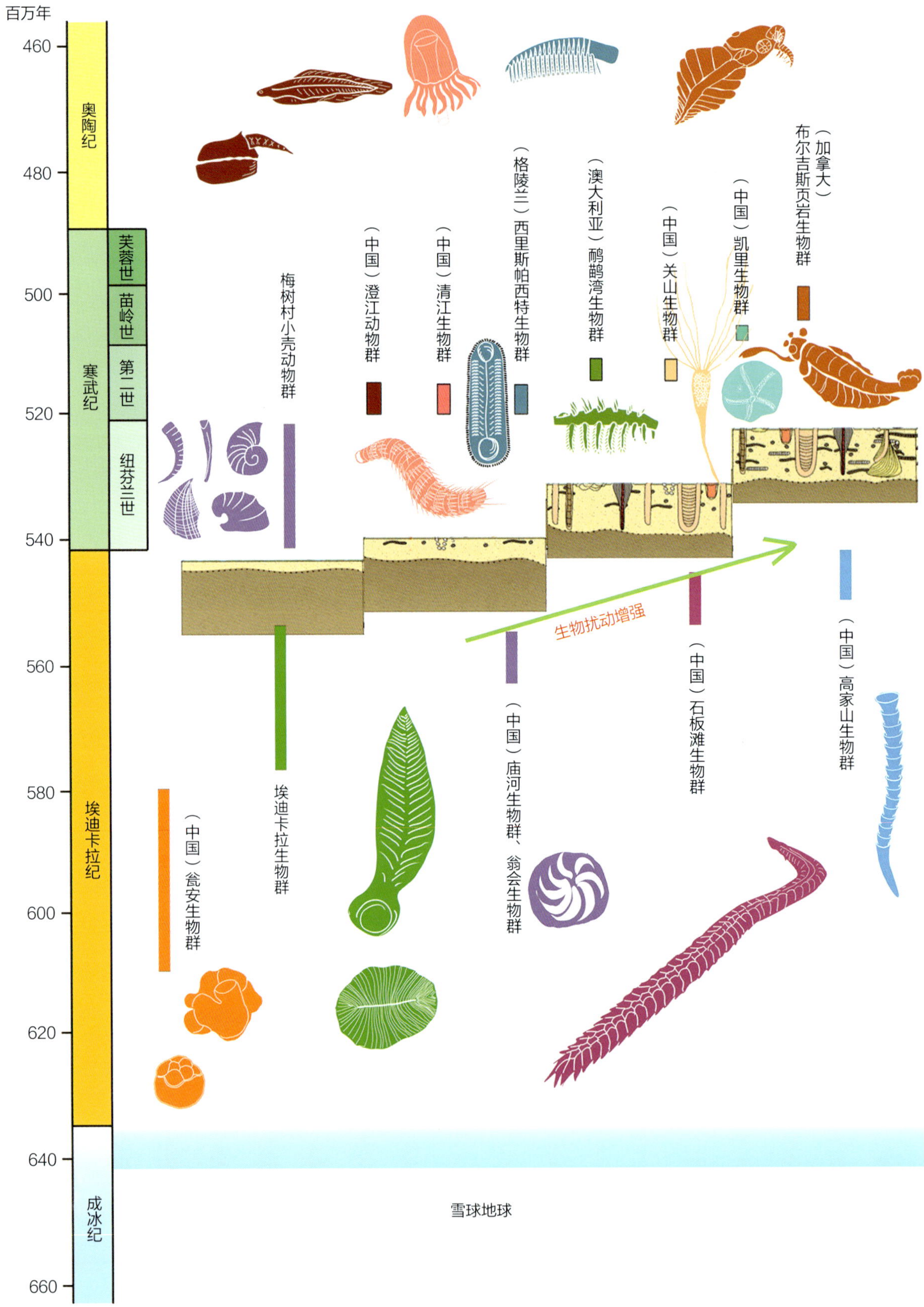

图 9-2　寒武纪大爆发前后主要的生物群（赵方臣供图）

埃迪卡拉生物群（5.8 亿—5.4 亿年前）是一次失败的演化尝试吗？

3

Was Ediacara fauna (580 Ma-540 Ma) a failed experiment in the history of life?

在寒武纪大爆发之前的地层里，人们一直在寻找与寒武纪生物相关的祖先，虽然在前寒武纪晚期的埃迪卡拉纪地层里，保存了丰富的化石，但其形态与寒武纪之后的生物形体构型存在巨大差异，与寒武纪生物几乎没有亲缘关系，它们在寒武纪大爆发前多数已经灭绝。前寒武纪以埃迪卡拉生物群为代表，该生物群于 1947 年首先在澳大利亚南部的埃迪卡拉地区被发现。它们是生活在前寒武纪海洋的一群宏体软躯体多细胞生物，距今 5.8 亿—5.4 亿年。这些化石中的生物造型奇特（图 9-3），有些个体较大，可以在 1 m 以上，多数呈叶状、圆盘状，缺乏骨骼，似乎是在海床上匍匐或直立的扁平生物，没有取食器官（如口），而且几乎没有证据表明它们之间存在捕食作用。这类化石的生物学属性一直存在争议，它们很难依照现有的生物分类标准进行分类。德国著名的古生物学家赛拉赫认为这类生物不属于现代生物的任何分支，而

图 9-3　查恩盘虫（*Charniodiscus arboreus*）化石，标本体长约 36 cm（赵方臣摄）

扫描二维码，观看视频：埃迪卡拉生物群是一次失败的演化尝试吗?

是属于一个单独的门类，称为文德生物，它们所代表的是生物演化的一次失败的尝试。也有一些学者认为其中有与现生动物相关的生物，并把其中一些生物划归到刺胞动物，甚至有些可能是最早的两侧对称动物。最近，科学家根据狄更逊虫化石（图 9-4）遗留下来的类固醇古分子证据推测，这类生物很可能是后生动物而非藻类。这意味着虽然我们对埃迪卡拉生物群（图 9-5）中诸多类型的亲缘关系还不是很明确，但是其中一部分物种可能代表着现生动物最早的原始祖先或与其具有亲缘关系的生物。

图 9-4　狄更逊虫（*Dickinsonia costata*）化石，长轴方向体长约 8 cm（赵方臣摄）

图 9-5　埃迪卡拉动物群复原图（杨定华绘）

动物起源隐性阶段：瓮安生物群胚胎化石和最早的海绵动物化石（约 6.09 亿年前）

4

The dawn of animal life: the fossil embryos and the oldest sponges in the Weng'an biota (609 Ma)

瓮安生物群保存在中国贵州瓮安县境内埃迪卡拉系陡山沱组含磷地层中。化石呈三维立体，以磷酸盐矿化形式精美保存了多种微体真核生物化石，包括带刺疑源类、多细胞藻类以及管状和球状微体化石（图 9-6）。其中一些球状化石被解释为动物胚胎和微体多细胞动物，是迄今世界上最古老的多细胞动物化石记录。近年来，科学家发现了一系列重要化石，如 2009 年发现两侧对称动物胚胎化石，2015 年发现有细胞结构的海绵动物化石，2016 年发现具盘状卵裂特征的动物胚胎化石，2019 年发现动物原肠胚的细胞迁移重组的化石记录等，每一次新发现都为人们了解寒武纪之前的动物演化历史提供了更多的证据。瓮安生物群的发现，被视为点亮了生命的火炬，迎来了动物世界的黎明，为研究动物在寒武纪大爆发之前的“隐性演化历史”，追溯“寒武纪大爆发”的根源提供了独一无二的实证材料。

图 9-6　埃迪卡拉纪瓮安生物群中胚胎化石和海绵幼体化石（殷宗军供图）
A. 胚胎化石早期细胞分裂阶段；B. 胚胎化石早期细胞分裂阶段；C. 脊笼球化石；D. 贵州始杯海绵化石

底质革命：遗迹化石在埃迪卡拉纪－寒武纪地层中显著增加（5.5 亿—5.3 亿年前）

5

Cambrian substrate revolution: bioturbation increased rapidly during the Ediacaran-Cambrian transition (550 Ma-530 Ma)

与实体化石不同，遗迹化石是生物活动的痕迹，能反映动物行为复杂程度和运动能力强弱。遗迹化石最早的记录出现在埃迪卡拉纪，但埃迪卡拉纪的遗迹化石（图 9-7）类型相对简单。自寒武纪开始，遗迹化石的形态变得复杂多样（图 9-8），化石的类型、丰度、分异度都有大幅度增加。埃迪卡拉纪至寒武纪过渡地层中遗迹化石的变化所反映的动物演化趋势与实体化石所记录的变化特征基本一致，支持了寒武纪大爆发这一生物演化事件的真实性。另外，遗迹化石的显著变化，说明生物对沉积基底改造的能力不断加强，带来了一系列重要的生态影响。

埃迪卡拉纪的海底表层有发育完好的微生物席，这是微生物生长形成的一种膜状结构，就像现在水塘底形成的绿色膜。到寒武纪，随着动物活动在浅海环境中不断增多，生物在垂直方向上扰动的增强对形成海底的沉积物进行了改造，就像现在海滩上生物扰动一样，很快促使沉积物进行混合。原来以微生物生长形成的膜状结构逐渐消失了，这个过程也被称为“底质革命”。动物扰动量大幅度地增加导致了海洋沉积物混合层的加深，沉积物含氧层的深度也在增加，这有利于拓展动物生存的生态空间。

图 9-7　埃迪卡拉纪晚期遗迹化石（赵方臣供图）

图 9-8　寒武纪地层中有大量复杂的遗迹化石（赵方臣供图）

寒武纪大爆发主幕之一：小壳动物群（5.4 亿—5.2 亿年前）

6

The major phase of the Cambrian explosion I: small shelly fossils (540 Ma-520 Ma)

扫描二维码，观看视频：寒武纪大爆发的主要化石证据

科学界普遍认为寒武纪大爆发的开始，是以全球寒武系下部地层矿化骨骼壳体和复杂遗迹化石的快速出现为标志的。这些微小骨骼化石被称为“小壳化石”（图 9-9），人们对其中的许多化石仍然缺乏全面了解，很难在已知的分类群中进行分类。在我国，由于云南梅树村剖面的小壳化石保存最好，研究最详细，因此小壳动物群也叫“梅树村动物群”，泛指产自我国南方寒武纪梅树村期多门类带壳动物化石群。

小壳化石属于微体化石，肉眼难以分辨（图 9-10）。与寒武纪之前发现的软体动物化石、印痕化石或者菌藻类化石不同的是，小壳化石具备了硬壳，将动物的软体部分保护起来，这是生物演化史上动物从裸露到具有壳体的一次飞跃。后来的生物更是把壳体的演化发挥得淋漓尽致，如寒武纪的三叶虫，身披头甲、胸甲和尾甲，在海洋中横行，成为寒武纪海洋的标志性动物之一。正是因为这些硬体的存在，生物才更容易保存为化石，让我们能够更好地了解远古的世界。

图 9-9　寒武系底部岩层中密集保存的小壳化石（朱茂炎供图）

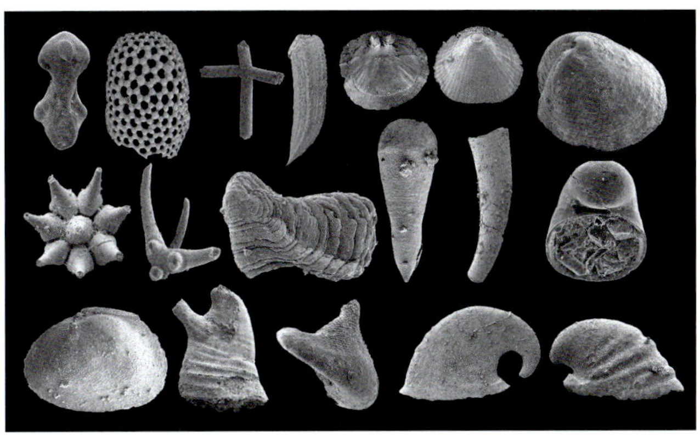

图 9-10　寒武纪小壳动物化石主要类型（潘兵供图）

标本大小通常几毫米，保存在寒武系底部碳酸岩地层中，经过酸蚀法从岩石中处理出来

寒武纪大爆发主幕之二：软躯体特异埋藏化石群

7

The major phase of the Cambrian explosion Ⅱ：Burgess Shale-type fossil Lagerstätten

寒武纪大爆发的研究引起公众广泛的关注，首先要提到的是布尔吉斯页岩生物群的发现和研究（图 9-11），该化石群距今约 5.05 亿年，是美国古生物学家沃尔科特于 1909 年在加拿大不列颠哥伦比亚省落基山脉进行野外地质考察时发现的。该生物群种类丰富，保存精美，以软组织器官矿化构造保存为特征，如眼睛、消化系统、神经系统等形态结构清晰可见，这类化石常称为软躯体化石。

该化石群在不同时期的研究都给当时的科学界带来了极大震撼，为研究寒武纪大爆发之谜提供了极其重要的资料。1989 年，斯蒂芬 · 古尔德基于布尔吉斯页岩生物群的研究成果撰写的图书《奇妙的生命》出版，引起了公众对布尔吉斯页岩化石的浓厚兴趣。古尔德在书中提出了与达尔文渐变演化模式不同的，在当时可以说是一个全新的生物演化模式——他认为寒武纪时期的动物身体造型的分化幅度远比现在分化的大，强调了动物快速出现“爆发”式演化模式，引起了公众和科学界对演化的新思考（图 9-12）。

图 9-11　加拿大布尔吉斯页岩生物群化石产地（赵方臣供图）

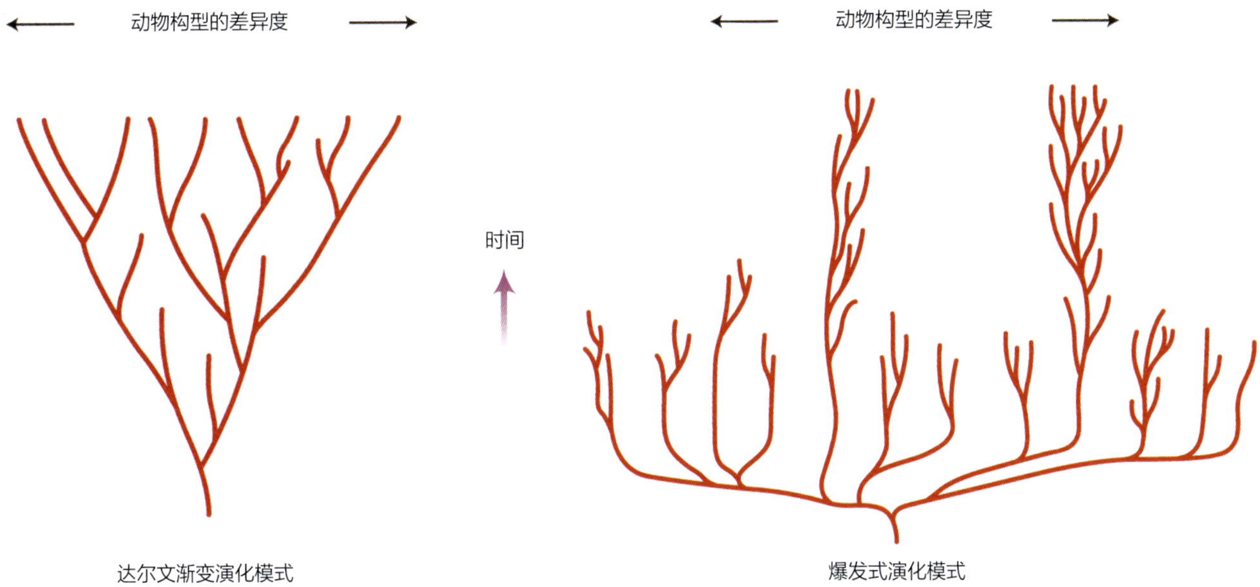

图 9-12 描绘寒武纪大爆发的两个截然不同的演化模式图（引自美国斯蒂芬 · 古尔德所撰写的《奇妙的生命》一书）
左边是传统渐变演化模式，生物多样性增加，形态差异度也在增加，渐变演化出各个门类；右边是爆发式演化模式，寒武纪产生了远大于现在的动物门类，同时也快速灭绝了很多门类，在寒武纪之后生物多样性增加，但动物门类基本没有发生变化

现在这类保存特征的寒武纪重要的软躯体化石库已发现数十处。这些化石生物群全面地反映了寒武纪动物快速辐射演化事件的存在。20 世纪 80 年代以来，格陵兰岛和中国澄江寒武纪早期化石库的发现与研究表明，布尔吉斯页岩生物群生活时期生物形体构型的复杂程度和多样性在寒武纪早期就已形成。寒武纪大爆发的速率实际上比我们以前所认为的更为快速。中国澄江化石库的发现和研究，大大地推动寒武纪大爆发的研究进程。新产地蕴藏着丰富多样的新类别，为全面揭示寒武纪生物面貌以及后生动物主要门类的起源提供了宝贵的第一手研究材料。中国的关山生物群、凯里生物群也是重要的软躯体化石库，其时代早于布尔吉斯页岩生物群而晚于澄江动物群，在生物演化上处于承前启后的位置。但其研究程度较前两个生物群低，化石群落并没有详细的研究。近年来在中国湖北省宜昌市发现的寒武纪清江生物群，又为我们打开了一扇了解过去的窗口，这些化石宝库为我们提供了丰富的信息去探知寒武纪时期生物群落的发展和演化。

澄江动物群是1984年由南京古生物所的科研人员在中国云南省澄江县（现为澄江市）的帽天山进行地质考察时发现的（图9-13）。化石以保存精美的软躯体化石为特征，保存精细的解剖学器官结构，如眼睛、附肢、口器、消化道、神经系统等软体结构化石。目前发现该生物群的产地已扩大到云南省东部玉案山组分布的广大地区，但是仍以澄江市帽天山和昆明市滇池周边地区为核心化石产地，距今大约5.18亿年。中国科学家对澄江动物群开展了持续的化石发掘，发现并研究了寒武纪早期动物300多个物种，归属于20多个门类（图9-14），有史以来第一次生动地再现了5.18亿年前地球上海洋生物世界的真实面貌，将包括脊索动物在内的大多数现生动物门类的最早化石记录追溯到寒武纪早期。研究人员还发现了寒武纪巨型食肉动物和复杂食物链，以及动物集体行为、抚育、寄生等方面的证据，充分展示了寒武纪大爆发的规模、作用和影响以及由此产生的生物多样性和复杂生态系统。

图 9-13　澄江动物群化石第一次发现的地点——帽天山（赵方臣供图）

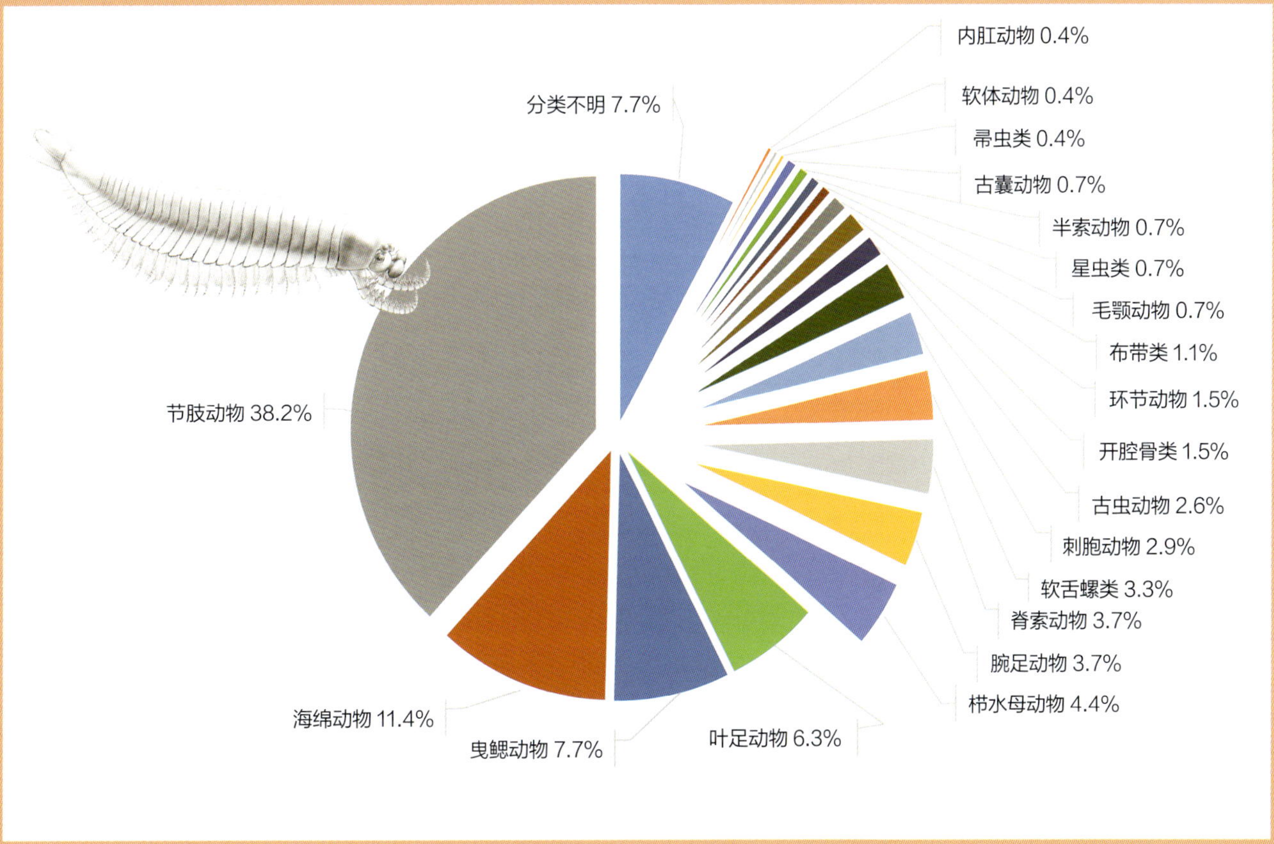

图 9-14　澄江动物群中各主要动物门类的物种数量百分比（赵方臣供图）

纳罗虫——澄江动物群中最先被发现的种类

纳罗虫（图 9-15）是澄江动物群中常见的节肢动物之一，是澄江动物群中最早发现的化石种类，也是澄江动物群中最早报道的物种。纳罗虫原产于加拿大北部布尔吉斯页岩生物群，其背甲与附肢的特征与澄江动物群的纳罗虫极为相似。澄江动物群中常见两种纳罗虫：一种是长尾纳罗虫，也称周小姐虫；另一种是刺尾纳罗虫。纳罗虫是与三叶形节肢动物和三叶虫有近亲关系的双分区节肢动物，以具双分区结构和缺乏真正的眼睛为特征。

图 9-15　纳罗虫

A. 长尾纳罗虫（*Naraoia longicaudata*）化石，虫体长约 4 cm（赵方臣供图）；B. 刺尾纳罗虫（*Naraoia spinosa*）化石，虫体长约 3 cm（赵方臣供图）；C. 纳罗虫复原图（南京古生物所供图）

中华微网虫——披带骨片的蠕形怪物

中华微网虫（图 9-16）是体长可达 5 cm 的蠕虫状生物，背部具有 9 对网状骨片，腹部具有成对的有爪肉足。微网虫最初描述的是小壳动物化石里的一种通常小于 3 mm 的微小网状骨片化石。这种微小的骨片到底是哪种生物体上的零散部件，古生物学家长期感到困惑。直到澄江动物群中完整微网虫化石标本被发现才令人大为惊诧，因为谁也不曾想过，这种奇特的骨片是成对长在蠕虫状动物体上的离散骨片。这一发现引起了国际古生物学界的震撼，微网虫被喻为“来自外星球的生物”。以微网虫为代表的这类生物，被称为“叶足动物”，代表了动物界中的一个新门类。叶足动物具有柔软的叶足型腿肢，很可能代表了地球历史上的“第一对腿”。“腿”的出现，使地球进入了全新的“步行”时代，继而开启了地球上最大优势类群——节肢动物的演化之门。

扫描二维码，观看视频：中华微网虫

图 9-16　中华微网虫（*Microdictyon sinicum*）

A. 中华微网虫化石（赵方臣供图）；B. 中华微网虫复原图（南京古生物所供图）

叶尾强钳虫——具有捕食功能的大附肢

叶尾强钳虫（图 9–17）的体长可达 4 cm。头部盔状，边缘和表面平滑。头甲之下有一对侧眼、一对螯状的捕食型附肢和两对双肢型附肢。躯干分为 20 个背甲和 1 个尾甲。每个背甲下方发育 1 对双肢型附肢。尾甲扇形。叶尾强钳虫是澄江动物群中罕见的种类。尽管这类化石在体形上类似现代的虾，但它在进化上很可能和蜘蛛的祖先关系更近。这类具有大附肢的节肢动物是澄江动物群里的主要猎食者，处于食物链的上层。

帚状奇虾——寒武纪海洋中的霸主

扫描二维码，观看视频：帚状奇虾

帚状奇虾（图 9–18）有一对分节的、用于猎食的巨型前爪。流线型身体具有用于游泳的 11—13 对桨状叶片和用于平衡能力的尾叶。口的直径可达 20 cm，口腔内有环形排列的利齿，具很强的肢解能力，可捕食当时任何大型的生物。由此可见，帚状奇虾是攻击能力很强的食肉动物。当时海洋中的动物平均长度只有几厘米，而帚状奇虾的个体可在 2 m 以上，是当之无愧的巨型食肉动物。以帚状奇虾为代表的巨型食肉猛兽在寒武纪海洋中曾经繁盛一时，是当时海洋中的霸王。帚状奇虾的出现标志着寒武纪大爆发时期金字塔式食物链的存在以及复杂生态系统的建立。

古虫动物——形体构型的创新

古虫动物（图 9–19）的前端是一个背腹封闭的腔，两侧有类似脊索动物鳃裂状构造；后端扁平的尾部有节肢动物分节的典型特征；没有发现眼睛，口位于身体最前端，肛门位于尾部正后方。目前，这类动物在澄江动物群中至少发现 6 种类型，个体大的有 20 cm 以上，小的只有 3 cm 左右，是善于游泳的生物，具有群居的生活特征。由于特殊的身体造型，这类动物很难归类于现代生物门类中。

图 9-17　叶尾强钳虫（*Fortiforceps foliosa*）

A. 叶尾强钳虫化石，虫体长 4.5 cm（赵方臣供图）；B. 澄江动物群捕食场景复原图（图中左边是叶尾强钳虫，杨定华绘，赵方臣科学指导）

图 9-18　帚状奇虾（*Anomalocaris saron*）

A. 帚状奇虾化石，照片展示身体前部，头上有一对大眼睛和一对捕食的大附肢，完整标本中虫体长约 16 cm（赵方臣供图）；
B. 帚状奇虾复原图（南京古生物所供图）

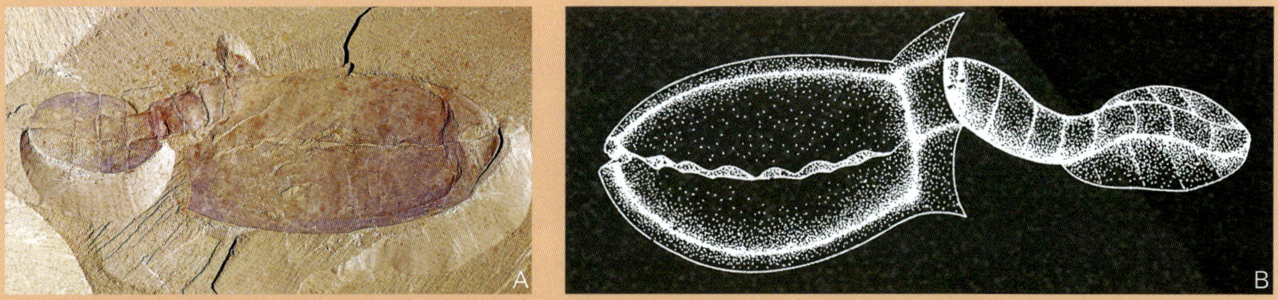

图 9-19　古虫动物（*Vetulicola cuneata*）

A. 楔形古虫动物化石，虫体长约 8 cm（赵方臣供图）；B. 古虫动物复原图（南京古生物所供图）

章氏麒麟虾——帚状奇虾的近亲

章氏麒麟虾（图 9-20）是一种罕见的节肢动物，其形体构型奇异，嵌合了多种寒武纪动物的形态特征。头部有 5 只眼睛，1 对较大的眼睛在前，3 只眼睛在后。头部还有 1 对多节前附肢，与帚状奇虾的大爪子相似。口的后面有 4 对特化附肢。躯干有 25 节，每节有 1 对腿肢，尾部可能有 5 对附肢。古生物学家通过比较解剖学研究，认为章氏麒麟虾的身体具有明显的真节肢动物特征，包括硬化的表皮、愈合的头壳、多节的躯干和分节的腿肢。然而，章氏麒麟虾的头部整合了节肢动物祖先类型的形态构造，包括寒武纪怪物——奥帕宾海蝎特有的 5 只眼睛以及巨型捕食动物——帚状奇虾的捕食前附肢。所以，章氏麒麟虾嵌合了节肢动物祖先类型和真节肢动物的形态特征，是一种罕见的过渡型生物。

图 9-20　章氏麒麟虾（*Kylinxia zhangi*）

A. 章氏麒麟虾化石，虫体长 4.8 cm（赵方臣供图）；B. 章氏麒麟虾复原图（孙捷绘，黄迪颖科学指导）

迷人林乔利虫——大附肢节肢动物

迷人林乔利虫（图 9-21）在澄江动物群中非常常见。虫体小、细长，长 1—3 cm，分为头和躯干两部分，末端有桨状的尾板。头甲短，前端尖窄，有 2 对带柄的眼睛，位于头部的前腹缘。躯干由 11 个背甲组成，每 1 个背甲有 1 对双肢型的附肢。幼虫和成体用于取食的前附肢形态差异明显，说明这类生物在幼年和成年时生活在不同的生态环境中，以适应生存的需要。

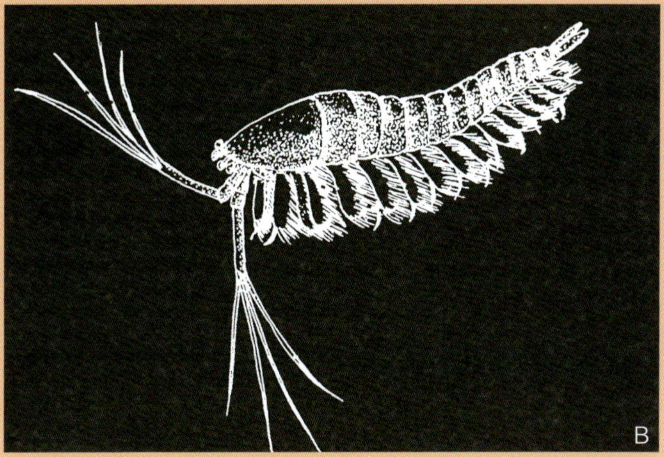

图 9-21　迷人林乔利虫（*Leanchoilia illecebrosa*）
A. 迷人林乔利虫化石，虫体长约 2 cm（赵方臣供图）；B. 迷人林乔利虫复原图（南京古生物所供图）

延长抚仙湖虫——现生节肢动物的远祖

延长抚仙湖虫（图 9-22）是真节肢动物中比较原始的类型，是澄江动物群的代表生物之一。其成年个体体长可在 10 cm 以上，有 31 个体节，外骨骼分为头、胸、腹三部分，腿肢呈叶足状，数目众多，不与背甲分节一一对应，也就是说背、腹分节数目不一致。这种“背腹分节错配”的现象在现生节肢动物中常见。延长抚仙湖虫生活在 5 亿多年前寒武纪的海洋中，它们被普遍认为是现生昆虫类、多足类和甲壳类远祖的近亲。

图 9-22　延长抚仙湖虫（*Fuxianhuia protensa*）
A. 延长抚仙湖虫化石，虫体长约 6 cm（赵方臣供图）；B. 延长抚仙湖虫复原图（南京古生物所供图）

奇丽灰姑娘虫——寒武纪好视力

奇丽灰姑娘虫（图 9-23）是原始的节肢动物，具有一对大眼睛。在澄江动物群里发现了保存完好的奇丽灰姑娘虫的复眼化石，该化石中的复眼由多达 2000 个小眼构成，以及相对大的小眼组成的敏锐带。这种复眼特征已经与现生具有高清晰图像解析能力的昆虫或甲壳动物的眼睛十分相似，是最早的关于后生动物复眼的宏观证据，表明在寒武纪生命大爆发时期多门类生物出现的同时，其精细的神经结构也已经演化到惊人的阶段，揭示了寒武纪早期节肢动物已经拥有高度发达的视力。

扫描二维码，观看视频：奇丽灰姑娘虫

图 9-23　奇丽灰姑娘虫（*Cindarella eucalla*）

A. 奇丽灰姑娘虫化石，虫体尾部没有保存，完整标本中虫体长约 7 cm（赵方臣供图）；

B. 奇丽灰姑娘虫复原图（南京古生物所供图）

长形黎镰虫——全身披甲的奇特生物

长形黎镰虫（图 9-24）是一种形体构型奇特的带壳动物，化石稀少，体长 1—2 cm，身体两侧长有弯曲锋利的长刺，背部覆盖着有规律排列的小骨板，头部覆盖着近圆形骨壳。相似物种最早发现于 5.05 亿年前加拿大布尔吉斯页岩生物群。其演化位置具有一定争议，传统观点认为该生物是另外两类身体造型奇特的寒武纪疑难生物威瓦西亚虫和蛤氏虫的中间类型。新的化石证据却揭示它们可能来自不同演化支系，从而引起对这类早期动物在担轮动物谱系树中位置的重新思考。长形黎镰虫生活在海底表面，推测取食海底表面的菌藻膜，通过身体覆盖骨板保护自己不被捕食。

图 9-24　长形黎镰虫（*Orthrozanclus elongata*）

A. 长形黎镰虫化石，虫体长约 1.5 cm（赵方臣供图）；B. 长形黎镰虫复原图（杨定华绘，赵方臣科学指导）

真形星口水母钵——造型奇异的水母状生物

真形星口水母钵（图 9-25）的外形与现代海洋中的水母很相似，曾被误以为是形体十分简单的两胚层腔肠动物。真形星口水母钵外形盘状，在圆盘状体内藏匿着奇特的、顺时针弯卷的囊状腔，囊内包裹着消化道，口部有像章鱼的触手。曾有人将这种奇特的生物造型错误解释为一条带触手的蠕虫寄生在水母体内，因为现代没有哪一类生物有如此怪异的造型。以真形星口水母钵为代表的水母状生物在寒武纪至少有 3 种类型，它们在海水中通常群聚生活。

图 9-25　真形星口水母钵（*Stellostomites eumorphus*）

A. 真形星口水母钵化石，标本大小约 10 cm（赵方臣供图）；B. 真形星口水母钵复原图（杨定华绘）

梭状海口虫——最原始的脊索动物

梭状海口虫（图 9-26）的身体鱼形，长不超过 4 cm，有一个小尾巴。咽部前端具鳃腔，两侧有 6 对鳃弓，鳃弓具有长长的鳃丝。一条粗壮的脊索位于身体中部，并显示分节加厚，可能类似现代海洋中七鳃鳗体内的原脊椎。位于脊索背方的神经索管状，神经索前端膨大，被认为是脑的构造。身体背侧有 25 节肌肉。以 300 多块化石标本为基础的解剖学研究表明，它介于脊索动物头索类（文昌鱼）和脊椎动物七鳃鳗之间，由于一些关键结构解释没有达成共识，其亲缘关系存在争议。尽管如此，梭状海口虫揭示的形态和解剖学细节为验证后口动物，特别是脊椎动物的起源和早期演化提供了非常有价值的信息。

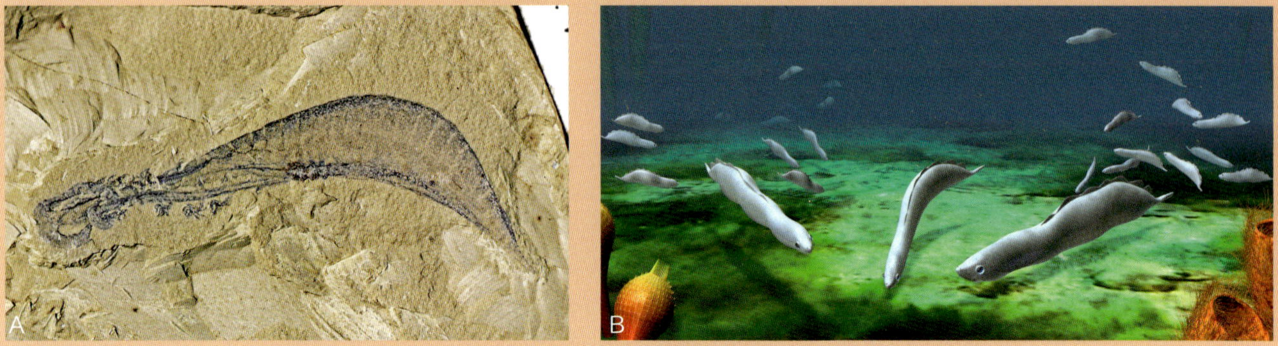

图 9-26　梭状海口虫（*Haikouella lanceolata*）

A. 梭状海口虫化石，虫体长约 3 cm（赵方臣供图）；B. 梭状海口虫复原图（南京古生物所供图）

耳材海口鱼——最早的鱼形原始脊椎动物

耳材海口鱼（图 9-27）与凤姣昆明鱼的发现，受到了科学界极大关注。由于耳材海口鱼和凤姣昆明鱼的形体更加接近真正的鱼，有类似鱼类的鳍、“V”形和“W”形肌节，也有鳃裂，因此它们属于早期的脊椎动物。

澄江动物群中这一系列重要的科学发现，表明脊索动物祖先在寒武纪早期已经出现。更为重要的是，脊索动物中原始脊椎动物的发现，极大地突出了寒武纪大爆发的规模，确切证明了现代几乎所有动物门类在寒武纪大爆发时期已经出现。

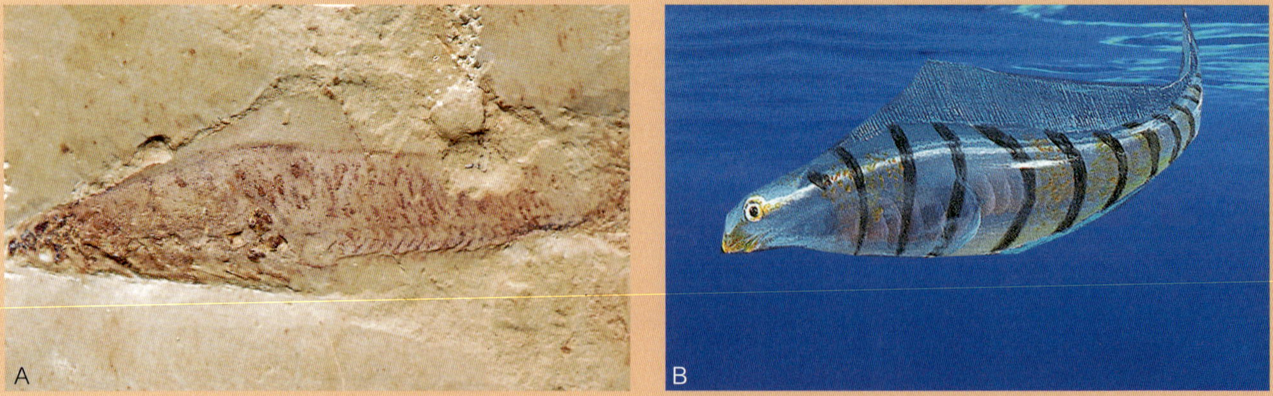

图 9-27　耳材海口鱼（*Haikouichthys ercaicunensis*）

A. 耳材海口鱼化石，标本体长约 3 cm（胡世学供图）；B. 耳材海口鱼复原图（南京古生物所供图）

结　语　　8

Conclusion

寒武纪大爆发的形成原因和背后驱动力究竟是什么？这是一个非常难以回答的科学问题，至今没有广为接受的标准答案。地球和生活在地球上的生命一起构成了一个非常复杂的系统，这个复杂系统的演化是地球自身演化和生命演化相互作用的结果。寒武纪大爆发实际上是在这个复杂系统内发生的一个非常复杂的自然历史过程，是生物因素和非生物因素之间相互作用的结果。首先，环境要满足生物所需要的必要条件，如海水含氧量需要达到一定程度。其次，生物自身演化的一些分子生物学基础，如重要基因和基因调控网络的创新也积累到了一定程度。在满足了这些必要条件后，由环境或自身因素激发，通过生态系统整体复杂的相互作用过程来完成寒武纪大爆发。当然，要想完全解开寒武纪大爆发之谜，科学家还有很长的路要走，但是随着新化石的不断发现，新理论和新技术的创新发展，我们相信最终一定能揭开它神秘的面纱，解答“达尔文的困惑”。

Scientific research stories of scientists

【科学家的科研故事】

三峡埃迪卡拉化石发现记 / 袁训来

埃迪卡拉生物群是寒武纪动物大辐射前夕最引人注目的复杂生物群，分布时代为距今 5.8 亿—5.4 亿年。它们身体奇特，类型多样，是一大类“长相非主流”的化石生物组合。埃迪卡拉生物群自 20 世纪 40 年代在澳大利亚被发现以来，已经在全世界发现了 30 多处。半个多世纪以来，中国的几代地质学家一直在中国大地上努力寻找这一独特的生物群，却没有收获。直到 2011 年的夏天，南京古生物所的早期生命研究课题组终于在三峡地区发现了可以与世界上进行对比的典型的埃迪卡拉生物群。

扫描二维码，观看视频：什么是埃迪卡拉化石?

1. 在老乡家废弃的石瓦片上发现了化石

2011 年夏季的一个晚上，南京古生物所的袁训来研究员吃完晚饭后正坐在沙发上看电视，突然接到一个电话，是南京古生物所早期生命研究课题组的周传明研究员打来的："我和陈哲、王伟、关成国在三峡出野外，今天发现了一块化石，你打开电脑，我把图片发给你看看。"很快，照片传了过来，袁训来不敢相信这是在三峡发现的化石，半开玩笑地说："这是哪里弄来的照片，网上下载的？！""不是，这是今天在老乡家废弃的石堆里找到的。化石的正反面都有，有 20 cm 大小。"周传明淡淡地回答。周传明遇事总是这么冷静、有理性。但是，袁训来的情绪几乎不能控制了，这不就是南京古生物所早期生命研究课题组长期以来一直在寻找和期盼的东西吗？！这可是典型的埃迪卡拉化石，看上去有点像芭蕉叶，又有点像乌龟壳（图 10-1）。"这跟纳米比亚的 *Pteridinium* 很像，陈哲在旁边吗？他是专家，啥意见？"他们俩一向做人做事都比较低调，陈哲本来话就不多，也许这次过于激动了，只说了一个字"像！"。

中国的埃迪卡拉系地层出露和分布都非常广泛，岩层连续，其中发现的瓮安生物群、蓝田生物群和庙河生物群早已闻名于世，这些年一直是国际早期生命研究领域关注的焦点。但是，从埃迪卡拉生物群的广泛分布和研究程度来说，它无

图 10-1　关成国在乱石堆中发现的埃迪卡拉化石 *Pteridininium*（袁训来供图）

疑是寒武纪生物大爆发前夕最重要的多细胞复杂生物群，我国研究人员一直在中国的大地上苦苦地寻找它。古生物研究有时与考古学很类似，比方说，如果对唐代的考古研究没有发现“唐三彩”，对明代的考古研究没有发现“明青花”，这在考古界肯定是一大憾事。同样地，期盼有朝一日，在中国埃迪卡拉纪的地层中发现典型的埃迪卡拉生物群，对一直从事该领域研究的研究人员来说，又何尝不是一种梦想。

如今几代地质工作者的梦想就要实现了。但是，在乱石堆中捡到化石只是一个开始，它来自何处，原始岩层在哪里，还能不能找到第二块，能不能找到其他的化石类型，这是下一步的工作重点。这一“追根求源”的工作，周传明和陈哲已在进行了。

乱石堆来自当地老乡换屋顶废弃下来的石瓦片。三峡地区山高路险，自然资源匮乏。过去，当地老乡盖房子就地取材，用石头做房屋的地基、墙壁，还用当地特产的一种薄的“青石板”当作瓦片挡风挡雨（图 10-2）。改革开放之后，部分山民开始富裕了，解决温饱问题的第一步就是把漏风漏雨的石瓦片换成保温防雨的大红瓦。这样一来，换下来的石瓦片就给了科学家寻找埃迪卡拉化石的难得良机（图 10-3）。

图 10-2　用薄石板当瓦片盖的民房，这种房子在三峡还现存很多（袁训来供图）

图 10-3　南京古生物所的研究人员在三峡寻找化石（袁训来供图）
周传明（右）把老一辈地质工作者寻找化石的经验传给他的学生王伟（中）
和关成国（左），这应该就是现实版的“愚公移山”吧

2. 青石板太硬，小小的地质锤敲上去火星直冒

肯定有人会问，为啥不去露头的岩层中直接寻找和敲打呢？以往，前辈们何尝不是这么做的。根据国外产出埃迪卡拉生物群的层位，我国地质工作者早已知道三峡地区一百多米厚的“石板滩灰岩”最有可能发现埃迪卡拉化石，这段岩层也是当地做“青石板”石材的主要来源。三峡地区的很多古栈道以及修路架桥都用这种石材，它质地坚硬、耐磨、耐风化。但是，地质工作者要从这样的“青石板”中劈出化石非常困难，小小的地质锤敲上去火星直冒。更不巧的是，三峡地区的“青石板”原始存在状态几乎都是平铺着的，有时候从一个山头到另一个山头，说不定看到的还是同一个岩层面。找化石最怕这种岩层存在状态了，一百多米厚的岩石，你不知道化石在哪一层，如果岩层倾斜就不一样了，在很短的距离内就可以观察到上上下下的不同层位，会大大增加获得化石的概率。可以说，我国老一辈地质工作者在三峡地区寻找化石的岁月里，能上去的山头都上去过，能摸到和看到的石头都仔细观察过，但一直收效甚微。

其实，从废弃的石瓦片或从采石场中寻找埃迪卡拉化石就是前辈们言传身教的、“望石兴叹”没有办法的办法。用这种方法找化石除了需要几十年如一日地执着外，很大程度上还需要一些运气。谁知道哪个采石场哪天会放炮开山炸石，如果不及时赶到现场，震塌下来的大石块第二天也许就加工成了小碎石拖走了。同样，也不清楚谁家刚好把屋顶上的石瓦片换下来，有机会去翻看。因此，要把握好机会最好的办法就是多去三峡、多留心、多看看。记得有一年，周传明和陈哲就前前后后跑了五趟三峡。

3. 要成大事，必须“天时、地利与人和”

这次的意外发现，可能正好印证了那句老话——要成大事者，必须“天时、地利与人和”。也就是这一年的春天，课题组在《自然》杂志上公布了“蓝田生物群”的重要成果，同时获得了中国科学院基金委数目可观的科研经费的支持。“人逢喜事劲头足”，周传明、陈哲带着课题组的两位年轻同志——王伟和关成国，在炎炎的夏日兴高采烈地第 n 次来到三峡。按照惯例，在完成主要任务的同时，他们顺带去翻翻老乡家屋前屋后的乱石堆（图 10-4）。这一翻就翻出了一片新天地！

扫描二维码，观看视频：废弃石瓦片上的化石

图 10-4　陈哲（带白草帽者）和周传明（站立戴眼镜者）正专心致志地翻看乱石堆（袁训来供图）

最先在乱石堆里发现这块化石的是关成国。这位年轻同志平时做事就非常细心，关键时刻起到了“一眼定乾坤”的作用。也许这块石头被其他人看过会疏忽掉，关成国看到自己不明白的东西会虚心请教，于是他与王伟讨论起来，并把化石递给了周传明和陈哲。“陈老师，这是什么结构？”关成国很腼腆地问陈哲。“这是埃……”“埃”字刚出口，周传明一个箭步跨上来，一把将石片抢到手中。陈哲回忆起当时的情形说：“我看到周老师的反应比见到这块化石还要吃惊，周老师平时遇事不惊、举止温文尔雅，还从来没有见过他这么粗暴的举动和敏捷的身手。”

周传明和陈哲可算是研究化石的“老江湖”了。纳米比亚和澳大利亚的典型埃迪卡拉化石，周传明是亲眼看过的；加拿大的埃迪卡拉化石，他们俩组团去观摩过。有关埃迪卡拉生物群的资料，陈哲几乎全部都有。周传明和陈哲冒着酷暑带学生来翻乱石堆，就是要找这样的东西啊！

4. “顺藤摸瓜”也不是容易的事

“顺藤摸瓜”地寻找化石源头的事情并没有想象得那么顺利。这家房子的主人姓李（后来大家都叫他“老李”），他的房子是多年前从当地一位老乡那里买来的，原来的房主人已经搬走了，老李也不知道屋顶的石瓦片来自何处。三峡地势崎岖不平，山里人大多依山建房，每家每户几乎都不挨着。他们走访了附近山头的多户人家，想找到石瓦片的来源或原来的房主人。但是很多住户家都是“铁将军”把门，当地人要么去大城市打工了，要么一大早干农活去了。功夫不负有心人，他们终于在一个山洼中的庄稼地里遇到一位知道来龙去脉的姓高的老人。老高回忆起房子的原主人姓张，张家老爷子去世前曾叫他帮忙到附近一个山坳中采过石瓦片。这样七转八转，石瓦片的原产地露出了真面目。

找到地点虽然非常关键，但这也只是“万里长征”的第一步。找到了地点也不一定很快能找到产化石的层位，找到了层位也不一定能找到化石。老一辈地质工作者在三峡寻找化石的经验告诉我们，即使找对了层位，化石也一定非常少，否则这些年他们把三峡大小山头都转遍了，怎么会找不到呢。关于在石瓦片的原产地如何挖掘的问题，袁训来当时建议多找一些当地的民工和有经验的石匠，人数不要少于 15 人，先试试“人海战术”。

找民工也是一件不容易的事，他们挨家挨户去问，又委托老李，等晚上老乡从地里收工回家了再去问。山里的年轻人几乎都出远门打工了，留守的基本都是老年人。最后七拼八凑，找到了一支平均年龄在 65 岁左右的、由 10 多位老年人组成的队伍（图 10-5）。幸运的是，老李和邻居老傅年轻时不但做过石匠，手头上还有一套开山凿石的工具。这样，以他们俩为“核心骨干”，大家在老高指引的那个山坳中热火朝天地干了起来（图 10-6）。

图 10-5　由陈哲领导的一支平均年龄约 65 岁的化石挖掘队伍（袁训来供图）

图 10-6　挖掘现场（袁训来供图）

南京古生物所的课题组有一个惯例，遇到重要化石生物群的大规模挖掘或工作量较大的野外工作，不论与自己的研究方向相差有多远，大家都要去帮忙。看到周传明发出的照片后，没几天，肖书海和他的两位学生从美国弗吉尼亚理工学院来到了三峡，鲍惠铭也从美国路易斯安那州立大学赶了回来，华洪从西安到了三峡，曹瑞骥、尹磊明、袁训来以及一些学生从南京也很快到了挖掘现场（图 10-7）。

图 10-7　课题组的大部分骨干成员很快就到了挖掘现场（袁训来供图）

研究人员和 10 多位民工一起，除了炸药（一般人无法获取）以外，其他工具如冲击钻、撬棍、钢钎、大锤、凿子、地质锤全用上了，“青石板”被一大块一大块地掀了起来。10 多天过去了，除了常见的遗迹化石以外，还没有发现一点点埃迪卡拉化石的踪迹。虽然大家都有心理准备，但心里难免犯嘀咕：老高是否有点迷糊了，带错了地方？！

民工们继续挖，但科学家除了敲打石块外，不得不坐下来再次进行思考和讨论。平时不怎么说话的陈哲，这时候发话了：“我们在这里继续向下挖，已经不是原来石瓦片的产出层位了，我这几天到附近看了看，距离这里 30 m 左右的山上，有很好的岩层出露，那里的层位比这里要高一些，建议换到那里去挖。”经他提醒，大家很快就明白了。这个挖掘点现在就是一个凹坑，周围都是灌木丛，继续挖掘的余地不大，何况老乡当年取石块的那个岩层，也就是化石产出层已经挖没了，再往下挖，不但工作量和难度越来越大，距离原始层位也越来越远了。

5. 一个月后才挖到第一块原位保存的埃迪卡拉化石

随后，大家在陈哲的带领下来到了山上，这里视野开阔，可以放开手脚大干特干了（图 10-8），大家继续用锤子、棒子敲了起来，挖地三尺也要找到埃迪卡拉化石，但一开始依然没有收获。就在众人高度怀疑老高的判断力和陈哲的科学分析能力的第八天，他们终于在原始的岩层上发现了一块形状像“向日葵”的圆形化石！这是埃迪卡拉化石中最具代表性的化石之一——*Hiemalora*，这也是中国第一块从原始层位找到的典型的埃迪卡拉化石（图 10-9）。

图 10-8　陈哲指引下的第二个挖掘点，在这里找到了第一块原始层位产出的埃迪卡拉化石（袁训来供图）

扫描二维码，观看视频：第一块原位埃迪卡拉化石出土全纪实

图 10-9　从原始层位挖掘出来的第一块埃迪卡拉化石——*Hiemalora* 的正反面，比例尺代表 2 cm（袁训来供图）

按常理来说，有了第一块，就不愁第二块，但是发现第二块也并不容易。大家沿着化石的产出层位换了好几个采集点，才找到一系列化石。之后，陈哲、周传明和肖书海等人把这次的新发现整理成文，于 2014 年在国际有影响力的杂志上发表，引起了国内外相关学术界和主流媒体的广泛关注。2014 年夏天，由课题组主持召开埃迪卡拉纪国际讨论会，邀请了国内外埃迪卡拉生物群研究的知名专家来到三峡挖掘现场。陈哲和肖书海为专家们解读了这一“迟到的”具有重要科学意义的发现（图 10-10）。

扫描二维码，观看视频：硕果累累的三峡埃迪卡拉生物群

图 10-10　陈哲和肖书海在挖掘现场向国内外学者详细介绍三峡埃迪卡拉化石（袁训来供图）

三峡的挖掘工作和研究工作一直在继续，典型的埃迪卡拉化石分子被不断地揭示出来，新类型不断地添加到埃迪卡拉生物群这一“大家庭”的名单中（图 10-11）。其中发现了最早的具有分节的两侧对称动物——“夷陵虫”（图 10-12）。现今，该生物群已成为我国早期生命研究领域又一个新的生长点，也得到了国际学术界的广泛关注。

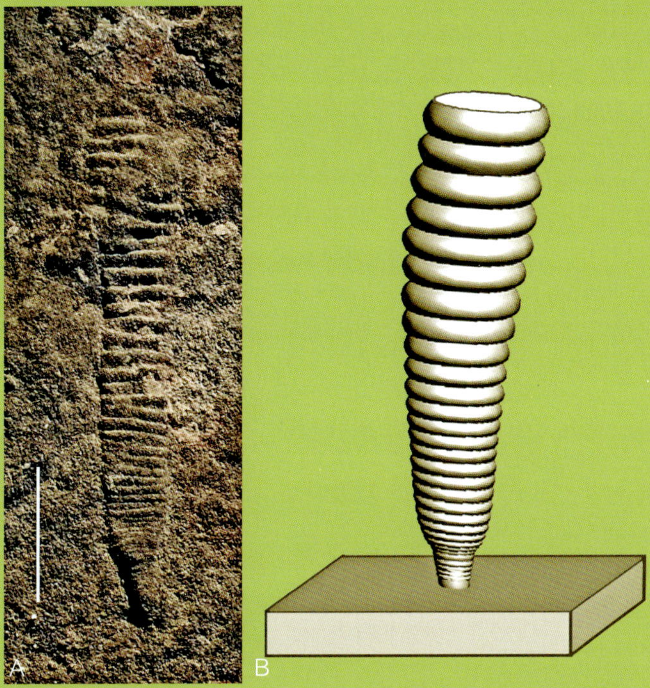

图 10-11　新类型“雾河管”（*Wutubus*）（袁训来供图）
A. 在三峡发现的一类新的埃迪卡拉化石，比例尺代表 1 cm；B. 化石复原图，底部具有固着器，上部为具环带的管状体

图 10-12　新类型“夷陵虫”（*Yilingia*）（袁训来供图）
A 和 B 是同一块化石的正反面，C 是复原图。研究表明，埃迪卡拉纪就已经出现了具有运动能力且身体分节的两侧对称动物。比例尺代表 2 cm

6. 科学探索需要“不撞南墙不回头”的牛脾气

执着的追求支撑着我国老一辈地质工作者在三峡地区苦苦寻找埃迪卡拉化石近半个世纪。在他们的鼓励和指引下，新一代人又把这一“追寻”延续了二十几年。现如今，两代人的梦想在这个追梦的年代终于实现了！

有梦想就不会安于现状，会去追求，但要实现梦想，特别是几代人的梦想并不容易。“众人拾柴火焰高”，团队的默契合作和辛勤的劳动会给成功带来更多的好运。在袁训来大学毕业的留言簿上，一位同窗好友送了他这样一句话：“运气总是留给有准备的人。”他一直坚信这句名言。这些年来，耳闻目睹和亲身经历了我国早期生命研究中一系列化石宝库的新发现，他更推崇另一种说法：“运气也是实力的一部分！”

Life moving from the sea to the land

生命，从海洋向陆地进军

/ 徐洪河、王军、李建国

2014 年摄于南京古生物博物馆

生命演化最重要的步骤之一就是从水生到陆生，其中最重要的地质事件莫过于陆生植物的出现。植物是一切陆地生命的先驱，植物登上陆地之后，逐步建立了陆地生态系统，改变了地球大气成分，也改变了地球的环境，为在陆地上生活的动物创造了条件，为飞向蓝天奠定了基础，最终也为人类创造了宜居家园。今天常见的植物化石，以及曾经促进工业革命的煤炭，都在向我们讲述陆生植物至少四亿年的生命历史。多种多样的植物在历史的长河中更替变换，演变中的植物界一直见证着亘古地球的沧海桑田。植物的登陆拉开了生物进军大陆的序幕，无脊椎动物和脊椎动物尾随而至，一场历时千万年的生物大戏精彩上演，由此极大拓展了生物的生存空间。这场大戏是如何上演的？化石会告诉我们答案。

舒适的海洋，贫瘠的陆地 1

Comfortable sea and barren land

生命演化从水生到陆生的步骤经常被简单地一笔带过，然而，当我们试图去重现这个过程时就会发现其实非常艰难。水体中的生活温暖而舒适，丰富的营养供应，低功耗的运动，仅仅依靠水体的浮力，生物似乎就可以很轻松地“呆”着固定不动。而陆生植物出现之前的陆地世界是什么样的呢？荒凉而贫瘠，根本没有松软的土壤，充满了火山喷发而形成的玄武岩。陆地与海洋，二者环境优劣的差别是巨大的。但是，生命的主要特点与本能之一就是不断拓展生存空间。于是植物终于按捺不住，开始脱离水环境，逐步适应陆地生活。这当然并非易事，只有满足了三项条件的植物才能适应陆地的生活，被称为“陆生植物”。

第一项条件是，能够完成自身的支撑，即能够在空气中站立。众所周知，生活在水中的植物，可以借助水体的浮力站立或生长，在陆地上空气的浮力远远小于水体的浮力。因此，陆生植物需要具有坚实的“骨骼”才能使自身站立在地上，同时也是自身保持向上生长的姿势。或许有人会好奇地询问：“有些植物是攀缘的，不需要直立生长啊？”其实那些具有攀缘习性的植物也是因为自身具有坚实的“骨骼”，才能完成站立并找到可以依附或攀缘的目标。同样也是由于内部的组织，这类植物才能明确生长的方向。另外，植物的生长需要水分和养料，植物体内的“骨骼”也是将水分与养料运送到各个部位的“通道”。在陆生植物中，支撑和疏导这两种功能是由同一种组织——维管组织来完成的，它们既是“骨骼”也是“血管”，这些组织有时也被称为“维管束”（图 11-1）。

第二项条件是，植物体需要具有可呼吸而且防止水分蒸腾的表皮。与水体环境相比，陆地环境更为苛刻。阳光的炙烤以及流动的风都会促发强烈的蒸腾作用，让陆地上的一切生物与周遭环境之间不断建立水分与温度的动态平衡。陆生动物往往具有含角质的皮肤和长度不等的毛发来减少体内水分的散发，陆生植物抗拒蒸腾作用的“武器”就是植物体表的表皮，这是植物体必须涂抹的强力“防晒霜”。植物表皮上还要有气孔（图 11-1），因为植物的光合作用离不开空气中的二氧化碳。通过气孔，植物可与外界进行气体交换，完成对其至关重要的光合作用。

第三项条件是，陆生植物必须具备可以在空气中进行散播的繁殖机制，即植物体在脱离水环境的作用下也能够进行繁殖。陆生植物依靠散播孢子或花粉繁殖后代

（图 11-2）。孢子和花粉微小，往往只有数十微米，肉眼一般无法看到。它们的质量极小，几乎可以忽略不计。孢子或花粉借助风力或昆虫就能扩散很远的距离，完全不需要水体的帮助就可以让植物完成繁殖作用。但一些较为原始的陆生植物如某些苔藓植物的孢子具有鞭毛，不能够借助风力或昆虫来散播，而是通过在水体中游动来散播，这样的植物是没有完全脱离水环境的陆生植物。

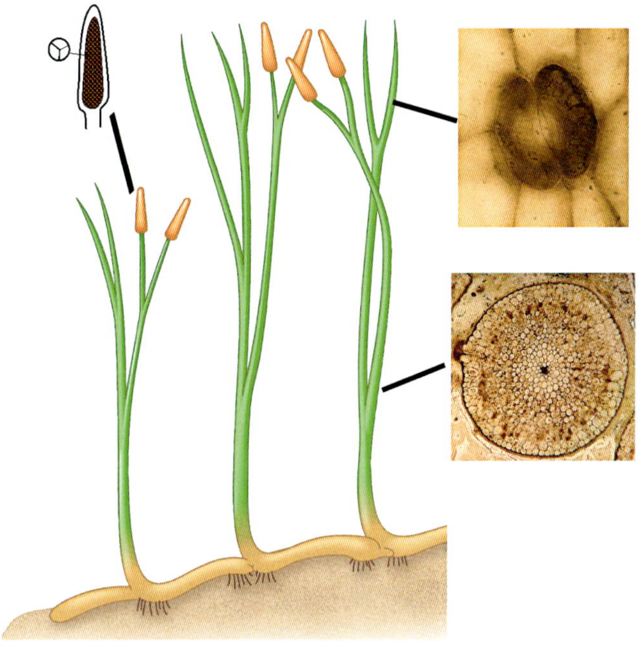

图 11-1　早期陆生植物适应性结构示意图（徐洪河供图）

植物体多为简单的二分叉，通过散播孢子（左上图）进行繁殖，植物体表具有可以呼吸的气孔（右上图），内部具有输导水分与营养成分的维管束（右下图示植物茎干的横切面）

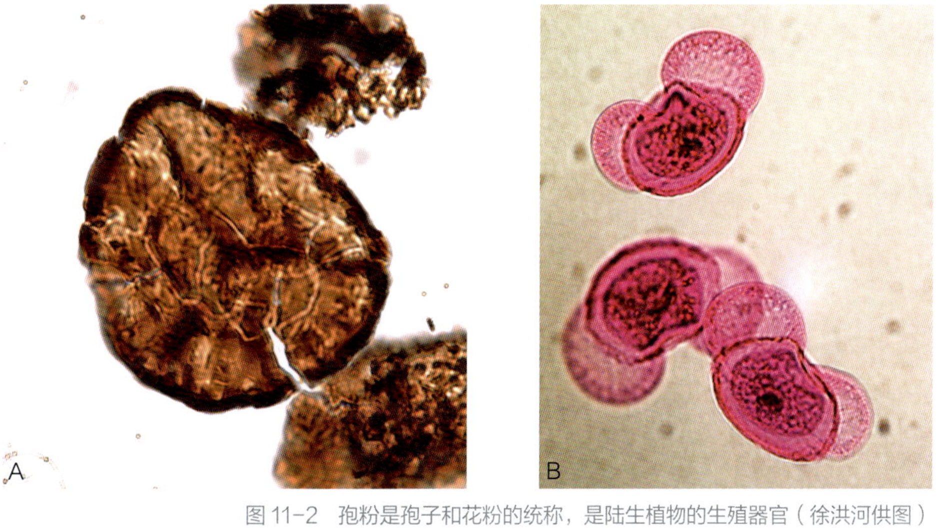

图 11-2　孢粉是孢子和花粉的统称，是陆生植物的生殖器官（徐洪河供图）

A. 泥盆纪地层中一种常见的、可能来自石松类植物的孢子，直径约 50 μm。蕨类植物都是依靠孢子进行繁殖的；B. 染色处理之后的现代松科植物的花粉，直径约 30 μm，其典型特征之一是有双气囊结构，这种结构可以让花粉更加有效地借助风力进行传播。裸子植物和开花的被子植物都具有可以散播的花粉

登陆的先行者

Land forerunner

上述三项条件对于植物适应陆地生活缺一不可。由于地质历史过于漫长，越早的生物越难以留下完整的化石记录。古生物学家往往综合多方面的资料与证据来推测陆生植物的起源。目前，陆生植物起源的具体时间与地点仍是学术界未解的难题。我们只能根据目前所取得的研究进展来重建植物登陆事件的大致情节。

化石记录表明，最早的陆生植物大化石，即肉眼可识别的植物化石，在志留纪的地层中就已经出现了，它们都非常低矮，高度仅 1 cm 左右。而陆生植物的微体化石，如植物的表皮、孢子囊、管状体、维管束等，在更早的中奥陶世地层中已经被发现。综合以上证据，我们可以得出结论：在距今 4.8 亿—4.4 亿年的奥陶纪，最早的植物已经登上了充满岩石的陆地。这些陆地生命的开拓者形态简单、身材矮小、身形纤细，可能非常类似于现在常见的苔藓植物（图 11–3）。

这些类似苔藓的植物并不具有功能完善的维管束，因此不属于维管植物。它们没有真正的根，仅仅靠简单微小的假根把自身固着在看似坚不可摧的岩石上。而后来在地球上占据优势的植物都具有维管束，如蕨类植物、裸子植物和被子植物，它们统称为维管植物。

科学家通过实验发现了苔藓植物的秘密武器。科学家把一种普通、矮小的苔藓植物——小立碗藓（图 11–4），种植在花岗岩上。在它们生长了 130 天之后，这块花

图 11–3　生长在潮湿岩石上的苔藓植物，植物体总体高度约 1 cm，末端膨大结构是孢子囊（徐洪河供图）

图 11-4　小立碗藓（*Physcomitrella patens*），总体高度不超过 1 cm，末端膨大结构是孢子囊（徐洪河供图）

扫描二维码，观看视频：地球上最早的登陆植物——苔藓植物

岗岩比普通岩石经历了更为显著的风化作用，其效果与维管植物在岩石上发生的风化作用不相上下。苔藓植物虽然身形娇小，却有着惊人的力量，它们会分泌一系列浓度不同的有机酸，足以把岩石溶解掉。

因此，在奥陶纪和志留纪，无数微小的似苔藓类植物在漫长的地质历史时期分解了岩石，改变了陆地上岩石的化学组分，使地表坚硬的岩石逐渐变成松软和肥沃的土壤，也使岩石变得更加易于和大气中的二氧化碳进行反应，促使大气中大量的二氧化碳被吸收。地质历史时期最大幅度的二氧化碳浓度降低就发生在奥陶纪（图 11–5），当时大气中二氧化碳的浓度由 22 倍于当今值降低到 8 倍于当今值的水平，这也引发了地球历史上大冰期的到来，进而导致了生命历史上海洋生物的第一次大灭绝——奥陶纪末大灭绝。

陆地生命的先行者在奥陶纪开始了首秀，那些身形矮小的植物，在坚硬贫瘠的岩石上悄然安家，在不经意间就对海洋中的各种动物发动了千军万马一般的攻击，让无数海洋动物惨遭集群灭绝。

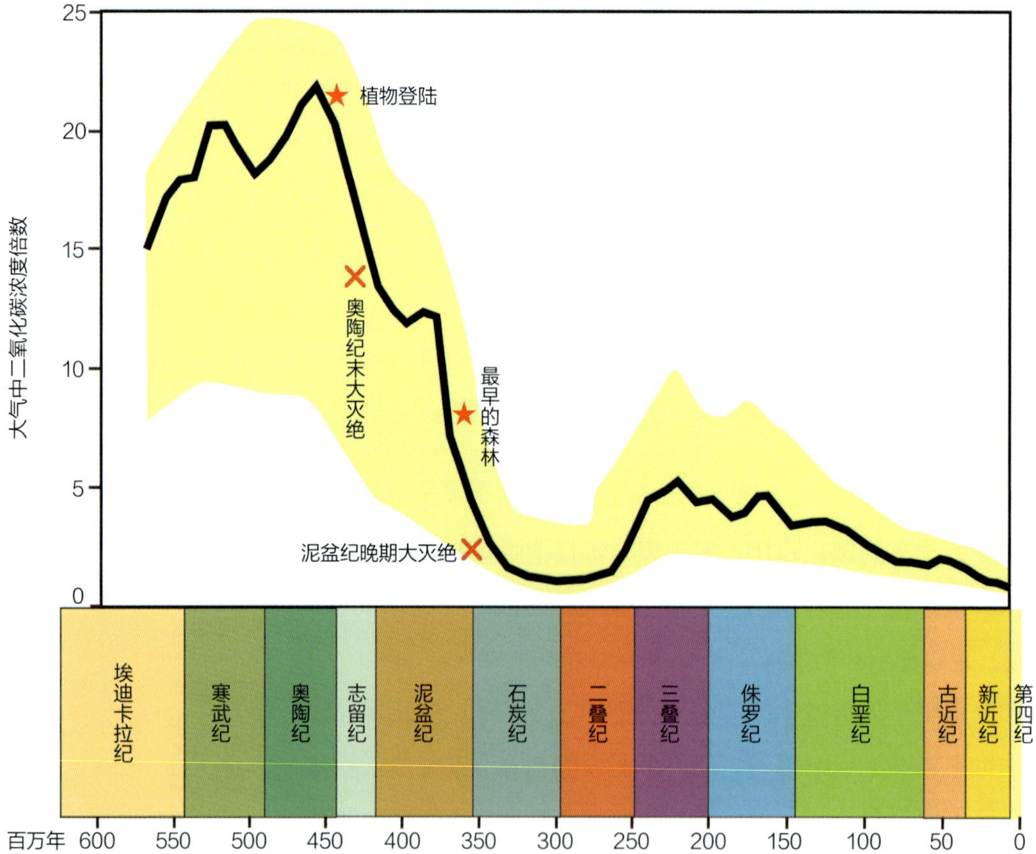

图 11–5　地质历史时期大气中二氧化碳浓度变化（徐洪河供图）

孢子与种子

3

Spores and seeds

依靠孢子进行繁殖是早期陆生植物的重要特征之一。最早登上陆地的植物的繁衍过程不能离开水的作用，它们可能生活在离水不远的岸边。这些植物的植株非常矮小（仅数毫米），保存成为化石的潜力极低，对它们的识别主要来自这些植物在生活过程中所散播出来的独特孢子——呈单一球状或具有单一开裂线的孢子。

到了志留纪和泥盆纪，地层中所保存的植物化石变得丰富多样，一方面是因为植物种类多样化增加，另一方面是因为植物体开始具有了坚实的维管束，维管束极大地提高了植物保存成为化石的潜力。从志留纪开始，寻求陆生植物的证据不再仅仅是微小的、肉眼看不见的孢子了，而是具有枝干和孢子囊的植物体。早期最具有代表性的植物化石是库可逊蕨（*Cooksonia*），这种植物属于蕨类植物，形态极其简单，植物的末端不断分叉，没有叶，肾形的孢子囊着生在枝的顶端。相关的植物还有早泥盆世的拟莱尼蕨类等（图 11–6）。

泥盆纪是植物大发展的时期，通过典型的泥盆纪植物可以了解早期陆生植物演化的历史。最早的陆生维管植物，其孢子囊往往是单一着生的，如图 11–6 中拟莱尼蕨类的孢子囊。而到了早泥盆世，已经开始出现孢子囊聚集成穗状，着生在茎轴侧面的植物，同时也出现了叶子，甚至孢子囊与叶子紧密关联，紧密聚合，形成了孢子叶球。这类植物中典型的有工蕨类和石松类。还有一种现象几乎是同时发生的，在植物演化过程中也是非常重要的，那就是孢子囊聚集成丛状，着生于茎的末端。这类植物

扫描二维码，观看视频：什么是孢子和花粉？

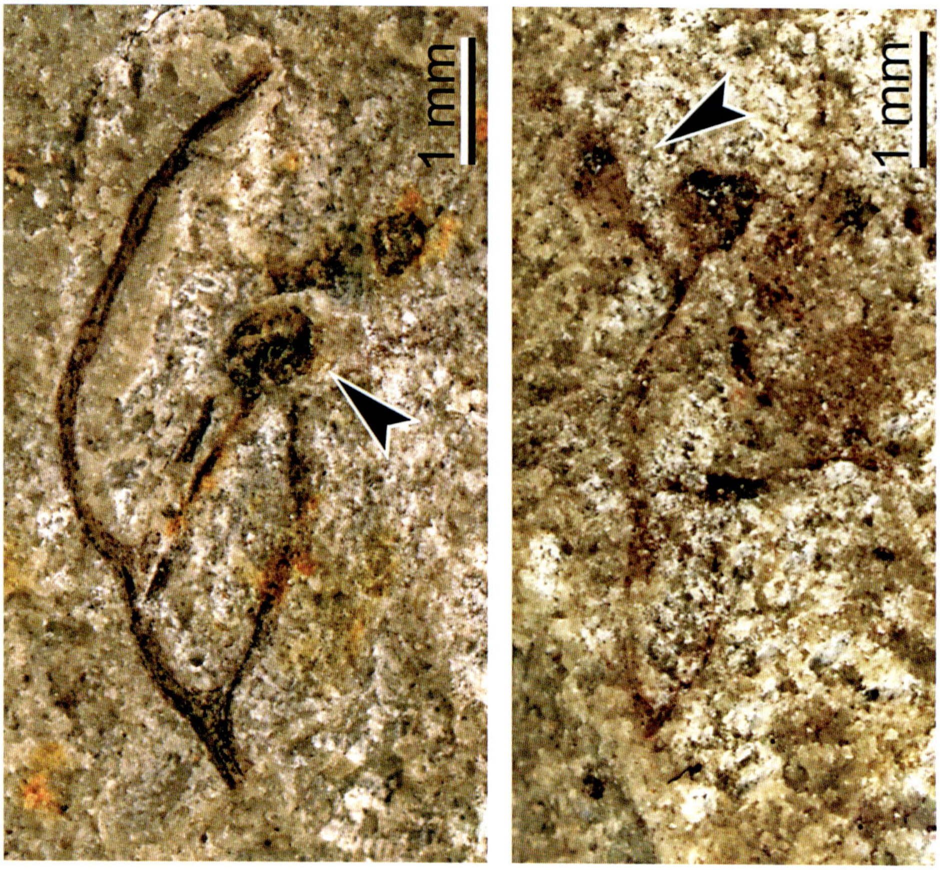

图 11-6　广西早泥盆世地层中的拟莱尼蕨类化石。该植株非常小，末端具有卵形的孢子囊，可能非常类似于现代的苔藓植物（徐洪河供图）

就是现代真蕨类植物的远祖。

呈丛状的孢子囊发生进一步特化，到中泥盆世，已经出现了具有两种孢子囊的植物，大、小两种孢子分别相当于现代种子植物中的雌、雄配子体。然而真正的种子到了晚泥盆世才出现。“雄”孢子囊产生数量众多的小孢子，类似于种子植物的“花粉”；“雌”孢子囊中含有一枚或多枚肉眼可见的大孢子，大孢子在大孢子囊之内完成与小孢子的受精作用，此时的大孢子囊已经行使了胚珠的功能，而受精之后的大孢子就类似种子了。

从最早的离不开水体生活的陆地环境开拓者，到具有简单孢子囊的微小维管植物，再到具有两种不同孢子的植物，从孢子到种子这种高级的生存策略，已经跨越了一亿多年。

种子植物与孢子植物

植物根据繁殖方式的不同可以分为孢子植物和种子植物两大类。孢子植物包括苔藓植物和蕨类植物。种子植物包括裸子植物和被子植物。苔藓植物和蕨类植物都是通过在母体植株上产生孢子囊来繁殖的，在孢子囊内形成孢子（图 11-7）。裸子植物和被子植物也称“有花植物”，它们会开花，花粉是它们的雄性生殖器官。在一朵花的雄蕊末端生长着花药（图 11-8）。成熟的花粉从花药里散发出来，借助风力或其他方法（如各种昆虫）落到雌花或雌蕊的柱头上，萌发出花粉管，将花粉中的精子送入胚珠与卵细胞受精，最后形成种子。种子萌芽完成繁殖。

图 11-7　蕨类植物叶背面的孢子囊与孢子（李建国供图）

扫描二维码，观看视频：无处不在的孢子和花粉

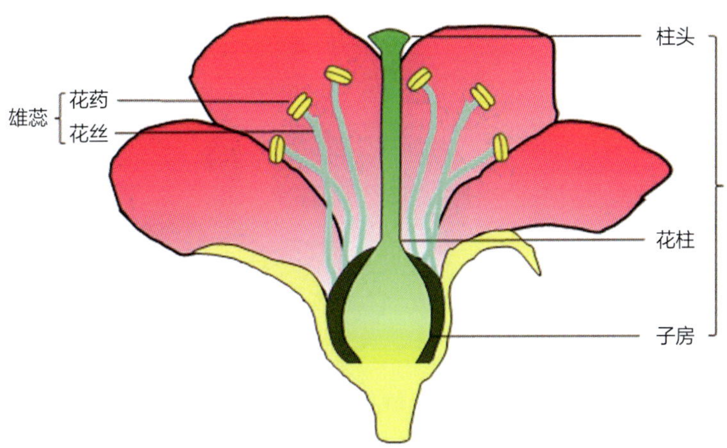

图 11-8　被子植物花的结构（李建国供图）

【超链接】小小孢粉化石的大用途

孢子和花粉非常小，通常只有几十微米甚至几微米，因此我们用肉眼不易发现它们。但其多样性一点都不简单（图 11–9）。

例如，它们的形状可以是豆状（肾状）、锥状、球状、椭球状、短柱状、饼状或者各种规则、不规则形状；孢子表面具有一条直的或者三条汇聚成 Y 形的缝，花粉表面则可以发育长的沟或短的孔，甚至有时可以同时发育沟和孔，称为孔沟。缝、沟、孔、孔沟是孢子或花粉萌发时遗传物质的出口，因此又叫萌发器或者口器。有的植物，如柏科、红豆杉科，它们的花粉没有明显的沟或孔，而只有一个壁层变薄的区域，这里是花粉萌发时的开口。沟、孔、孔沟的数量可以是一个、两个，直至很多个，其位置可以很一致地位于一个平面上，也可以散乱地分布于花粉粒周身。沟通常是一条简单的直的裂隙，但在极少数植物里会更复杂，有的呈环形，称为环沟，如睡莲等；有的呈螺旋状，如小檗和西番莲等。有的孢粉还在一些部

扫描二维码，观看视频：千姿百态的孢子和花粉

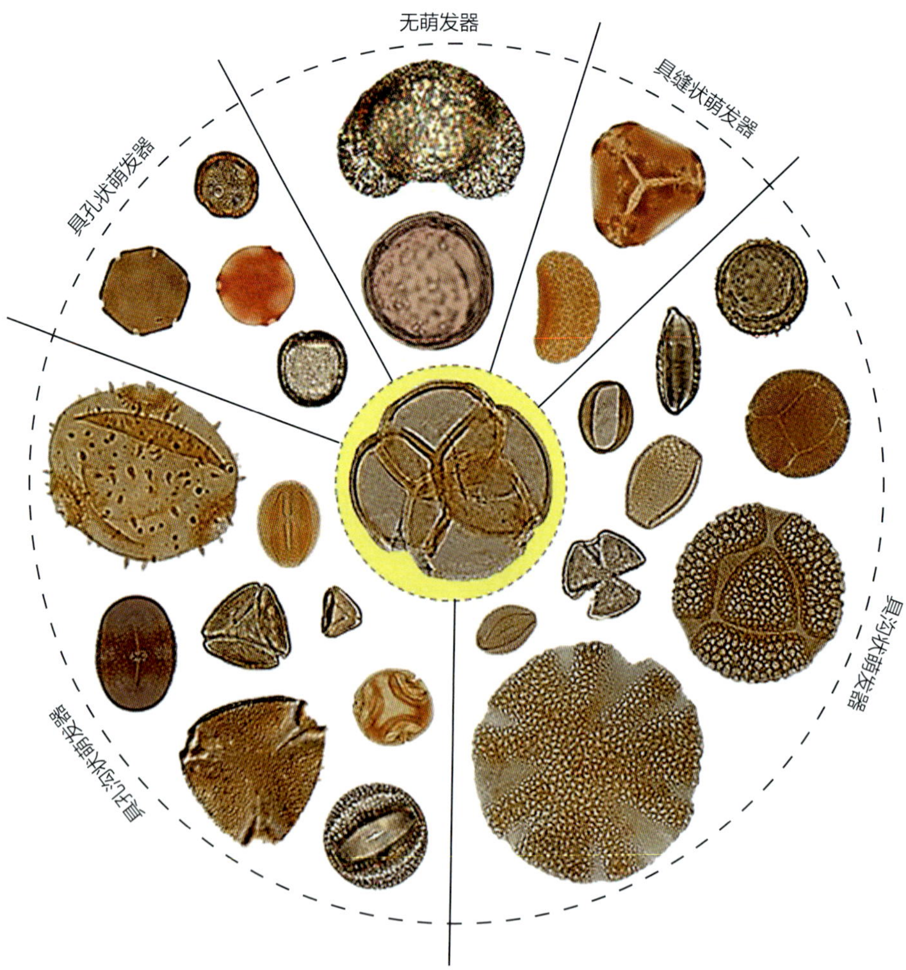

图 11–9　千姿百态的孢子和花粉（相同放大倍数，李建国供图）

位发育特殊的附属构造，如环、唇、气囊等。另外，孢粉表面可以发育各式各样的装饰，如颗粒、瘤、刺、条纹、肋条、孔穴、网等，它们或大或小、或高或低、或长或短，有时还相互组合在一起，构成了一个五彩缤纷的神奇世界。

孢子和花粉从植物上散发出来后，被空气和水流挟带到河流、湖泊或海里与泥沙一起沉降下来，经过压实、变质和固结，最后被封存于各种沉积岩石中，成为科学家的研究对象。小小的孢粉化石有哪些大用途呢？

重建古植被

根据孢子、花粉和其母体植物的联系，我们可以借助孢粉化石获悉一个地区在过去生长着什么植物，有什么样的植被环境。孢子、花粉和其母体植物一样，具有丰富的多样性，它们在植物的系统分类上具有重要作用，植物的孢子、花粉在一定的分类级别上是可以相互区分的。也就是说，根据孢粉可以在一定分类级别上识别各类植物（有的是科一级，有的则可以达到属甚至种）。这样，科学家就可以通过孢粉组合获知过去的植被组成和演变历史。

以海南岛附近海域一口钻孔的研究为例，在其中 2000 万—500 万年前的中新世的沉积岩中含有丰富的孢子和花粉。科学家将它们仔细鉴定并逐一进行统计、计算后绘制出如图 11–10 所示的孢粉谱，它能比较清晰直观地反映当时南海北部沿岸陆地上的植被组成和变化情况。根据这幅图我们可以知道，当时这里主要生长着以常绿的棕榈科和常绿或落叶的栎属、栗属、枫香树、蕈树为主的阔叶林，同时还生长着榆树、胡桃树、山核桃等落叶植物。在山上还生长着以松、罗汉松、铁杉、杉科或柏科为主的针叶林。水龙骨、凤尾蕨等蕨类植物生长于这些针叶林或阔叶林下。在气候最温暖的时期，在海岸滩涂上还生长着红树林。

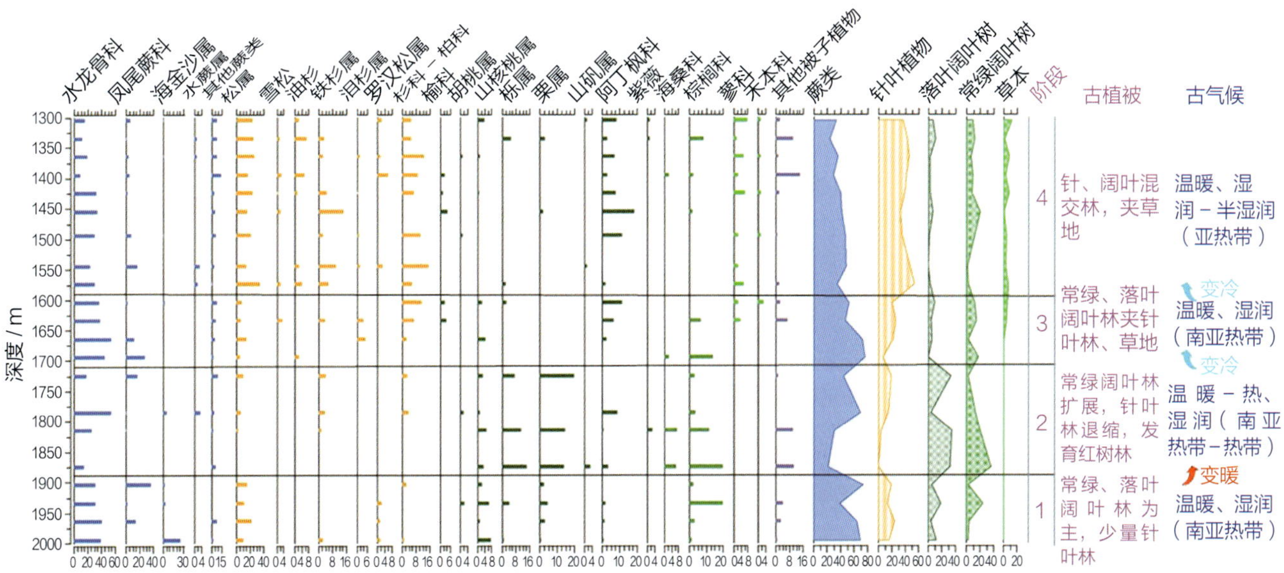

图 11–10　南海北部陆架钻孔中新世孢粉组合百分比图谱及其反映的古植被与古气候变化（据李建国、张一勇，1998 修改）

研究古气候

植物与其生长的环境存在天然的联系，每种植物都有其特定的生长和分布范围，如温度、降水、光照和土壤等条件，不同的植物要求各不相同。如松、云杉、冷杉等针叶植物生长于比较寒冷的环境，而榆树、杨树、柳树、胡桃树等植物则需要比针叶植物更温暖的环境，枫香树、棕榈、红树等植物则是热带或者亚热带南部的植物，它们的生长需要更高的温度和热量条件。有些植物如麻黄、藜科、白刺等非常耐旱，大多数蕨类植物则喜欢湿润和温暖的环境。因此，科学家可以通过保存于岩石中的这些特征植物的孢子和花粉来重建当时的古气候，并根据不同冷热、干湿特点的孢子、花粉的含量变化分析某个历史时期内气候的波动情况。仍以刚刚介绍过的南海北部沿岸中新世的例子（图 11–11）来说，当时的孢粉图谱里含有较多的棕榈、枫香树、蕈树、常绿栎等现在生长于热带或南亚热带的植物花粉以及比较丰富的蕨类孢子，因此气候总体比较炎热、湿润。在所研究的 1000 多万年时间里，以棕榈为代表的喜热的常绿阔叶植物主要在第 2 阶段最繁盛，表明这是气候最温暖的时期，这是因为当时正处于一个全球性的最暖期。针叶植物在第 1 阶段和第 2 阶段都比较少，而在第 3 阶段，特别是第 4 阶段有比较明显的增长，这与暖期结束后温度开始降低相一致。比针叶植物更温暖的阔叶植物的变化趋势则正好相反。因此，孢粉谱组成的变化清楚揭示了距今 2000 万—500 万年期间南海北部沿岸地区气候总体变凉的演化趋势，这与西太平洋和全球的总体规律相一致。

图 11–11　南海北部沿岸中新世古植被复原图（李建国供图）

见证板块漂移

每种植物都有一定的地理分布范围。有些种类能在全球都有分布，但更多的物种只能局限于一定的范围。有的植物，如假山毛榉、南洋杉等，只分布于南半球；另一些植物，如栎、桦树等，只见于北半球。这就是植物的地理分布特性。远古地质时期的植物界也是如此。利用这一特点，科学家可以运用特征分布的孢粉化石来重建远古时期的板块构造历史。例如，在西藏南部2亿多年前的沉积岩中发现了只有当时南半球一个超级大陆（冈瓦纳大陆）才有的孢粉化石（图11-12），表明青藏高原南部在当时位于南半球澳大利亚板块和非洲板块之间的古板块构造格局。

孢粉化石还证明，青藏南部地区直到大约1.2亿年前才从冈瓦纳大陆完全分离开来（成为与澳大利亚板块和非洲板块相分离的独立板块，开始发育不同的植被），并在约1亿年前开始向北漂移，最后拼合到北半球古欧亚大陆南缘的位置上（图11-13）。

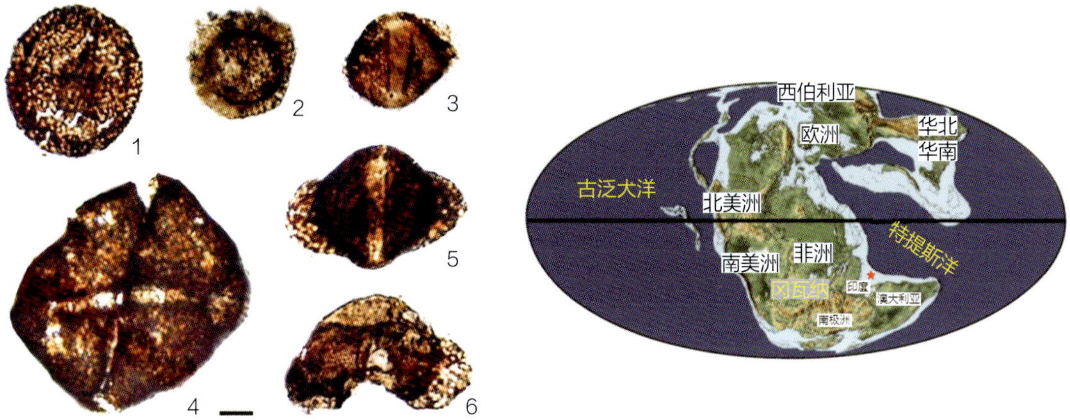

图11-12　西藏南部约2亿年前冈瓦纳大陆属性的孢粉化石（图中比例尺等于10 μm），指示南半球地理属性（★为化石产地，古地理图据Scotese“PALEOMAP Project”）

1. 繁盛细环囊粉；2. 紧密细环囊粉；3. 退化阿斯摩粉；4. 四裂十字囊粉；5. 细痕小囊粉；6. 华丽榆果粉

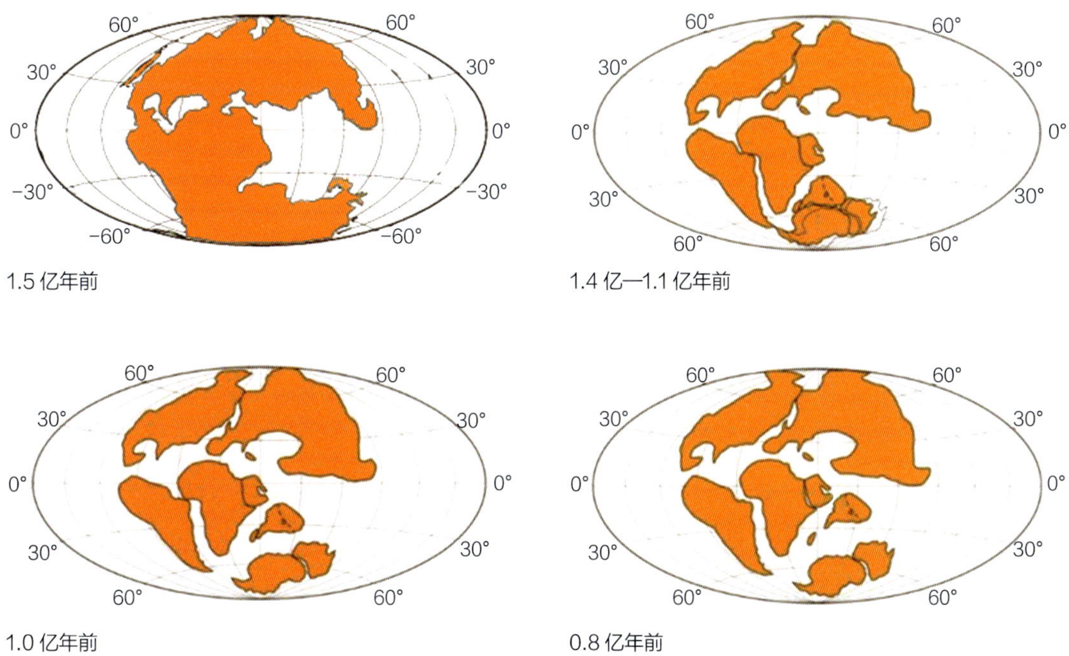

图11-13　根据孢粉化石推演西藏南部1.5亿—0.8亿年前的漂移历史（据Li et al. 2019修改）

孢粉外壁的组成物质是一种复杂的有机大分子，它会随着温度和压力而逐渐发生化学变化，排出水和其他有机物，形成石油和天然气。因此，孢子和花粉还是有利的产油气物质，与油气资源勘探关系密切，可以帮助我们开展多种油气资源服务。例如，孢粉壁随着上述地质作用的不断加深，里面的碳会越来越浓缩，使得孢粉化石的颜色越来越深。利用这一规律，科学家发现并建立了孢粉化石颜色与油气成藏的规律。例如，孢粉化石只有达到橙黄至棕色时，有机物才会达到形成石油的成熟度要求，从而可以根据孢粉化石的颜色对一个新的探区、新的勘探地层进行评价，判断其是否能够生油（图 11-14）。

扫描二维码，观看视频：大有用处的孢子和花粉

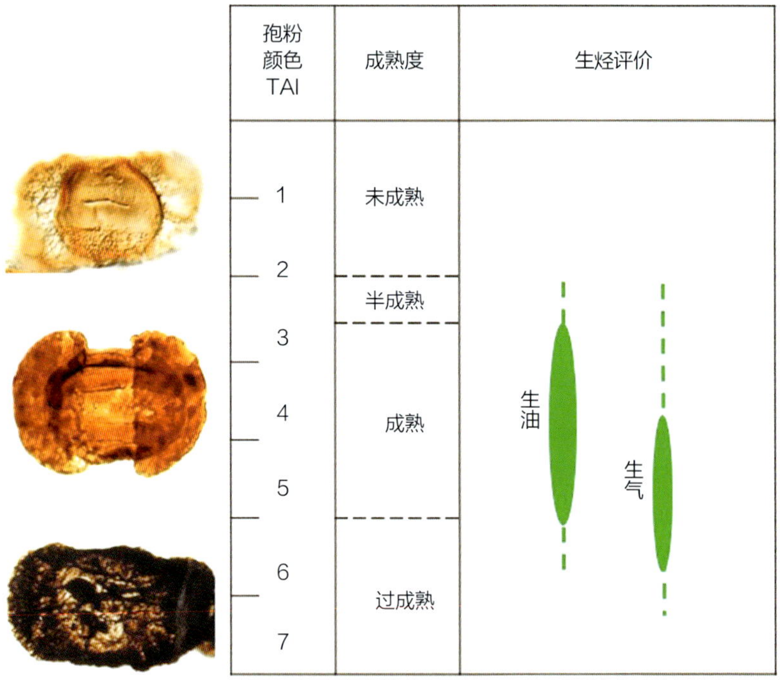

图 11-14　孢粉化石颜色与油气潜力评价（李建国供图）

如何从岩石中提取和研究孢粉化石?

孢子和花粉细过尘埃，科学家怎样才能将孢粉化石从矿物的包裹中分离出来进行观察研究呢?

首先，在野外采集合适的岩石样品。并不是所有的岩石都适合孢粉分析。火山岩，粗的、红色的碎屑岩及化学成因沉积岩通常都不含或仅含有极稀少的孢粉化石。理想的孢粉分析样品是细的泥岩和粉砂岩，科学家在野外常常需要借助镐和地质锤深挖细刨才能获取。采集好岩石样品后，将它们在实验室刮净、敲碎，放入烧杯中先用盐酸浸泡，再用氢氟酸浸泡，岩块就会慢慢松散、分解，经过加热煮沸和多次用水稀释、清洗（倒除上层清液）后，就可以

基本去除掉岩石中的各种无机矿物，剩下有机物了。将这些残留物再用筛网过滤，去除太大或太小的颗粒，孢粉化石就得到进一步的分离和集中了。用玻璃棒蘸取少量最后获得的富集物，与甘油一起混合放于玻璃片上，盖上载玻片就可以在显微镜下进行观察、统计和分析了（图 11–15）。

需要注意的是，孢粉分析中要用到多种化学试剂，也会产生各种废气、废液，它们都具有强烈的腐蚀性或毒性，特别是氢氟酸，人们吸入少量就会致命，因此整个实验过程要特别小心，必须做好必要防护，必须严格遵从化学试验规范，必须在专门的实验装置里进行（图 11–16）。废气和废液也要专门回收，不可随意排放或丢弃。朋友们千万不可私下购买和使用这些化学试剂哦！

图 11–15　孢粉样品采集及实验分析、观察过程（李建国供图）

A. 野外刨挖露头及采装样品；B. 室内粉碎的等待化学处理的样品；C. 完成化学处理、准备在显微镜下观察的样品；D. 在显微镜下观察、鉴定、拍摄化石标本

图 11–16　通风橱（左）与废气、废液回收处理系统（右）（李建国供图）

最古老的森林

4

The earliest forest

泥盆纪时期，陆生植物空前繁盛，植物类型也多种多样，有几厘米高、纤细的草本植物，也有高 30 多米的高大树木。到了中泥盆世时期，地球上首次出现了森林。森林的出现标志着陆地生态系统的逐渐完善。构成森林的植物往往具有庞大的根系，它们生长的环境可以远离水体，甚至生长在具有一定海拔高度的高山上。虽然植物化石很丰富，但是最常见的情况往往是“只见树木不见森林”，甚至从化石记录之中，寻找一颗完整的大树都并不容易。

古植物学家往往根据树木的大量出现，来判断森林的出现。那么，什么是树呢?我们对于这个概念都有自己的理解，但是如果要回答这个问题，恐怕很多人就有些为难了。在科学研究中，只有给出明确的定义，才能形成规范并开展具体的研究工作。关于树，一个通用而明确的定义是：一种具有木质的植物，高至少 4 m，具有单一主干，距离地面 150 cm 高处的主干直径，即胸径至少要达到 7.6 cm。这个定义基本概括了大多数人对于树的认识。但是，对于化石植物而言，寻找完整的植株都不容易，又该如何知道古植物能长多高呢?

最简单而直接的办法是像拼积木一样，把一块块的化石拼接起来。例如，在美国纽约州泥盆纪化石森林的研究工作中，古植物学家就是根据大大小小的压型化石，拼出了一棵高 4.5 m 左右的树，并由此直接找到了构成最早森林的树木，这也成了最早森林的证据。科学家也可以根据植物体的直径推测植物的最大生长高度，因为植物的直径与高度有一定的相关性。

地球上最早的森林主要由三种类型的植物组成，即乔木状石松类植物、前裸子植物和早期真蕨类植物。严格地说，这三种类型的植物都是依靠孢子进行繁殖的，都属于蕨类植物。这与以裸子植物（如松树、柏树等，依靠种子进行繁殖）为主的现代森林差别迥异。

现代石松类植物都是非常低矮的草本植物，主要分布在热带和亚热带地区，而在地质历史时期，石松类植物曾经是构成森林的高大乔木（图 11-17，图 11-18）。

图 11-17　盛行于晚泥盆世时期的乔木状石松类植物斜方薄皮木的化石，这种植物的显著特征是茎干表面具有菱形的叶座（徐洪河供图）

扫描二维码，观看视频：地球上曾经的主宰——蕨类植物

图 11-18　原始鳞木石松类植物莱氏蕨的化石，这种植物代表了泥盆纪时期一种小型的、低矮的草本植物（徐洪河供图）

前裸子植物中最具代表类型的植物是古羊齿（*Archaeopteris*），这类植物仅在泥盆纪出现，到了石炭纪以后就灭绝了（图 11–19）。它的树干可高达 30 m，它的树干的化石记录就是最早的硅化木。古羊齿是具有低等蕨类植物的外部形态和高等裸子植物的内部结构的结合体。最初，古植物学家以为它们和现代的裸子植物有一定的亲缘关系，因此将它们命名为"前裸子植物"。

早期真蕨类植物与现代蕨类植物的相似之处是都依靠孢子进行繁殖，差异有很多。例如，现代蕨类植物一般都有扁平的、呈羽状的复叶（图 11–20），而早期真蕨类植物往往不具有扁平的叶，甚至连叶子也没有，植物的末端往往是不断分叉、越来越细的枝系（图 11–21）。另外，现代蕨类植物大多为草本类型，木本类型的只有分布在热带地区的树蕨，而早期真蕨类植物既有草本类型也有多种多样的木本类型。

森林的出现表明，地球上植物的规模已经非常庞大了，通过光合作用，大量的碳以树木的形式存储了起来。除了构成森林植物的化石以外，远古时期的森林还为今天的我们留下了另一件非常珍贵的遗产——煤。

图 11–19　古羊齿（泥盆纪时期构成森林的植物之一）化石（徐洪河供图）

图 11-20　现代蕨类植物（贯众）具有扁平的、呈羽状的复叶（徐洪河供图）

扫描二维码，观看视频：植物化石的实验室研究

图 11-21　泥盆纪的早期真蕨类植物化石正反面，这种植物具有羽状交互对生的枝系，偶见扁平的叶（徐洪河供图）

煤作为一种化石能源，被誉为黑色的金子、工业的食粮，是 18 世纪以来人类使用的主要能源之一。煤是由远古时期的植物（或森林）经过长期埋藏，在高温、高压的条件下堆积的产物。我们知道，植物化石的形成往往是“只见树木不见森林”。那么如何还原形成煤的远古森林呢？来自南京古生物所的古生物学家通过中国内蒙古自治区乌达煤田里“藏着”的一个约 3 亿年前被火山喷发所埋藏的成煤沼泽森林——“植物庞贝城”，真实地复原了既见树木又见森林的成煤植被，这是迄今为止远古森林实际复原规模最大、收藏最丰富的成功实例。

“植物庞贝城”重见天日既具偶然性，又有必然性

这个发现的故事要从 20 世纪 80 年代在贺兰山的一次考察说起。一天中午，南京古生物所的吴秀元研究员席地而坐，拿出干粮准备吃午饭。为了使自己坐得更平坦一些，他随手捡起身边的一些小石子扔到一边。其中一块铁锈色小石头映入他的眼帘。这居然是一块不太多见的瓢叶目盘穗属的植物化石（图 11-22）。

扫描二维码，观看视频：“植物庞贝城”的发现

图 11-22　瓢叶目盘穗属的植物化石（王军供图）

1997 年，吴秀元将这块化石标本转交给在南京古生物所从事博士后研究的王军。这块标本是瓢叶目植物的第一块三维立体保存的标本，后来被王军在 1999 年命名为中华盘穗。王军采用了多种研究技术对这块标本开展了详细的研究工作，希望能解决瓢叶目的分类位置，从而揭开古植物学近 200 年的一个分类学谜团。但是因为无法了解清楚果穗中最重要的输导组织——中轴维管束的形态解剖特征，研究未果。于是，王军请吴秀元重返贺兰山，追寻当年的考察路线，沿着石嘴山一石炭井一乌达一路寻找更多的瓢叶目化石，从而开启了一场与“植物庞贝城”结缘的旷日持久的野外行动。

王军及其团队虽然多次在乌达煤田采集到丰富的瓢叶目化石，但从未意识到这些化石的背后还“藏着”一个原地被埋藏的远古森林。直到 2003 年，源于对瓢叶目植物研究的共同兴趣，王军与宾夕法尼亚大学的赫尔曼·佩弗科恩教授一起赴乌达煤田进行野外考察，这次有了惊喜的发现。他们在红旗煤矿附近的 6—7 号煤露头上发现了一系列直立保存的茎干，其野外保存状况证明这些化石代表的是一个原位保存的森林。之前人们错误地认为在这个岩层中保存的化石植物生长在湖泊周围，它们的枝叶被搬运到湖泊中而被沉积和保存。王军他们通过检查显微结构，证明了这些岩石是由天空降落的火山灰经过后期的压缩和成岩作用形成的凝灰岩。也就是说，这些化石植物是在原地正常生长时被火山喷发后降落的火山灰毁灭、埋藏。这种保存方式，与我们熟知的被列入世界文化和自然遗产名录，被维苏威火山喷发所埋藏的意大利庞贝城非常类似，因此，这个化石森林被称为“植物庞贝城”。

“植物庞贝城”中的植物密码与生态关系揭秘

“植物庞贝城”内植物化石的保存状况之优良令人叹为观止，这为开展系统古植物学研究奠定了极好的基础。迄今的研究揭示，“植物庞贝城”包括石松类、有节类、真蕨类、种子蕨类、瓢叶目、原始苏铁类、原始松柏类等七大类植物，各类植物的物种数量大致如图 11-23 所示。图 11-24—图 11-30 所示的是“植物庞贝城”里各类群的代表植物化石。

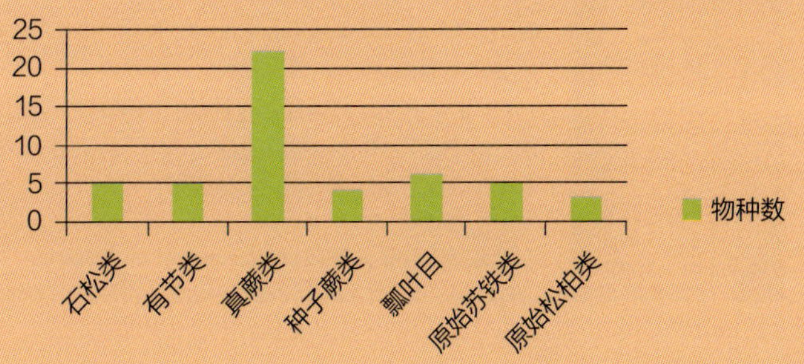

图 11-23 “植物庞贝城”中植物组分分布（王军供图）

图 11-24　石松类代表植物（佩弗科恩封印木 *Sigillaria pfefferkornii*，王军供图）

图 11-25　有节类代表植物［光隆古芦穗（长星叶）*Palaeostachya guanglongii*（*Asterophyllites longifolius*），刘莉供图］

A. 末级营养枝；B. 末级繁殖枝

图 11-26　真蕨类代表植物（王军供图）

A. 异羊齿未定种 *Alloiopteris* sp.；B. 厚脉栉羊齿 *Pecopteris lativenosa*

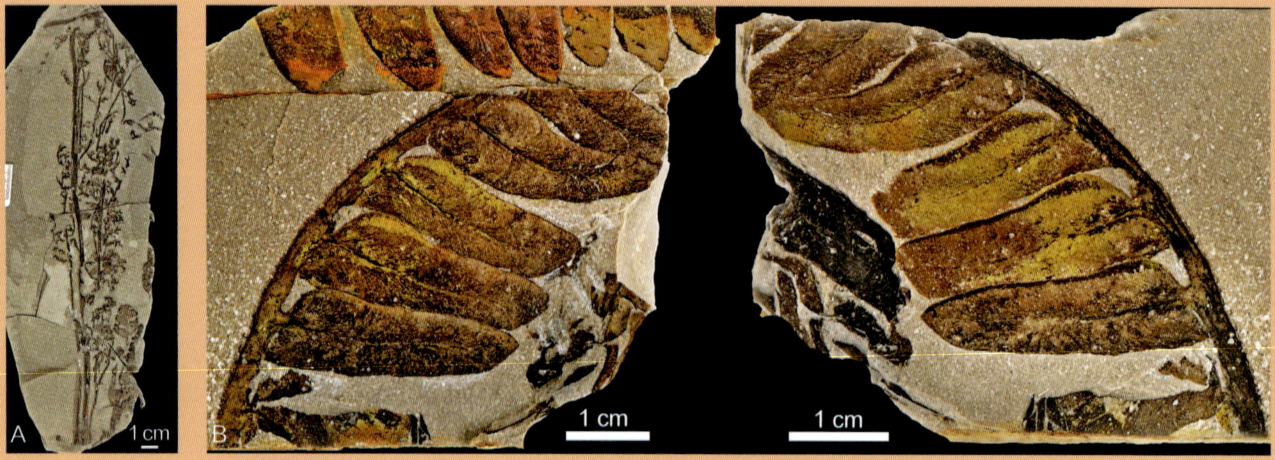

图 11-27　种子蕨类代表植物（王军供图）

A. 王氏乌达木 *Wudaeophyton wangii*；B. 座延羊齿未定种 *Alethopteris* sp.（一块标本的正反面）

图 11-28　瓢叶目代表植物

A. 乌海拟齿叶 *Paratingia wuhaia*（王军供图）；
B. 乌海拟齿叶复原图（任玉皋、唐思佳绘）

图 11-29　原始苏铁类代表植物（大宝侧羽叶 *Pterophyllum daihoense*，周卫明供图）

扫描二维码，观看视频：乌达煤田的地质剖面与化石群落

图 11-30　原始松柏类代表植物（科达未定种 *Cordaites* sp，周卫明供图）

“植物庞贝城”不仅保存了这七大类植物，还保存了化石森林的群落结构（图 11-31），这在全世界十分稀少。它展示了成煤沼泽森林的如下群落特征：

群落的垂直结构：高层植被有科达和封印木；中层植被由小乔木封印木、有节类古芦穗属、树蕨、瓢叶目、原始苏铁等构成；低层植被有灌木层部分有节类楔叶属、草本层种子蕨、楔羊齿、部分涅梅茨羊齿、枝脉蕨等。

群落的水平结构：和现代植被一样，“植物庞贝城”的植被在平面上呈片状分布，高层植被北面以封印木为主，南面以原始松柏类——科达为主。

攀缘植物的证据：地球上的成煤沼泽森林从石炭纪开始，树冠层密闭，导致森林下层植被获得阳光的难度显著增大，因此植物学会了攀缘，从而爬上树冠层以获得阳光。“植物庞贝城”为这种生态变化提供了证据。

昆虫咬食叶片的行为，如较为常见的是被昆虫咬食的叶片（图 11-32）。

群落的生殖生态学特征：总体来说，“植物庞贝城”的各植物类群发育状态不同，有的正处于繁殖旺季（如原始苏铁类、瓢叶目、有节类），有的才刚刚开始繁殖（如种子蕨类），有的仅部分开始繁殖（如真蕨类）；有的如石松类（以封印木为代表）一年内多次产生孢子囊穗，四季均可繁殖。也就是说，在这个约 3 亿年前的远古森林中，各大类植物分阶段繁殖后代，这与现代植被群落的繁殖策略一样，很先进。实际上，泥炭沼泽的土壤是很贫瘠的，如果各大类植物同时繁殖后代，无论是土壤的营养，还是光照条件，都是无法满足需求的。

扫描二维码，观看视频：“植物庞贝城”的植物密码与生态关系揭秘

图 11-31 “植物庞贝城”局部复原图（王军供图）

图 11-32　昆虫咬食叶片（白色箭头处）的化石证据（冯卓供图）

实际复原 VS 概念性复原

“植物庞贝城”之所以受到地质古生物学界的广泛关注，是因为它对远古森林实现了大面积的实际复原。那么，“实际复原”与相对应的“概念性复原”有什么不同呢?

人们看到的远古森林复原图通常属于“概念性复原”。一方面，这些植物虽然存在，但是它们之间分布、相互关系等不代表真实状况。复原图内的植物是随机、人为摆放的，存在空间误差。另一方面，时间误差也不容忽视。如早二叠世的跨度近 1000 万年，受陆相地层的研究对比精度所限，人们只能把大致存在于这个时代的植物收集到一起制作复原图，可能会将从未在地球上同时存在的植物类群复原在同一幅图内，存在时间误差，这就相当于“关公战秦琼”。而“植物庞贝城”的森林复原避免了时空误差：植物个体被火山灰埋藏，保存在原地，未被搬运；一次火山喷发的时间为几个小时或几天（也许时间更长，但总体上是一次性喷发），确保了所有植物是同时生活在这个区域的。这就是实际复原。

扫描二维码，观看视频：重建远古森林——实际复原 VS 概念性复原

实际复原是探讨远古植被森林系统的生态学特征的基础，只有基于实际复原，即实际存在过的植被，探索生态学规律才具有真实意义。

自 20 世纪 40 年代以来，乌达煤田的煤层一直处于自燃状况，不仅损失大量的煤炭资源，而且严重污染环境。为了缓解这一情况，当地加速了煤田大规模露天开采的进程和力度，这为古生物学家对“植物庞贝城”开展古植物埋藏学和生态学的研究提供了绝好的机遇。“植物庞贝城”是研究远古植被生态系统的珍稀窗口，其保存完整而精美的标本及森林空间结构是研究植物分类演化和植被群落生态的化石宝库。遥望未来，科学家还将加强与生物谱系学、地球化学等领域的综合交叉研究，从而超越传统古植物学范畴。

四足行走

5

Walking with four feet

植物作为登陆的先驱，在征服了陆地之后，使陆地环境得到大幅度的改善。率先登上陆地的动物是节肢动物中的昆虫，它们属于无脊椎动物。对于仍然在水体环境中生活的脊椎动物来说，或许是陆地上的植物和昆虫充满了诱惑性，也可能是新环境代表了广阔的、全新的发展空间，在植物以及部分昆虫完全适应陆地生活之后，大约到了中－晚泥盆世时期，脊椎动物姗姗来迟，开始登陆的步伐。

与植物一样，脊椎动物适应陆地生活也需要满足非常严苛的条件。其中之一就是脊椎动物需要能够独自站立，不借助水体的浮力而生活。能够帮助脊椎动物支撑、站立甚至爬行的器官最可能起源于肉鳍鱼类的肉鳍，正是鱼类中的肉鳍鱼类率先开始了陆地生活，演化成了最早的四足动物（图 11–33）。

脊椎动物适应陆地生活的另一个重要条件是能够呼吸空气，直接从空气中获得维持生命的氧。陆地脊椎动物通常用肺呼吸，而不像鱼类一样用鳃呼吸。当然，生物体并不是所有的结构都能保存为化石，生物的内脏几乎不可能保存为化石。适应陆地生活的早期四足动物往往具有特化的头骨、颌骨等方面的解剖学结构，古生物学家可以通过有限的化石材料而获得它们生活习性的证据。

早在 1929 年，瑞典地质学家就在格陵兰岛发现了鱼石螈（*Ichthyostega*）化石，这在国际学术界和公众中引起了极大兴趣。鱼石螈被媒体称为“四足鱼”（图 11–34），它其实是一种具有一些鱼类特征的早期两栖动物。它看起来有点像现代的蝾螈，具有扁平的头部和较为狭长的尾巴，有尾鳍和鱼鳞，能够在陆地上爬行，并能用肺直接从空气中摄取氧气。

图 11-33　腔棘鱼（一种肉鳍鱼），原始鱼类，曾经被认为已经灭绝了，后来发现了一些活的腔棘鱼，是典型的“活化石”

图 11-34　鱼石螈的复原图

在很多书中，鱼石螈往往被描绘成四肢粗壮、四足行走的动物。但是，最新的研究成果表明，鱼石螈的后肢并不强壮，它们的主要作用也不是支撑身体和行走，而是像一对划水的桨用于辅助游泳。根据对鱼石螈骨骼特征的研究，推测在水中它的长尾巴是主要的划水工具，后肢起着桨和舵的作用；到了岸上，强壮的前肢才是真正的运动工具，它们拖着整个身体，包括后肢和尾巴，一点一点向前爬行。也许这个形象与我们想象和预期的相差甚远，但它的确代表着脊椎动物开始陆地生活的重要演化环节。

鱼石螈生活的时代距今已约有 3.6 亿年。在很长一段时间里它被认为是最早登陆的脊椎动物，也是泥盆纪四足动物的唯一代表。后来，从世界各地的泥盆纪地层中找到了多种四足动物的化石，如棘螈等。比鱼石螈更早的四足动物化石也陆续在世界各地被发现。这些化石的发现，将四足动物的历史前推了 100 多万年，并大大扩展了泥盆纪四足动物的地理分布区域。

如今生活在陆地上的脊椎动物主要是两栖动物、爬行动物和哺乳动物。爬行动物（图 11-35）最早出现在石炭纪，在中生代进入全盛时期，陆地上的恐龙、海里的鱼龙、天空中的翼龙都是当时生物界的霸主。而由爬行动物演化而来的哺乳动物几乎与恐龙同行。早期的哺乳动物体型较小，一直生活在恐龙的阴影下。直到恐龙等爬行动物灭绝后，哺乳动物才快速演化。

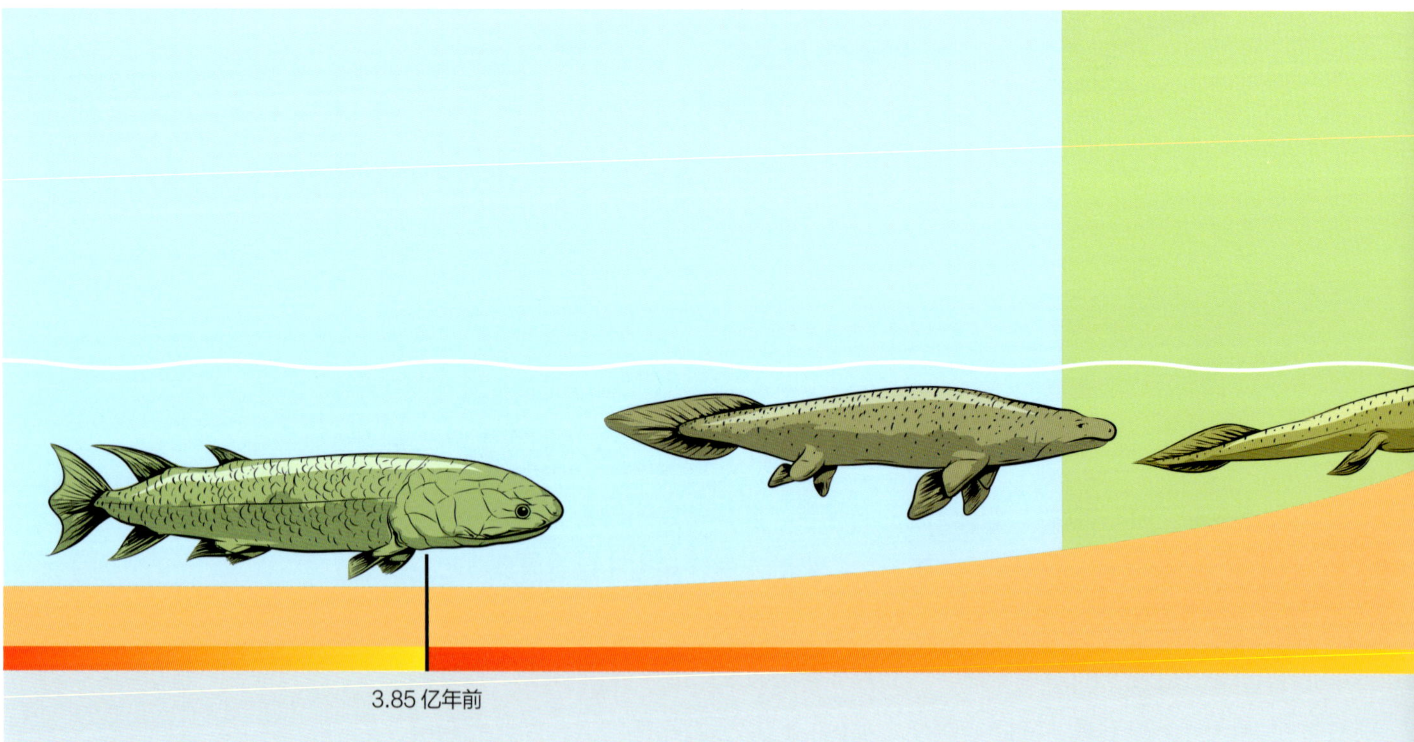

图 11-35　从鱼到爬行动物的演化过程示意图

结　语

Conclusion

植物登上陆地开启了生命演化的新篇章，是生命历程中的重要跃升。陆生植物在近 2 亿年的早期演化过程中，改变了陆地环境和大气的组分，完善了陆地生态系统，为随后动物登陆，以及生命向高山陆地和蓝天深处的拓展铺平了道路，也为人类的生活环境奠定了不可替代的基础作用。距今 4 亿多年前的陆生植物，无论是最早的，类似于苔藓一样的娇小个体，还是构成最早森林的参天大树，它们大都消失在了历史的长河中，失去了光泽与绚丽色彩，也失去了真实的维度，我们更是无从得知它们曾经的芳香。那些最早的陆生植物所留给我们的只有数量稀少的化石记录，等待我们去挖掘，去发现，去重现它们昔日的辉煌。

Beautiful new world, and flying from the land to the sky

美丽新世界，从陆地飞向天空

/ 黄迪颖、王博、贺一鸣

拥有翅膀振翅高飞一直是人类的梦想。飞鸟赋予了人类太多关于飞行的想象，然而回溯生命演化的长河，最早征服蓝天的却是昆虫。在漫长的年代中，昆虫经历了怎样的演化历程？鸟类是由什么动物演化而来的，是如何飞向蓝天的？这些答案都要在化石中去寻找。

飞向蓝天的先行者——昆虫 1

Forerunner flying to the blue sky: insects

昆虫是常见的无脊椎动物，它们的躯体分为头、胸、腹三部分，发育了外骨骼，长有三对足，一般具有两对翅膀（图 12-1）。昆虫是动物界演化最成功的类群，已命名的动物种类中约有四分之三是昆虫。

昆虫的起源是长期以来难解的谜题，其根本原因在于早期昆虫化石记录极度缺乏。据推测，昆虫的祖先至少在 4 亿年前的泥盆纪早期就已存在，但泥盆纪没有发现确切的昆虫化石。在英国泥盆纪早期发现的莱尼虫（*Rhyniella*）属于弹尾类，和昆虫的亲缘关系很近。在德国泥盆纪早期发现的泥盆六足虫（*Devonohexapodus*）和现代滨海生活的一类甲壳动物十分接近，而这类甲壳动物是昆虫的近亲。莱尼虫和泥盆六足虫都没有翅膀，属于和昆虫关系密切但非常原始的类群。除此之外，在泥盆纪没有找到其他令人信服的和昆虫相关的化石。

尽管在泥盆纪昆虫起源出现了曙光，但开始进入石炭纪时昆虫演化却黯然无光。在石炭纪早期地球上出现了大规模的绿色森林，大气中含氧量显著升高，为昆虫的发展提供了绝佳的条件，但这一时期昆虫的化石记录几乎一片空白。到了距今约 3.2 亿年的石炭纪晚期，大量的昆虫化石在世界各地突然涌现，呈爆发趋势。它们个体通常较大，长有两对翅膀，成为最早征服蓝天的动物。例如，有一类巨脉蜻蜓，它们和现代的蜻蜓颇有几分相似，但没有直接的演化关系。它们个体庞大，最大种类的翅展可达 70 cm，堪称 3 亿年前天空中的巨无霸。长期以来，科学界一直以为石炭纪只生活了古老的个体较大的昆虫，但实际情况并非如此。最近的研究发现，石炭纪晚期还生活了很多小型昆虫，包括几类比较进化的全变态昆虫，如甲虫和蜂类的祖先。它们生活在巨虫的阴影下，却在特有的生态空间中谋求了一席之地，为将来的大发展奠定了基础。

扫描二维码，观看视频：昆虫的演化

图 12-1　各种各样的昆虫

在二叠纪末期出现的超大规模的火山喷发导致了生命演化历史上最重要的灭绝事件，据统计超过 95% 的海洋物种惨遭灭绝。虽然陆地上动物的情况要好一些，但推测也有约 70% 的动物种类灭绝。这次非常严重的灭绝事件对当时的昆虫也造成了沉重打击。但是，由于昆虫的适应能力非常强，这次灭绝事件之后昆虫反而得到了新的发展机会，昆虫演化进入新纪元。

步入中生代，昆虫开始出现很多现代的门类，如在三叠纪出现了双翅目（现代双翅目包括蚊类、虻类、蝇类等），昆虫世界更加丰富多彩。到了侏罗纪，昆虫世界已然异彩纷呈，不仅很多类型和现代种类差别很小（图 12–2），而且它们和现代种类一样具有非常复杂的行为特征，并和生态系统中的植物、动物，包括其他昆虫建立了复杂的协同演化关系。例如，有一类小甲虫叫葬甲，它们的触角末端发育了微型化学感受器，和现代种类一样专门用以探寻腐肉的恶臭。它们取食哺乳动物或恐龙的尸体，成为已知最古老的大自然清道夫。侏罗纪是裸子植物统治的时期，当时的一些蝎蛉发育了长长的吸管状喙（图 12–3），吸取裸子植物的传粉滴。这说明在漫长的地质演化史中，一些昆虫和裸子植物建立起了协同演化关系，它们是一些裸子植物的特有传粉者。

1.25 亿—0.8 亿年前，被子植物出现，并发生迅速的辐射演化，不仅种类各异，而且门类繁多，逐渐取代裸子植物，成为地球陆地生态系统的主宰者。这一时期被子植物的辐射演化以及伴生的昆虫、有鳞类（如蛇和蜥蜴）以及哺乳动物的辐射演化被称为白垩纪陆地革命，标志着现代陆地生态系统的雏形逐渐形成。约 0.66 亿年前发生了白垩纪末大灭绝事件，陆地霸主恐龙就此退出历史舞台。但是，这次毁灭性事件没有过多影响昆虫的演化，反而为昆虫的继续发展创造了更广阔的生态空间。从新生代开始，现代生态系统渐成体系，而昆虫世界也与现今相差无几。

图 12–2　侏罗纪道虎沟的蜻蜓化石（O. Bethoux 供图）

图 12–3　侏罗纪的长喙蝎蛉化石（黄迪颖供图）

寄生昆虫的出现是昆虫演化史中非常精彩的一幕。寄生虫和寄主的协同演化是生命发展史中重要的一环，甚至深深影响人类的近代史。在中世纪席卷欧洲的黑死病中，跳蚤（一种寄生昆虫，图 12-4）就扮演了关键角色。这实际上是一场鼠疫的大流行，从 1347 年到 1353 年夺走了约 2500 万欧洲人的生命，约占当时欧洲总人口的三分之一。直到 1894 年，科学家才发现鼠疫是由鼠疫杆菌引起的，而这些致命的细菌起初出现在跳蚤身上，被跳蚤叮咬的老鼠再将鼠疫杆菌传染给人类。这样一条隐秘的传染路径直到 1898 年才大白于天下。

寄生虫化石非常稀有。由于个体微小且常与脊椎动物寄主生活在一起，而寄主的软组织在埋藏过程中容易腐烂，因而寄生虫难以保存为化石。最常见的外寄生虫是跳蚤和虱子（图 12-5）。最古老的虱子化石发现于德国的始新世地层（约 0.44 亿年前）。而过去发现的确切的跳蚤化石几乎都来自琥珀。这些琥珀中的跳蚤都是“现代版”的，和现代跳蚤极为相似，均可归入现代的跳蚤科。因此，蚤目起源及早期演化的关键证据长期缺失。在澳大利亚早白垩世约 1.15 亿年前的地层中曾发现了一种化石，名为 *Tawinia*。但其形态特征有限，分类位置存在分歧，古生物学家多认可它是跳蚤，而大多数生物学家却对此怀疑。

图 12-4　现代的跳蚤（黄迪颖供图）

图 12-5　现代的虱子

最古老的外寄生虫——巨型跳蚤

2008 年清明节，南京古生物所的黄迪颖研究员和一位北京的资深昆虫化石爱好者王向东去逛北票化石市场。黄迪颖发现了一块精美的黄半吉沟昆虫化石，竟然不能确定属于哪一类昆虫，这种情况极为少见，于是他毫不犹豫地买了下来。在宾馆里用放大镜细细品味后，他很快断定这是极为罕见的早白垩世跳蚤化石（图 12-6），距今约 1.25 亿年。他把这个秘密告诉王向东，说这是世界上已知最古老的跳蚤。王向东是个有心人，看了几眼就记在心里。半年后，黄迪颖正在法国交流合作，王向东告诉他在朝阳化石市场买到了一块道虎沟产出的跳蚤化石，并且赠送给他。黄迪颖以前并不相信道虎沟也会有跳蚤化石，看到这块化石，仔细回忆才朦胧地意识到以前有可能错过了这些宝贝。回国后，黄迪颖旋即赶赴内蒙古自治区宁城县道虎沟。常年寻找化石，跟化石打交道，他练就了一双火眼金睛，可以辨认出大多数道虎沟化石的层位来源，所以一眼就锁定了这块跳蚤化石的产出层位，顺藤摸瓜，果然收集到好几块跳蚤化石。其实，很多东西只有你认识以后才能发现，这也算是找化石的诀窍之一。

图 12-6　白垩纪巨型跳蚤（雄性）化石（黄迪颖供图）

图 12-7 所示的就是迄今已知最古老的外寄生虫——1.6 亿年前侏罗纪中期的巨型跳蚤。侏罗纪的巨型跳蚤与现代跳蚤有较大的差别。现代跳蚤通常只有 1—3 mm 长，但这些巨型跳蚤的长度可在 2 cm 以上。除了个头大以外，它们和现代跳蚤较为类似，但触角节数较多，有十几到二十多节，而现代跳蚤的触角不超过 11 节，且更短，可以收缩在触角窝内，有利于它们在寄主的毛发间穿行。这些巨型跳蚤的口器很长，像一把宝剑，且两侧具有小脊构成的锯齿状构造，可以更从容地刺穿寄主的皮肤来吸食血液。现代绝大多数跳蚤的口器没有这么复杂，但在个别原始类型中几乎一样。

为了适应寄生生活，现代的外寄生虫个体通常微小且十分特化。例如，虱子的体形通常是背腹扁平，因为它们一般蛰伏在寄主的毛根处吸血，这样的体形可以防止被寄主抓掉；而跳蚤进化出另一种截然不同的体形，它们身体侧扁且有坚硬的外表，有利于在寄主的毛发中穿行。这些中生代的巨型跳蚤发育了原始的体形，不仅个体巨大，且体表相对柔软。它们还有一个十分显著的特征——体表布满向后的鬃毛，可以防止被寄主抖落，同时有恐吓的作用，让捕食者心生厌恶，难以下口（图 12-8）。现代跳蚤为了更稳固地寄生在寄主体表，发育出特殊的栉状构造，可以像梳子一样卡在寄主的毛发中。这些栉发育在跳蚤身体的不同部分，分别被称为头栉、胸栉、腹栉。寄生在一些快速飞行的寄主（如鸟类）身上的跳蚤常具有更多的栉，防止在寄主高速飞行的时候被抖落。而中生代巨型跳蚤的栉完全不同，发育在胫节的端部，说明当时的跳蚤已经逐渐适应了寄生生活，但可能并非一直待在寄主身上。

图 12-7　侏罗纪跳蚤化石（黄迪颖供图）
A. 侏罗纪的巨型跳蚤（雌性）化石；B. 侏罗纪的跳蚤（雄性）化石

图 12-8　侏罗纪跳蚤生态复原图（黄迪颖供图）

现代跳蚤个体虽小，但可以称得上“跳高冠军”，因为它们的跳跃距离可达其身长的 100 多倍。中生代的巨型跳蚤是否已经具备跳跃能力呢？经研究发现，那时的雌性跳蚤可能和雄性跳蚤具有不同的运动方式。雌性跳蚤的运动能力较弱，不仅不会跳，甚至连普通的爬行都困难，并不善于运动。而雄性跳蚤的腿部结构和现代跳蚤十分相似，应该已经初步具备了跳跃能力。

侏罗纪巨型跳蚤的发现将蚤类的起源提前了约 5000 万年。这项研究还揭示了蚤类起源于具有刺吸式口器的长翅目昆虫。因而，跳蚤的祖先是吸食植物汁液的。随着带毛哺乳动物的出现，它们的巢穴为跳蚤祖先提供了庇护所，它们的毛发为跳蚤祖先带来了温暖的环境，它们的血液成为跳蚤祖先源源不断的食物来源，促成了跳蚤祖先食性和其他生活习性的转变。最终，跳蚤的祖先——一些长喙蝎蛉，退化了翅膀，开始逐步适应寄生生活。不同研究团队最新的分子生物学分析揭示，蚤目位于长翅目内部，与现生的小蝎蛉科构成姐妹群的关系，进而蚤目被取消，归并入长翅目。因此，跳蚤实际上就是一种十分特化的营寄生生活的长翅目昆虫，这也支持了早期关于跳蚤起源的推断。同样，科学家近期的研究成果也揭示虱子实际上是特化的啮虫，虱目也被取消而并入啮虫目。还有一个更早的例子，就是重舌目。科学家发现它们是寄生在鼠类身上特化的蠼螋，因此并入革翅目。这些寄生性昆虫为了适应外寄生生活，形态通常十分特化，过去的昆虫分类学家难免根据差异很大的外形将这些外寄生虫归入独立的目。

扫描二维码，观看视频：最古老的外寄生虫——巨型跳蚤

现代跳蚤的寄主 95% 是哺乳动物，特别是啮齿类，而 5% 的进化类型则寄生于鸟类体表。那么，这些中生代的巨型跳蚤生活在什么样的环境中？它们的寄

主是哺乳动物、鸟类、恐龙，还是翼龙呢？首先，在道虎沟生物群（图 12-9）所处的时代（燕辽生物群早期，1.65 亿—1.61 亿年前）还没有真正的鸟，但出现了很多带羽毛的恐龙。这些恐龙并非庞然大物，通常和现在的鸡一般大小。那时，哺乳动物已经十分繁盛，它们有的在水中游泳捕食，在岸边筑巢，属于半水生动物；有的善于攀缘，捕捉昆虫或取食裸子植物的球果；有的则在地面筑巢打洞，奔跑在原始的蕨类植物丛林中。这些早期的哺乳动物通常个体较小，多与现在的老鼠一般大小。而当时的翼龙也发育了毛发。这些都是侏罗纪巨型跳蚤的潜在寄主。而在热河生物群所处的时代（约 1.25 亿年前），鸟类早已存在，且多样性颇高。由于这些可能的寄主通常个体较小，而当时的跳蚤个体相对巨大，所以很难想象这些巨型跳蚤一直寄生在寄主的体表毛发中。它们更可能待在寄主的巢穴里，待寄主回巢后一拥而上，吸食血液。现代跳蚤依据行为可分为两大类，一类叫毛蚤，寄生在寄主的毛发中，善于跳跃；另一类叫巢蚤，生活在寄主的巢穴中，不善跳跃，类似于中生代的巨型跳蚤。当然，这些中生代跳蚤也可以短暂地附着于寄主体表，借以传播。研究发现，当时跳蚤的基本形态及胫端栉的特征已经有了明显的分化，因而推测不同类型的跳蚤具有不同的寄主，而这些巨型跳蚤最可能的寄主是哺乳动物和带羽毛的恐龙。不过这些跳蚤和它们潜在寄主之间的对应关系并不清楚，有待科学家今后解决。

图 12-9　道虎沟生物群生态复原图（黄迪颖供图）

并不恐怖的“恐怖虫”

除了跳蚤化石以外，过去在中生代还发现了一种普遍公认的外寄生虫——恐怖虫的化石。美国古昆虫学家格雷马蒂和英格尔在其重要的昆虫化石论著《昆虫的演化》中指出，在所有的化石昆虫中，最令人困惑的无疑是两类无翅昆虫：蜥虱和恐怖虫。2012 年，南京古生物所的黄迪颖等科学家在《自然》杂志上发表论文，除报道中生代的巨型跳蚤外，还确切地指出蜥虱实际上也是一种特化的跳蚤。于是，恐怖虫就成为化石昆虫中的最难解之谜。

恐怖虫最初发现于俄罗斯的晚侏罗世地层，长相十分奇特：它们只有约 1 cm 大小，长有两只大眼睛和一对短触角，前足和中足并没有什么异样，但后足发育成特异的大螯状，腹部还具有成对的侧叶，看起来十分凶狠。恐怖虫的身世一直成谜，它和现代及化石中所有已知昆虫都很不一样，无法归入现代昆虫纲中任何一目，因而有学者特地为它建立了一个新目。但所有学者均认为恐怖虫是类似虱子或跳蚤的外寄生虫，寄生于翼龙的翼膜上，或带羽毛恐龙的毛根处。黄迪颖对恐怖虫的研究持续了近十年。当他第一次看到这些发现于道虎沟的恐怖虫化石（图 12-10）时，就觉得它们虽然和以前在俄罗斯发现的标本很像，但绝非寄生

图 12-10　道虎沟恐怖虫化石（黄迪颖供图）

虫化石，更像水生昆虫化石。其中一块化石更使他深感疑惑：他发现了两只压在一起的恐怖虫，却只发现一对大螯。起初，他认为这是一块蜕壳标本。在绘制了图件并详细分析后，他发现这竟然是一块交配的标本（图 12-11），雌虫和雄虫的形态构造有很大的不同。这是首次发现恐怖虫的雌虫标本，其后足不呈大螯状，腹部缺少成对的侧叶，就像一只少了翅膀的普通蚊子（图 12-12），不具备任何外寄生虫的特征。后来，他又发现一只雄虫长有一个明显的翅膀（图 12-13，图 12-14），显然不符合寄生虫的特征。因而恐怖虫是外寄生虫的观点不能成立。

所有新发现的 13 个标本中只有 2 个雌虫标本，它们都与雄虫保存在一起，甚至保持了雄虫在上面抓握雌虫的交配姿势。这种现象极为罕见，应该暗示了一些特殊的原因。通过详细的形态解剖学研究，黄迪颖认为恐怖虫毫无疑问和现代的苍蝇、蚊子等同属双翅目，和双翅目中一个原始小类群——缨翅蚊科有较近的亲缘关系。

一些昆虫学家认为缨翅蚊是极为特殊的一类，和其他双翅目类群没有直接演化联系，甚至为这类特殊的蚊子建立了一个独立的亚目。尽管大多数昆虫学家并不支持这个观点，但也足见缨翅蚊确实很奇特。但是，从一般特征来看很难将恐

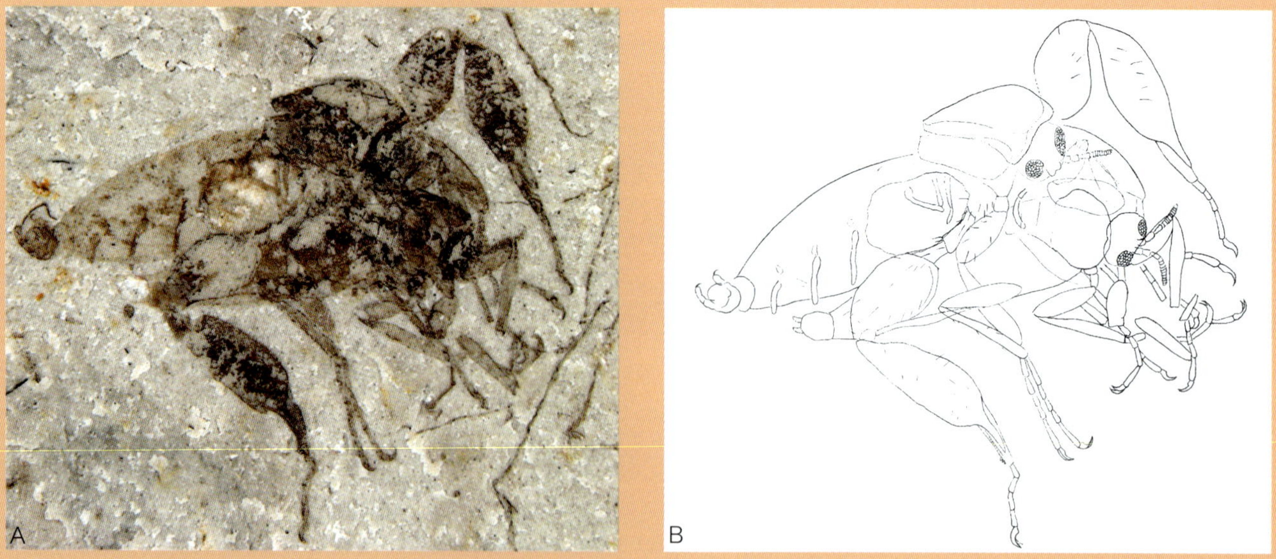

图 12-11　雌、雄恐怖虫交配化石及线条图（黄迪颖供图）
A 雌、雄恐怖虫交配化石；B 雌、雄恐怖虫交配线条图

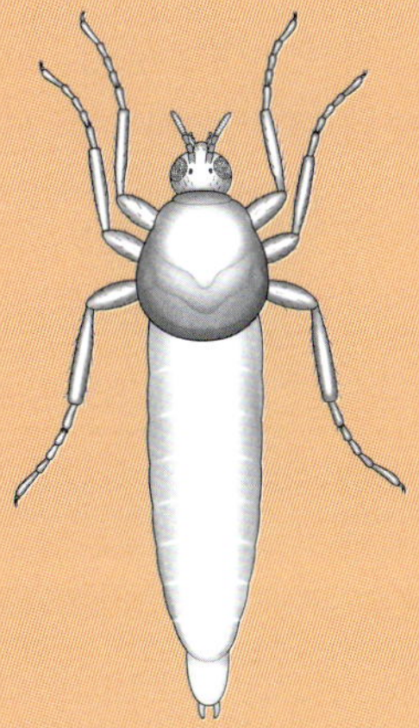

图 12-12　雄性恐怖虫复原图（黄迪颖供图）

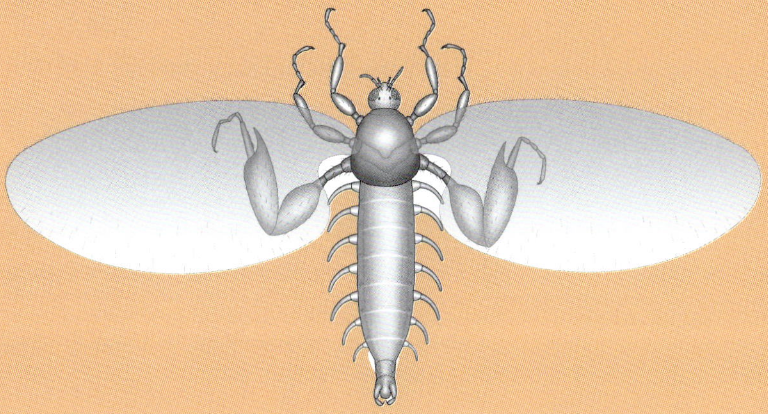

图 12-13　带翅膀的雄性恐怖虫复原图（黄迪颖供图）

图 12-14　带翅膀的恐怖虫化石（黄迪颖供图）

怖虫和缨翅蚊联系起来。现代的缨翅蚊个体微小，一般不足 3 mm，只有 7 个现生种，在中国尚未发现。它们的触角呈短棒状，鞭节很长，具亚分节；复眼在背面远离；单眼彼此分离；口器退化，不取食。这些头部特征和恐怖虫极为相似。但缨翅蚊的胸部和腹部细长，具有幼态持续特征；翅膀狭长，翅脉退化，翅缘有长毛。这些身体特征看起来又和恐怖虫相去甚远。

经过详细的研究对比，黄迪颖了解到现代有一种沃氏缨翅蚊，它的腹部具有和恐怖虫类似的侧叶，且仅见于雄虫。沃氏缨翅蚊具有独特的生活方式：它们在水中孵化，从蛹羽化为成虫后，不久便蜕掉翅膀，进入水中交配。几十年间生物学家只发现了无翅个体，它们虽然会飞，但主要生活在水中。更有趣的是，它们在水中交配，死亡后还常保持交配姿态。

至此，关于恐怖虫的谜团迎刃而解。与现代缨翅蚊一样，恐怖虫从蛹羽化为成虫后，可能经过短暂飞行后就蜕掉翅膀，进入水中交配，因而带翅膀的恐怖虫非常罕见（图 12-15）。目前虽然发现了更多标本，包括一些新的带翅膀的恐怖虫，但所占比例很低，且它们都保存一个翅膀，这和其他双翅目昆虫不一样。恐怖虫的翅膀极易脱落，或者科学家发现的这些化石正处于它们蜕掉翅膀进入水中的那一刻。曾有学者推测恐怖虫的口器呈刺吸式，但实际上它们的口器退化，因而可能成虫并不取食，仅有短暂的生活周期。它们交配产卵后死亡，但仍能保持交配姿势。雄虫的螯状后足并不是用来夹持翼龙的表皮或恐龙的毛根，也不是捕食工具，而可能用于雄虫间的争斗和恐吓，以夺取交配权，并有抓握雌虫进行交配的功能。目前看来恐怖虫的雌性数量远少于雄性，雄虫之间争夺交配权的斗争想必十分激烈。因此，恐怖虫其貌不扬，但“名不副实”，并不恐怖。

生物学家对沃氏缨翅蚊腹部成对侧叶的功能并不了解。黄迪颖认为和现代缨翅蚊一样，恐怖虫也具有明显的幼态持续现象，腹部的侧叶实际就是退化的鳃。这样的构造在昆虫成虫中极少发现，但常见于水生昆虫幼虫。这展现了已知昆虫化石中独一无二的幼态持续现象。

扫描二维码，观看视频：并不恐怖的恐怖虫

图 12-15　恐怖虫生态复原图（黄迪颖供图）

昆虫演化出高超的生存本领

Amazing survival skills of insects

在生命演化的滚滚长河中，所有生物都在为了物种的延续而使出浑身解数。在自然界中，生物想要更好地生存，高度发达的自我保护能力至关重要。它们在躲避强敌或者捕食猎物时，为了隐蔽自己往往各显神通，有的模仿周围环境，有的善于用不同的碎屑来伪装自己，演化出了适合自己的生存方式与本领。

在诸多防御机制中，拟态和伪装行为极为常见。在生物学上，拟态指一种生物模拟另一种生物或模拟环境中的其他物体从而获得好处的现象（图 12-16）。其中，昆虫对植物的拟态广泛存在于自然界中。凭借这种能力，昆虫可以藏匿在植物中，避免被捕食者发现，同时也让猎物很难察觉自己，起到一举两得的作用。侏罗纪的一些蛉类昆虫翅膀发育出如裸子植物叶片般的条纹，而翅脉也特化成叶脉状，隐蔽自身以躲避天敌，是早期拟态的例证。

图 12-16　拟态树枝的竹节虫（李宇飞摄）

拟态

常见的拟态有瓦氏拟态、贝氏拟态、波氏拟态和缪氏拟态。广义的瓦氏拟态指的是动物模拟生存环境的现象（如枯叶蝶和竹节虫等）；狭义的瓦氏拟态特指寄生性生物对寄主的模拟（如蚁甲科、杜鹃等）。贝氏拟态则指的是一个无毒可食的物种在形态、色型和行为上模拟一个有毒不可食的物种，从而获得安全上的好处。波氏拟态是有毒有攻击性的昆虫模拟无害化生物的拟态（如兰花螳螂），就像人们常说的“披着羊皮的狼”。缪氏拟态是两种有毒有攻击性的昆虫互相模仿，可以理解为强者之间的互相模仿。

扫描二维码，观看视频：昆虫的伪装术

覆物伪装是另一种比较常见的防御机制，指的是生物主动利用环境中的各种材料遮盖体躯，包括沙粒、土壤尘粒、各类植物碎屑等，以达到伪装的效果。这和狙击手经常将杂草编织在身上是同一个原理。覆物行为是昆虫伪装术中最奇特、最复杂的一类，需要昆虫同时具有辨别、采集、携带材料的能力以及相关的形态学适应。例如，蚁蛉幼虫就会这种神奇的伪装术，它们背上有一层特别的软毛，能分泌黏液方便“穿戴”伪装物——细沙、石子等。

从生命诞生之初的原始和单调，再到当今生物界的纷繁复杂，在漫长的地质历史中，如此高级并且发达的伪装术是如何演化而来的？这一谜题困惑了一代又一代的科学家。古生物学家研究的昆虫化石中，多半只保存了翅。但琥珀中能保存完整的昆虫。琥珀就像是一粒粒时空胶囊，穿梭时空将地质时期的生物呈现在世人眼前，为人们了解史前生物的拟态和伪装行为以及它们的演化历史提供了一扇全新的窗口。

让我们穿越时光，来到一亿年前缅甸地区的热带雨林中。一只草蛉（脉翅目草蛉总科的昆虫，其幼虫以蚜虫为食，俗称蚜狮）幼虫正慢悠悠地爬行在布满苔藓的土地上，突然，一滴“松脂”滴落到它的身上。就这样，它的身影被立体地保存在其中，经过埋藏、沉积以及石化作用，变成了一枚琥珀。一亿年后，这枚琥珀被幸运地发现，它“苔藓一样”的奇特样貌很快就吸引了科学家的目光。这类拟苔草蛉与几种叶苔或石松类植物的形态有极大的相似性，包括大小、“叶”的形状和排列、“叶”的褶皱和纹路（图 12-17）。研究推断这类“模仿大师”很可能拟态叶苔或石松类植物，利用这种伪装躲避捕食者，同时也迷惑猎物，提高捕食成功率。在拟苔草蛉的生态复原图（图 12-18）中，你能找出哪些是植物，哪些是草蛉幼虫吗?

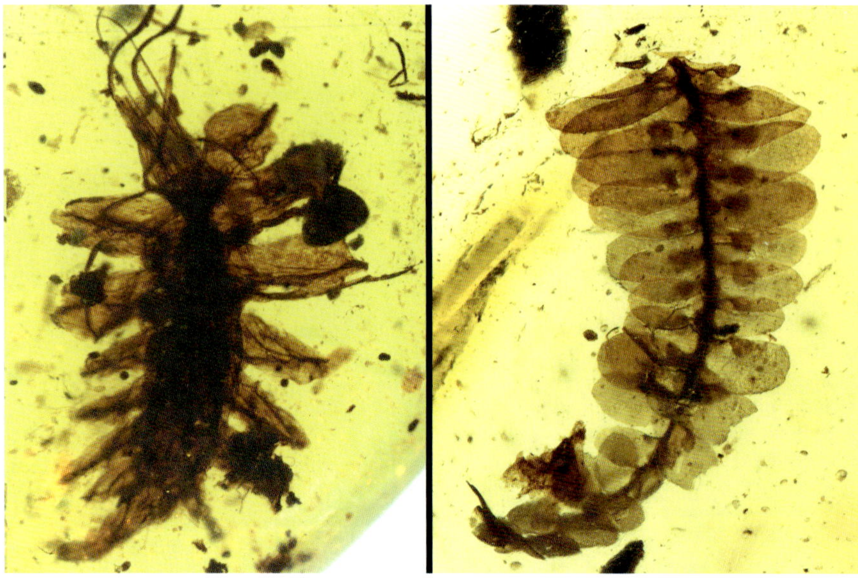

图 12-17　缅甸琥珀中的草蛉幼虫（左）与苔藓（右）（王博供图）

图 12-18　拟苔草蛉的生态复原图（杨定华绘）

此外，科学家还在一亿年前的缅甸琥珀、法国琥珀和黎巴嫩琥珀中发现了一系列昆虫伪装行为的化石记录。这些昆虫往往就地取材，有的背着一些小沙粒，有的背着一些土壤尘粒，还有的背着一些植物碎屑（图 12-19）。这些伪装物不仅巧妙地减弱了虫体与背景的差异（视觉伪装），可能也掩盖了虫体的气味，提供了化学伪装。这些昆虫既是捕食者，又是被捕食者，也就是说这种伪装不仅迷惑了敌人，也可以欺骗一些猎物。

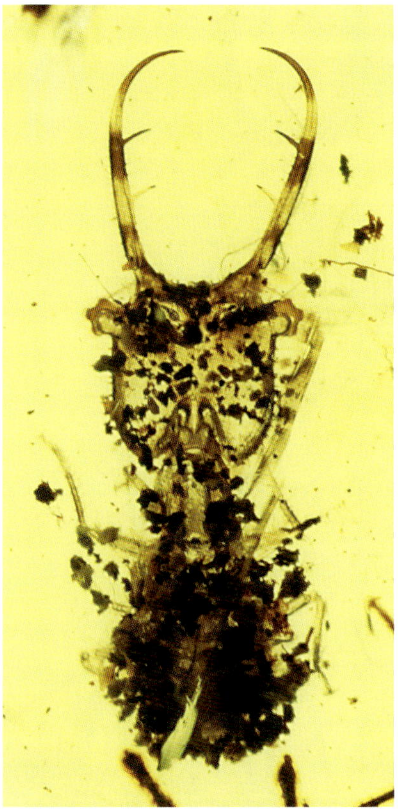

图 12-19　缅甸琥珀中蚁蛉总科的覆物伪装（左）和蚁蛉总科的复原图（右）（王博供图）

除了隐蔽自己外，还有的昆虫为了强化自己的生存本领，从“单打独斗”转向“集体的分工协作”，如常见的蚂蚁。蚂蚁与其关系密切的姐妹群——蜜蜂，都是非常成功的社会性昆虫，它们会组成大家庭，分工协作，共同抚育后代。科学家猜测，在约 1.4 亿年前的白垩纪早期，蚂蚁和蜂类就已经走上了各自不同的演化道路。

白垩纪的蚂蚁大都属于比较原始的类群，社会性较为低级，可能没有复杂的分工体系。白垩纪的蚂蚁家族中，有一类非常特殊的成员——黑帝斯蚁（图 12-20）。大多数的黑帝斯蚁拥有特殊的头部构造，如由唇基延伸出来的“独角”。拥有独角的蚂蚁也被称为“独角蚁”（图 12-21）。在通常情况下，它们还会拥有一对特殊的大颚，刚好可以配合独角闭合收拢，用以进行特殊的猎食行为。在

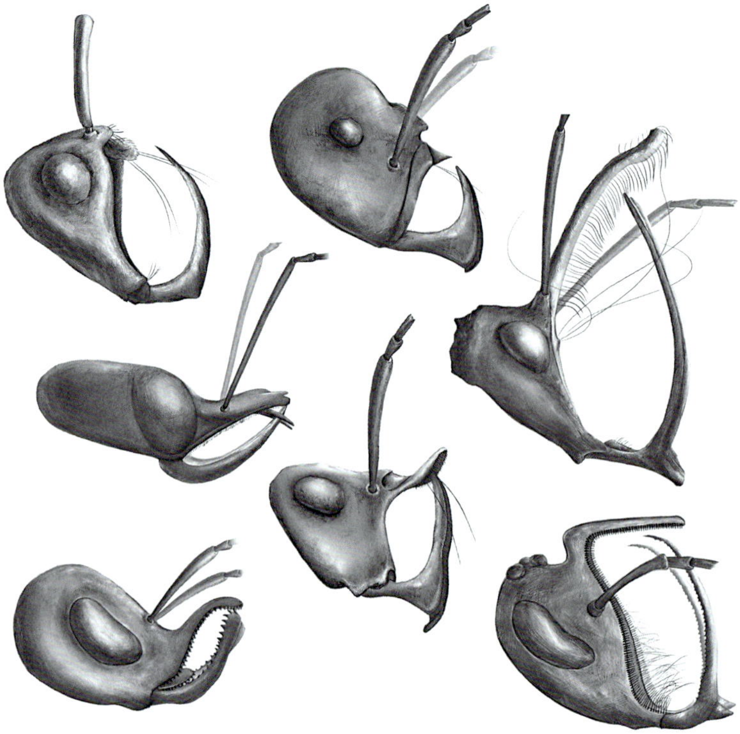

图 12-20　黑帝斯蚁（包括独角蚁）的头部素描图（王博供图）

扫描二维码，观看视频：琥珀里的蚂蚁

图 12-21　独角蚁复原图（王博供图）

与猎物漫长的“斗智斗勇”过程中，它们的唇基逐渐加厚变得坚硬，并且长出了许多锋利的棘刺，用以配合大颚更加牢固地控制猎物。缅甸琥珀中有一种名为“刀颚蚁”的特殊的独角蚁类群，它们的大颚基部都具有一对齿状凸起，看起来非常凶猛（图 12-22）。

图 12-22　琥珀中的刀颚蚁（王博供图）

独角蚁是怎么捕食的呢？琥珀中的一个标本恰好定格了一亿年前独角蚁捕食奇翅目（已灭绝）幼虫的特殊画面（图 12-23），让我们有机会认识到这类身材渺小的“杀戮机器”，并推断出它们独特的捕食方式。独角蚁通常会先用视觉锁定猎物，悄然接近；在准备捕猎时，会尽可能张开大颚，然后猛然扑向猎物，将大颚如同叉车一般伸入猎物头腹交界处（这是独角蚁理想的捕猎位置）；唇基上的刚毛（一种特殊的感受器）触碰到猎物身躯后，迅速让脑发出指令，使大颚收拢夹紧，牢牢控制住猎物；最后通过口器吮吸猎物体内营养丰富的体液。

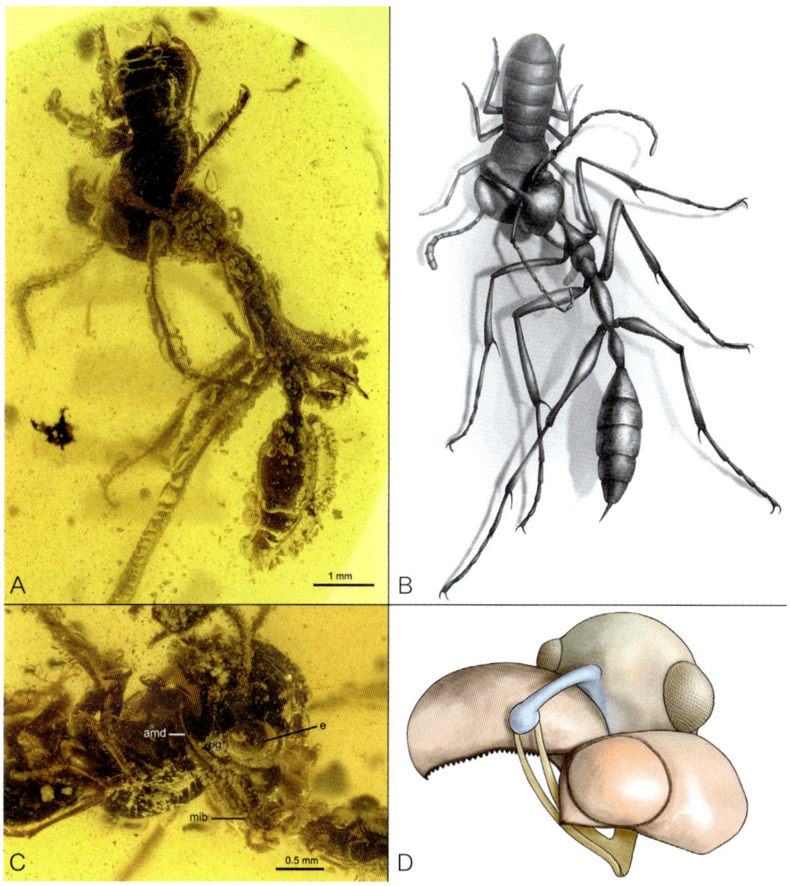

图 12-23　独角蚁捕食及复原图（王博供图）

A. 独角蚁捕食奇翅目幼虫的照片；B. 独角蚁捕食奇翅目幼虫的素描图；C. 正在捕食的独角蚁头部的照片；D. 正在捕食的独角蚁头部的复原图

飞向蓝天的恐龙——对鸟类祖先的探寻

The flying dinosaurs: seeking the ancestors of birds

当人类看到鸟儿在天空中飞翔时，天空就承载着人类关于飞行的梦想。在天空中肆意翱翔的鸟儿是大自然的精灵。作为脊椎动物，鸟从何而来，在何时披上彩羽外衣，又在何时第一次在天空中翱翔？要回答这些问题，就要从一块著名的化石说起。

1861 年，人们在现今德国巴伐利亚州的索伦霍芬地区的一个采石场，发现了一块奇特的动物化石。这种动物既像爬行动物，又长有鸟类的羽毛。这块化石里的动物被称为“始祖鸟”，拉丁文意为“远古的羽毛”。我们知道，达尔文演化论最关键的证据，就是物种演化过程中“缺失的环节”，即一个物种如何转变为另外一个物种的过渡化石。始祖鸟化石就属于过渡化石（图 12-24）。

始祖鸟生活于 1.5 亿年前的侏罗纪晚期，生存地域主要是现今德国的南部和葡萄牙，其中德国巴伐利亚州的索伦霍芬地区是最早也是最著名的产地。目前总共发现了 12 件始祖鸟骨骼和 1 件羽毛标本，其中羽毛标本是最早发现的材料（图 12-25），它也是始祖鸟拉丁文的源头。

图 12-24　始祖鸟化石（贺一鸣供图）

图 12-25　始祖鸟羽毛标本（贺一鸣供图）

始祖鸟的体型很小，最大个体全长大约 0.5 m。它全身披有羽毛，羽毛的外形与现生鸟类非常相似，而且是不对称的飞羽（对称的羽毛不能参与飞行）。除此之外，它的骨骼特征更像恐龙。达尔文的朋友赫胥黎将始祖鸟与美颌龙进行了比较。美颌龙是一种生存在侏罗纪晚期的小型兽脚类恐龙，它于 1859 年，也就是始祖鸟化石发现 2 年前，发现于德国索伦霍芬地区，与始祖鸟时代和产地相同。美颌龙最大个体的全长约 1.4 m。自美颌龙发现后近一个世纪的时间里，它都是人类发现的唯一的小型兽脚类恐龙。

赫胥黎在著作中写道：始祖鸟是一种“像鸟一样的爬行动物”，它是“介于鸟和爬行动物之间的中间形态”。他根据美颌龙与始祖鸟外观的相似性，提出了一个大胆的假设——鸟类是恐龙的后裔。虽然后续的研究证实，德国的美颌龙标本其实是一个幼年个体，而且美颌龙与始祖鸟的关系相当远，但是一个半世纪之前的这一猜想为揭开鸟类起源之谜指引了新的方向。但是在当时，鸟类恐龙起源说并不是主流观点。

扫描二维码，观看视频：鸟类是恐龙的后裔

恐龙的“文艺复兴”

1969 年，美国著名古生物学家奥斯特罗姆（图 12-26）重新提出了鸟类恐龙起源说，他的论据是当时刚发现不久的恐爪龙化石，其论文被认为是 20 世纪中期恐龙研究中最重要的成果。论文里有一张由著名古生物学家巴克绘制的极其经典的恐爪龙复原图（图 12-27），它推翻了 20 世纪前中期人们对恐龙缓慢迟钝的冷血爬行动物旧有印象，复原出了一种灵活、温血动物的崭新形象。后续的更多研究也揭示出，恐龙（尤其是兽脚类恐龙中的手盗龙类）具有与鸟类相似的解剖学特征。手盗龙很可能身披毛发，甚至具有鸟类一般的羽毛的观点，在这一时期开始出现。奥斯特罗姆及其他一批科学家的研究，复活了鸟类恐龙起源说，这一系列事件被称为恐龙的“文艺复兴”。在这场恐龙的“文艺复兴”中，恐龙的复原图发生了巨大变化，如早先画的恐龙的尾巴往往沉重地拖在地上（图 12-28），如同现代的袋鼠，但之后恐龙（尤其是兽脚类恐龙）的尾巴抬了起来，用来在高速运动中保持平衡。

图 12-26　奥斯特罗姆与恐爪龙模型（贺一鸣供图）

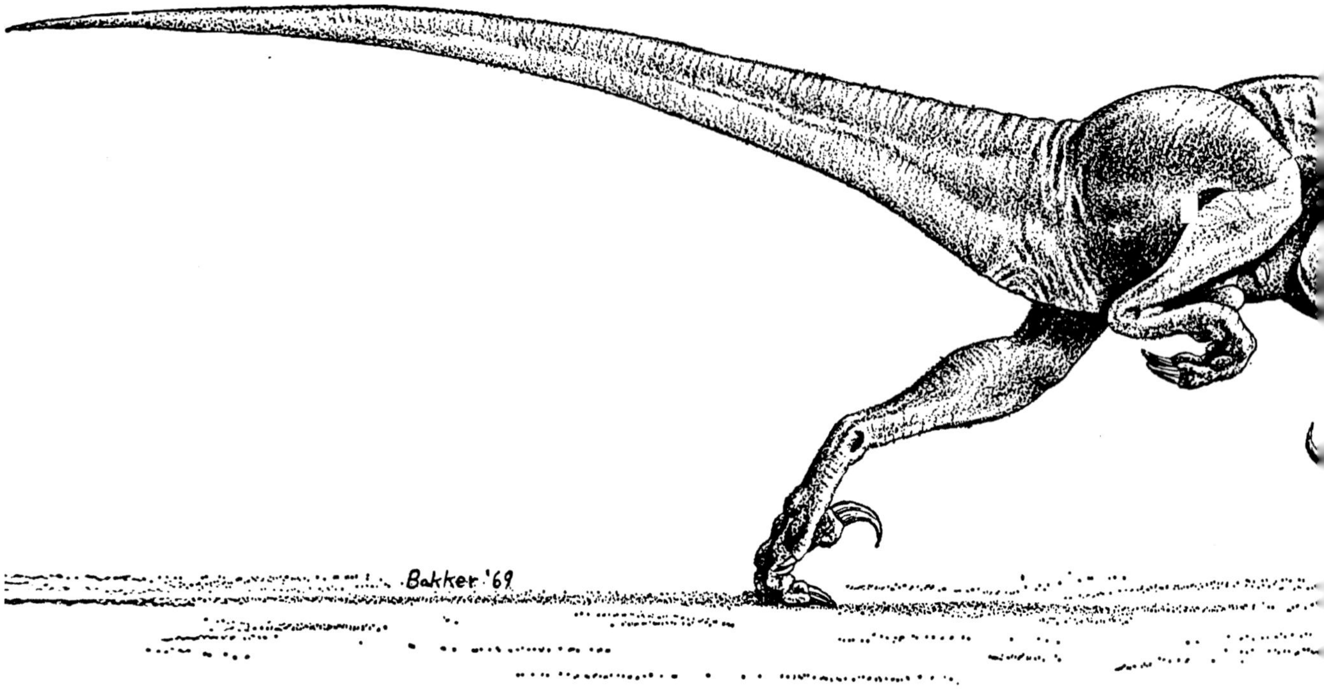

图 12-27　恐爪龙复原图（1969 年巴克绘制）

1993 年上映的科幻电影——《侏罗纪公园》，开启了一个新的恐龙热潮，并推广了恐龙“文艺复兴”中的理论。电影里的恐龙，尤其是反派主角伶盗龙（其形象主要参考了恐爪龙），是聪明、灵活的温血动物（会在玻璃上呼出热气）。主人公格伦博士在电影里也数次提到伶盗龙与鸟类的亲缘关系。但在当时，这一切都只是基于解剖学和支序系统学上的对比推测，还缺乏决定性的化石证据。奥斯特罗姆表示，他一直在寻找一个符合他理论的化石，即一个身披羽毛的小型兽脚类恐龙。幸运的是，他终于等到了这一天。

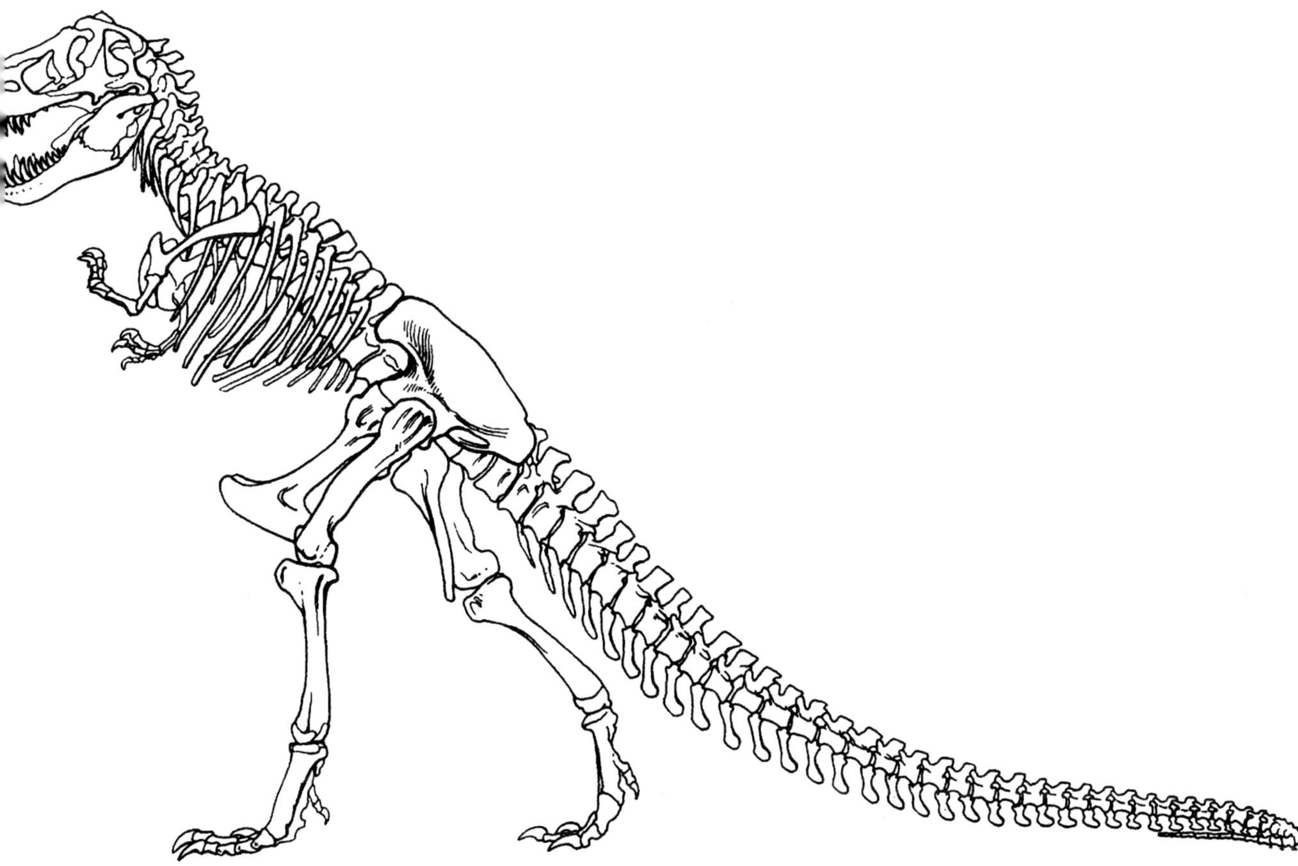

图 12–28　暴龙旧复原图

1996 年，在我国辽宁西部地区，出土了一块当时从未见过的神奇化石，很快就轰动了世界（图 12-29 A）。中外科学家共同进行了细致研究，并在《自然》杂志上发表了研究结论，即这块化石中的“原始中华龙鸟”属于一种小型兽脚类恐龙，准确地说属于我们之前提到的美颌龙所属的美颌龙科。科学家的研究进一步确认它拥有最原始的羽毛。这是人类发现的第一块带有毛发的恐龙化石，具有极其重要的历史意义，可以说，它的发现揭开了恐龙研究的新篇章。

原始中华龙鸟也是第一种能确定体表颜色的恐龙。科学家采用电子显微镜，在其化石中发现了保存的黑素体，它们的微小结构与鸟类羽毛颜色有关，据此，科学家最终复原出了原始中华龙鸟尾巴上具有棕色和白色相间的条带（图 12-29 B）。

图 12-29　原始中华龙鸟
A. 原始中华龙鸟化石（南京古生物所供图）；B. 原始中华龙鸟模型（贺一鸣摄于南京古生物博物馆）

20 世纪 90 年代以来，在我国辽西及邻区的侏罗纪和白垩纪地层中发现了大批恐龙和早期鸟类化石。据统计，1996—2020 年，全世界发现的有明确证据证明具有毛发或羽毛的非鸟恐龙 57 种，绝大多数产自我国辽西地区。这些标本在辽西地区能够完美保存，是因为它们是在火山喷发中被火山灰快速掩埋而形成的。

扫描二维码，观看视频：羽毛的演化

这些长有毛发、羽毛的非鸟恐龙，展示了羽毛从简单到复杂的演化过程，可以推测出，早在真正的鸟类起源之前，毛发就已经出现在各种恐龙身上了。在恐龙演化过程中，不同羽毛起着不同作用，原始中华龙鸟的羽毛可能起保温或展示的作用，而小盗龙（图 12-30）的羽毛是用来辅助飞行的。小盗龙等带羽毛的恐龙和会鸟等古鸟类，除前肢外，后肢也长有粗大的飞羽，排列方式类似翅膀上的飞羽，说明恐龙在向鸟类演化过程中，可能存在一个“四翼”阶段。

图 12-30　小盗龙模型（贺一鸣摄于南京古生物博物馆）

由恐龙到鸟类的骨骼演化

4

Skeleton features linking birds and dinosaurs

在三叠纪晚期，以腔骨龙为代表的原始兽脚类恐龙还保留一些原始特征，如前爪有五个指（两个指已高度退化，图 12-31），但它们的骨骼跟鸟类一样已经中空，骨壁纤细，脖子开始呈 S 形，背部呈水平，后脚用中间三个趾头行走。到了侏罗纪，一些兽脚类恐龙像早期鸟类一样只有三个手指，骨骼内有气囊结构，骨骼总体特征已经非常接近鸟类。而到了白垩纪出现的手盗龙类，其中很多成员已经与早期鸟类（图 12-32）相差无几。

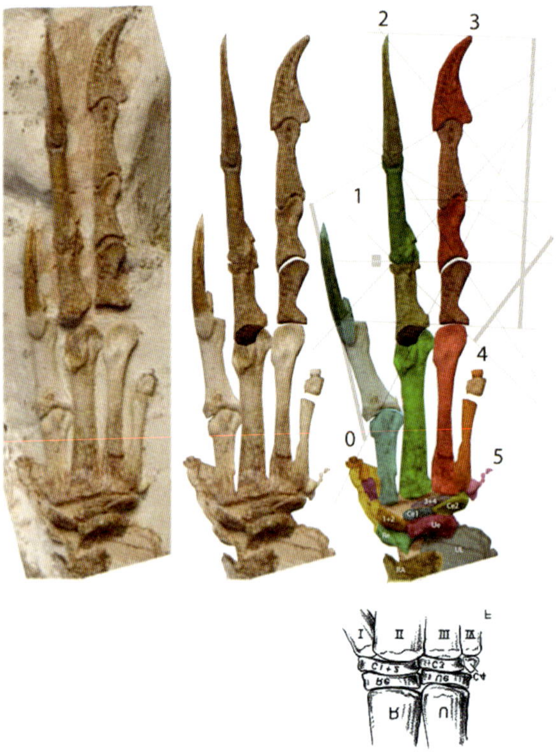

图 12-31　腔骨龙的前爪（贺一鸣供图）

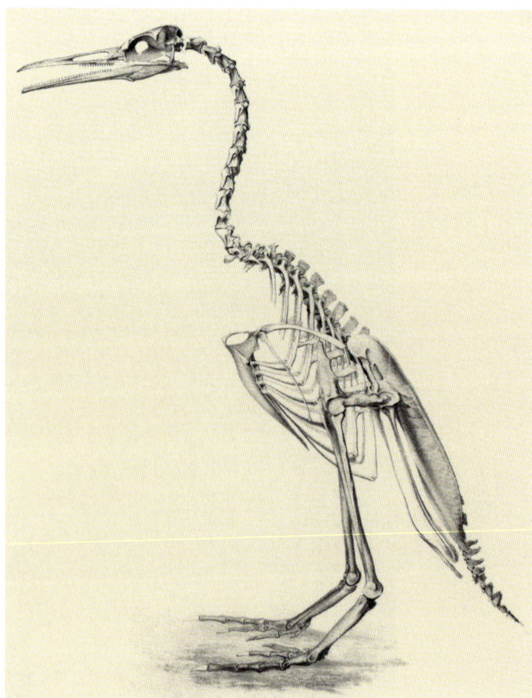

图 12-32　黄昏鸟（晚白垩世）骨骼

始祖鸟的骨骼特征更像恐龙，如它嘴里长有牙齿，前肢具有三个指爪，有一条很长的骨质尾巴，脚掌第二趾发达。在之前提到的恐龙“文艺复兴”时期，奥斯特罗姆比较了恐爪龙（图 12-33）与始祖鸟的前爪骨骼，发现两者几乎一模一样，据此重新提出了鸟类恐龙起源说。

图 12-33　恐爪龙化石（贺一鸣供图）

恐龙骨骼的微观结构显示了恐龙与鸟类的相似性。通过观察不同种类恐龙的骨骼切片，人们发现恐龙总体上更接近鸟类，生长速度明显快于大多数爬行动物。这种快速生长模式常见于恒温动物，这表明恐龙具有和现代恒温动物相似的生理特征。例如，在辽西地区发现的寐龙化石（图 12-34），保存了寐龙类似鸟类睡眠的姿势，睡眠时将嘴部藏于翅膀下面以保温。

扫描二维码，观看视频：骨骼的演化

图 12-34　寐龙化石（贺一鸣供图）

在这里要特别介绍一下，我国热河生物群中保存数量最为庞大，也是热河生物群最有代表性的古鸟类——孔子鸟（图 12-35）。孔子鸟全名叫圣贤孔子鸟，其化石发现于1.25 亿—1.2 亿年前的早白垩世。它的大小与现代的乌鸦近似。孔子鸟前肢还保留着爪子，用于支持飞行的胸骨也比较小，但孔子鸟有很多演化上先进的特点，如它与现代的鸟类一样喙（也就是嘴）里没有牙齿，它是已知最古老的具有无牙喙的鸟类，而在同时期，甚至更晚期的其他古鸟类嘴里还长满了牙齿（图 12-36）。孔子鸟的尾巴已经退化，而同时期其他古鸟类还保留着长

图 12-35　圣贤孔子鸟
A. 圣贤孔子鸟化石（南京古生物所供图）；B. 圣贤孔子鸟模型（贺一鸣摄于南京古生物博物馆）

图 12-36　长翼鸟头骨化石（贺一鸣供图）

长的尾椎（图 12-37）。现代的鸟类只有一块尾综骨而没有尾椎，我们常看见的鸟类身后拖着的长长的“尾巴”其实只是尾羽。孔子鸟也具有类似的构造，科学家推测那些有着长尾羽的个体可能是雄性，反之为雌性。主要的依据是在现生鸟类中，雄性往往外观比雌性更显眼艳丽。总而言之，孔子鸟与现生鸟类有更近的亲缘关系。孔子鸟因为有着极为丰富的化石保有量，为我们研究中生代鸟类的演化、个体发育成长、食性及各种行为提供了珍贵的材料。

图 12-37　原始热河鸟化石（原始热河鸟有长长的尾椎，贺一鸣供图）

鸟类飞行起源探秘 5

The origin of avian flight

由恐龙进化而来的鸟类可以飞向蓝天的原因是身体长有羽毛吗？飞行起源是一个非常复杂的生物动力学问题。关于鸟类飞行的起源，目前有两个经典假说：地栖说和树栖说。地栖说认为鸟类飞行起源于小型且快速的掠食者在地面的助跑，树栖说认为鸟类飞行起源于树林间的无动力滑翔。

虽然羽毛对飞行非常重要，但越来越多的证据证明羽毛最初并不是为飞行服务的，适用于飞行只是演化中的一个意外产物。有观点认为，前肢长着漂亮的羽毛，最先只是作为炫耀展示用途，只有部分体型较小而前肢长的恐龙（如近鸟龙）发现这种结构可以带来“飞行”这么一个意外效果。一开始所谓“飞行”，应该是滑翔，如像四翼恐龙小盗龙，在树林间从一棵树滑翔到另一棵树。科学家也构建了模型并进行了严格而复杂的空气动力学测试。另外一些奇异的恐龙，如奇翼龙、振元龙，走了另外一条演化路线，前肢产生了类似蝙蝠一样的皮膜。这也证明当时不同种类恐龙演化出不同飞行模式并进行各自独立的探索。

但有一支恐龙采用了鼓翼飞行，也叫“动力飞行”，也就是通过拍打翅膀获得升力和推力。最初的飞行尝试很可能是笨拙的，但这为后续的演化提供了一个宝贵的起点。自然选择开始发挥作用，让其中一支恐龙逐渐演化，它们的身体条件越来越适应飞行，如体型变小，胸肌更加发达，上臂伸长，尾巴退化，甚至抛弃嘴里的牙齿，呼吸效率更高，生长速度更快，最终成为真正的鸟类。这一演化过程漫长而复杂，对恐龙系统发育（你也可以认为是恐龙的演化家谱）的研究发现，在这一时期，恐龙和鸟类的关系是你中有我，我中有你。而在某一时刻，这一演化事件达到了一个顶点，真正意义上的现代鸟类诞生了。

扫描二维码，观看视频：飞行的起源

结　语　　6

Conclusion

伴随着首批昆虫展翅飞离地面，辽阔的天空也开始成为生命演化的空间。昆虫通常体型较小，生命短暂，但它们的生命力很顽强。经过了漫长的地球演变后，它们仍然繁衍生息，并成为地球上数量最多的一类动物。它们的足迹几乎遍布世界的每一个角落，它们与植物相互依赖、共同进化。在恐龙生活的年代，天空的霸主是翼龙。当恐龙退出历史舞台后，早先由一支兽脚类带羽毛的恐龙演化而来的鸟类成了天空新的霸主。这可以称得上是生命演化史上一个翻天覆地的事件，脊椎动物自翼龙之后，又有一个类群解锁了一项新技能，而且它们的身体结构、飞行能力和对环境的适应比翼龙更加优秀。如今，现生的鸟类的种类约 1 万种，构成了我们现代生态系统不可或缺的一部分，同时还是我们的食物和宠物。除了昆虫和鸟类以外，还有少数生物（如哺乳动物中的蝙蝠）也征服了天空，它们都自由地飞翔在我们头顶的蓝天之中。

From the sea and back to the sea

从海里来，又回到海里去

/ 季承

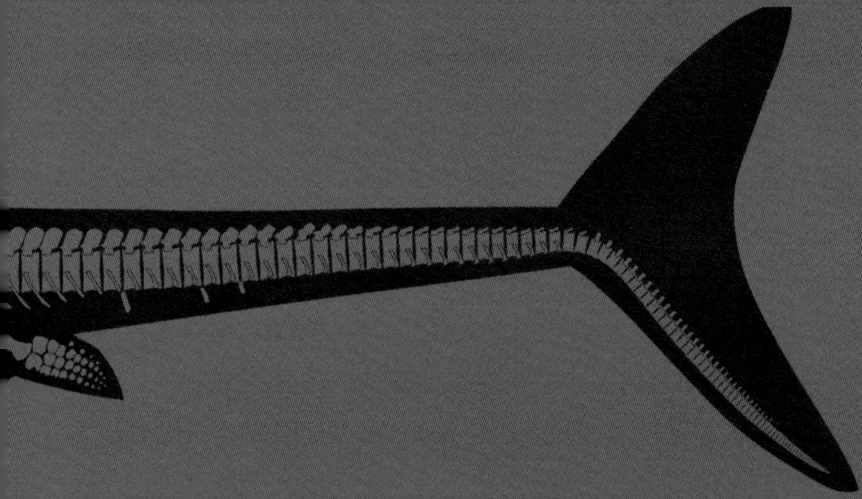

目前人们普遍认为生命最初诞生于海洋，登陆是地球生命演化历史上重要的壮举之一。有些鱼类登上了陆地，它们的后代逐渐适应了陆生生活，演化为爬行动物，走向离岸更远的陆地深处。到了二叠纪（约 2.6 亿年前），陆地上已经热闹非凡，遍布大大小小的爬行动物。然而约 2.5 亿年前，地球经历了规模最大的一次生物灭绝事件。在这次浩劫中，海洋中 90% 以上的物种灭绝了，原本热闹的海洋变得沉寂。随后，地球进入温室期，海洋表层水温甚至一度超过 40 ℃。在这样的环境中，由于多种原因，一些在陆地上生活的爬行动物又重新回到了古老祖先的“故乡”——海洋。这种从陆生生活又重回到水中，并逐步适应水中生活的演化过程，被科学家称为“二次水生”。鱼龙曾经是陆地上的爬行动物，却选择了重新回到古老祖先的故乡——“海洋”。它们是如何适应海洋生活的？它们的命运又如何？

远古海洋的霸主—— 一种长得像鱼的爬行动物　1

Ancient ocean overlord: a reptile that looks like a fish

二次水生的现象在很多脊椎动物中发生过，如我们熟悉的鲸，就是在陆地上生活的哺乳动物又重新回到海洋的杰出代表（图 13-1）。鲸虽然长得像鱼，但它们其实是不折不扣的哺乳动物，仍然具有哺乳动物的很多特征，如胎生。但它们已经不能在陆地上活动了。也有一些动物虽然重返海洋，但仍然能在陆地上活动，如重返海洋的鸟类代表——企鹅（图 13-2）。它们大部分时间在水里取食，但仍要在陆地上活动和繁殖。

在恐龙称霸陆地的时代，海洋中的霸主是爬行动物中重回海洋的佼佼者——鱼龙。虽然它的名字里有一个“鱼”字，看上去也像大鱼，但它们是爬行动物。

早在 18 世纪初期，就有人发现了一些零散的鱼龙骨骼，包括脊椎骨、前后肢的骨头等。当时人们误把这些骨骼当成鱼类的、鳄鱼的甚至是人类的骨骼进行了记录。直至 1811 年，在英国南部英吉利海峡的侏罗纪海岸的一处岩石中，一位名叫玛丽 · 安宁的姑娘发现了第一块完整的鱼龙头骨化石（图 13-3）。这个海岸在 1.8 亿年前是侏罗纪时期的海洋，因此在岩石中保存了很多当时海洋中的动物化石。后来经过了亿万年的地壳运动和风雨洗礼，它们重新“浮出水面”。

玛丽 · 安宁就生活在这里，她发现鱼龙头骨化石时只有 11 岁。在这个时期的欧洲，收集化石就像现在集邮票一样，是一项比较流行的活动，后来逐渐演变为地质学

扫描二维码，观看视频：鱼龙是怎样发现的？

图 13-1　鲸

图 13-2　企鹅

图 13-3　最初发现的鱼龙头骨化石标本模型（季承供图）

和古生物学的科学研究。作为这里有名的“化石猎人”之一，玛丽·安宁自小开始寻找化石，并且把找到的化石卖掉来贴补家用。人们把她的故事编成了一句英国很有名的绕口令：She sells sea shells by the sea shore（她在海岸边卖贝壳）。在现在的伦敦自然历史博物馆里，还存放着玛丽·安宁当时的手稿。

玛丽·安宁发现的鱼龙被科学家命名为“泰曼鱼龙”，是侏罗纪时期海洋中一种大型的鱼龙，成年个体全长可以在 4 m 以上。科学家绘制了它的复原图（图 13-4 A）。这时的鱼龙已经是海洋中不折不扣的霸主了，具有典型的类似金枪鱼的外形，例如，它的前后肢都是鳍状，五指不再分开；身体更偏流线型；具有肉质的、没有骨骼支撑的背鳍和尾鳍上半部分；尾椎骨下弯，支撑起尾鳍的下半部分等。为什么要与金枪鱼进行比较？因为现在生活在地球上的金枪鱼与鱼龙相似，都是具有快速游泳能力的大型捕食者，将今论古，鱼龙在当时海洋中游弋的英姿很可能就和当今海洋中的金枪鱼类似。鱼龙虽然与现在生活在海洋中的鲸外形相似，但在结构上还是有很大的差异（图 13-4 A 和图 13-4 B）。例如，鱼龙在演化过程中后肢虽然逐步变小，但并未完全消失；而鲸的后肢已经完全退化了。鱼龙的尾鳍是竖直的，游泳时尾巴左右摆动，并且尾椎骨向下弯曲深入尾鳍的下半部分；而鲸的尾鳍是水平的，游泳时上下摆动，尾椎骨不进入尾鳍。如果将鱼龙、鲸与金枪鱼相比（图 13-4 A、图 13-4 B 和图 13-4 C），差异就更明显了，例如，鱼龙和鲸的祖先都曾经在陆地上生活，它们的胸鳍都是由在陆地上行走的前肢逐步特化来的，因此仍然可以很明显看出这是前肢；而金枪鱼的胸鳍是由我们常见的支鳍骨支撑的。它们的背鳍和尾鳍等结构更是完全不同了。

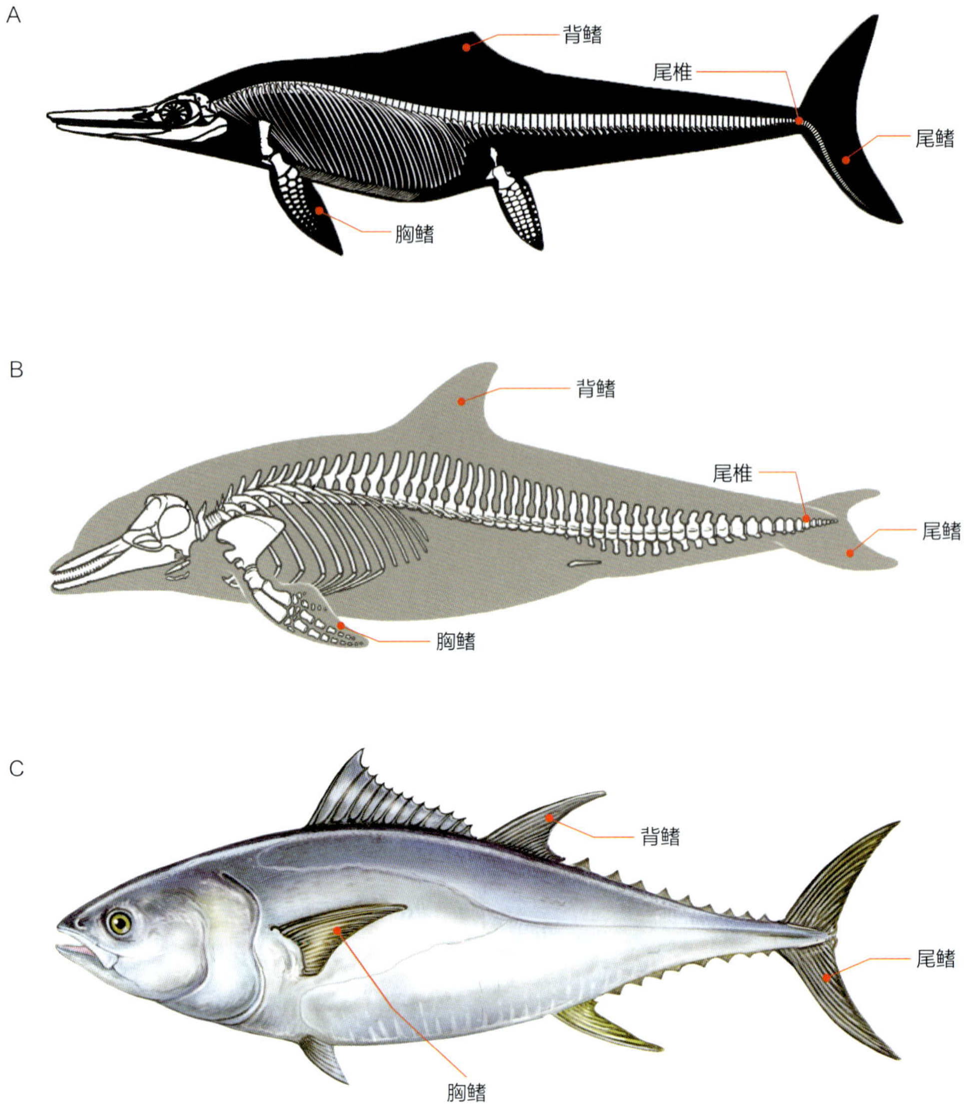

图 13-4　鱼龙、鲸和金枪鱼对比图

A. 泰曼鱼龙的骨骼图（藻谷亮介供图）；B. 鲸的骨骼图（陈炳耀供图）；C. 金枪鱼形态图

扫描二维码，观看视频：鱼龙和现在海洋中的哪些生物相似?

趋同演化

鱼龙是爬行动物，鲸是哺乳动物，它们是由在陆地上生活的不同祖先独立演化而来的。由于它们在演化中适应了相同的海洋环境，因而演化出了与海洋中的金枪鱼等鱼类相似的外形，发挥着相似的功能，从而高度适应了海洋生活，这种现象称为“趋同演化”。鸟类和蝙蝠都能飞翔，但鸟类的翅膀表面有羽毛，而蝙蝠的翼表面是皮肤的衍生物形成的皮膜，它们是完全不同的结构，因此这也是一种典型的趋同演化现象。

趋同演化指的是生物为适应环境条件而发生了形态特化，其目的是在生态和资源的竞争中获得胜利，不被淘汰。

与鱼龙相比，鲸生活的时代离我们要近一些，化石记录更加完整。有些种类的鲸现在还生活在地球上。科学家通过分析不同鲸的 DNA、研究古鲸的化石等方法复原出了鲸的演化历史。简单来说，鲸的演化历程是：由主要在陆地上生活的巴基鲸，经过可以水陆两栖的走鲸，到基本在水中生活但仍有发达四肢的罗德侯鲸，再到完全在水中生活、后肢退化的龙王鲸，最后到现在海洋中常见的齿鲸和须鲸，其间共经历了约 5000 万年的历史（图 13-5）。

图 13-5　鲸的演化简图（陈炳耀供图）

鲸的演化历史我们已经知道了，鱼龙的演化历史是怎样的呢？鱼龙的祖先又长什么样子呢？

探寻鱼龙的“祖先” 2

Exploring the "ancestors" of ichthyosaur

虽然鱼龙曾经是远古海洋的霸主，但它们仍然没能逃脱灭绝的命运。在白垩纪末期（约 9000 万年前），鱼龙就已经灭绝了，比恐龙灭绝的时间还早近 3000 万年。由于当今地球上已经没有它们的后代，我们无法通过提取其后代 DNA 等方法来追踪它们的演化过程，只能通过研究不断发现的鱼龙化石来逐步解开这类传奇生物的生活历史之谜。目前已经发现的最古老的鱼龙生活在早三叠世，距今约 2.5 亿年。在中国、日本、加拿大、挪威等国家都发现了最早的鱼龙化石的线索。但这些鱼龙化石非常稀少，且保存并不完整，有关最古老鱼龙的秘密仍有很多没有解开。近年来，在我国安徽省发现了一个新的海生爬行动物群，为我们重现了最古老鱼龙的生活场景（图 13-6）。安徽巢湖地区在 2.5 亿年前是一片海洋，当时在这里生活着一大群巢湖鱼龙。与它们一起生活的还有盘喙骨马家山龙（鳍龙类）、近 50 cm 长的凶猛的马家山龙鱼、巢湖安琪虾（袋头类节肢动物，三叠纪海洋中的“大眼萌”）、菊石等。巢湖鱼龙是目前已知的最古老的鱼龙，它的身体细长，前肢的骨骼已经开始呈现鳍状，无法支撑自己的身体在陆地上行走。也就是说，我们目前发现的最古老的鱼龙都是完全适应在水中生活的类型，没有发现像走鲸这样的可以水陆两栖的类型。鱼龙与鲸有着相似的演化历程，那么曾经在陆地上生活的鱼龙的“祖先”是谁？长什么样子呢？遗憾的是，目前科学家还没有找到可靠的化石证据来回答这个问题。

扫描二维码，观看视频：科学家是如何进行鱼龙化石挖掘的？

图 13-6　安徽巢湖鱼龙动物群生态复原图（安徽省地质博物馆供图）

近年来，科学家在巢湖地区意外发现了一块奇特的化石，也许能为我们解开鱼龙“祖先”的谜题提供重要线索。这个很像鱼龙的动物体长只有约 21 cm，但已经是成年个体。它的吻部（也就是嘴）极短，下颌骨粗壮，前肢腕骨的位置，也就是人类手腕的位置，缺失了很大一部分骨块，而再向前的“指头”又是完整的，并且这种现象在两侧的前肢中均存在（图 13-7）。

通常，这种腕部骨块的缺失说明在动物活着的时候这个部位有很多软骨，也就是我们俗称的脆骨，这在人体的关节处都有。这种软骨与硬骨不同，它们在动物死后很难形成化石保存下来，因此就会在化石中形成这样的空缺。因为这种动物的前肢具有大量软骨，且吻部非常短，所以得名“柔腕短吻龙”。科学家通过研究，复原出了这种动物的样子（图 13-8）。它与我们现在见

扫描二维码，观看视频：一起来看真正的鱼龙化石吧！

图 13-7 柔腕短吻龙化石（季承供图）

图 13-8　柔腕短吻龙复原图（江大勇供图）

到的海狮（图 13-9）类似，腕部有很多软骨，前肢可以在有软骨的地方弯折，这样就可以在岸上撑起身体来爬行。所以这件化石里的生物很可能是水陆两栖的奇特爬行动物。

这是目前发现的唯一可能水陆两栖的海生爬行动物。科学家研究认为柔腕短吻龙与鱼龙关系密切，很可能是其祖先类型。这也是目前发现的唯一一块柔腕短吻龙化石。

图 13-9　海狮

鱼龙的演化之路

The evolutionary path of ichthyosaur

虽然我们还无法确定最早生活在陆地上的鱼龙长什么样子，但是现在已经找到的化石可以帮助我们研究鱼龙是如何从更接近陆生生活的形态，一步步演化成像金枪鱼一样外形的。

一般来说，动物死后逐步埋藏，骨骼和钙质壳体因为含有较多的矿物质，会更容易保存下来形成化石，而皮肤、肌肉等软组织主要是由有机物构成的，较难保存下来。因此，在早期研究中复原鱼龙形态主要根据骨骼，而没有骨骼支撑的部分如背鳍和尾鳍则难以复原。

幸运的是，科学家在德国和英国等国的侏罗纪地层中发现了一些在特殊埋藏环境中保存的鱼龙皮肤和外形轮廓的化石，使我们得以还原鱼龙真实的样貌。1881 年，英国动物学家欧文根据当时发现的保存了皮肤轮廓压膜的鱼龙化石，第一次记录了侏罗纪早期鱼龙的真实形态。

之后的百余年里，在世界不同地点发现了不同时代的鱼龙化石，根据这些保存了鱼龙外形轮廓的化石提供的信息，科学家逐步恢复出了鱼龙的演化过程，从而对这类奇特的史前动物有了比较全面的认识。

从图 13-10 中可以看出，约 2.5 亿年前，柔腕短吻龙的脊柱比较直，看上去很像在陆地上生活的爬行动物（如蜥蜴），它没有明显的尾鳍，游泳的时候全身摆动，游动的速度不快。约 2.4 亿年前，混鱼龙的脊柱就已经有两个明显弯曲，类似人体的两个生理弯曲，一个是背部的生理弯曲，另一个是尾部的生理弯曲，开始出现尾鳍的雏形。但这时的弯曲还不够显著，尾椎形成的弯角比较小，尾部看上去像船桨。约 2 亿年前，狭翼鱼龙尾椎的下弯已经非常明显了，背鳍和尾鳍都已经出现。这时的鱼龙整体外形已经与金枪鱼非常相似，摆动大大的尾巴就可以在开阔的海洋中快速地自由穿梭。

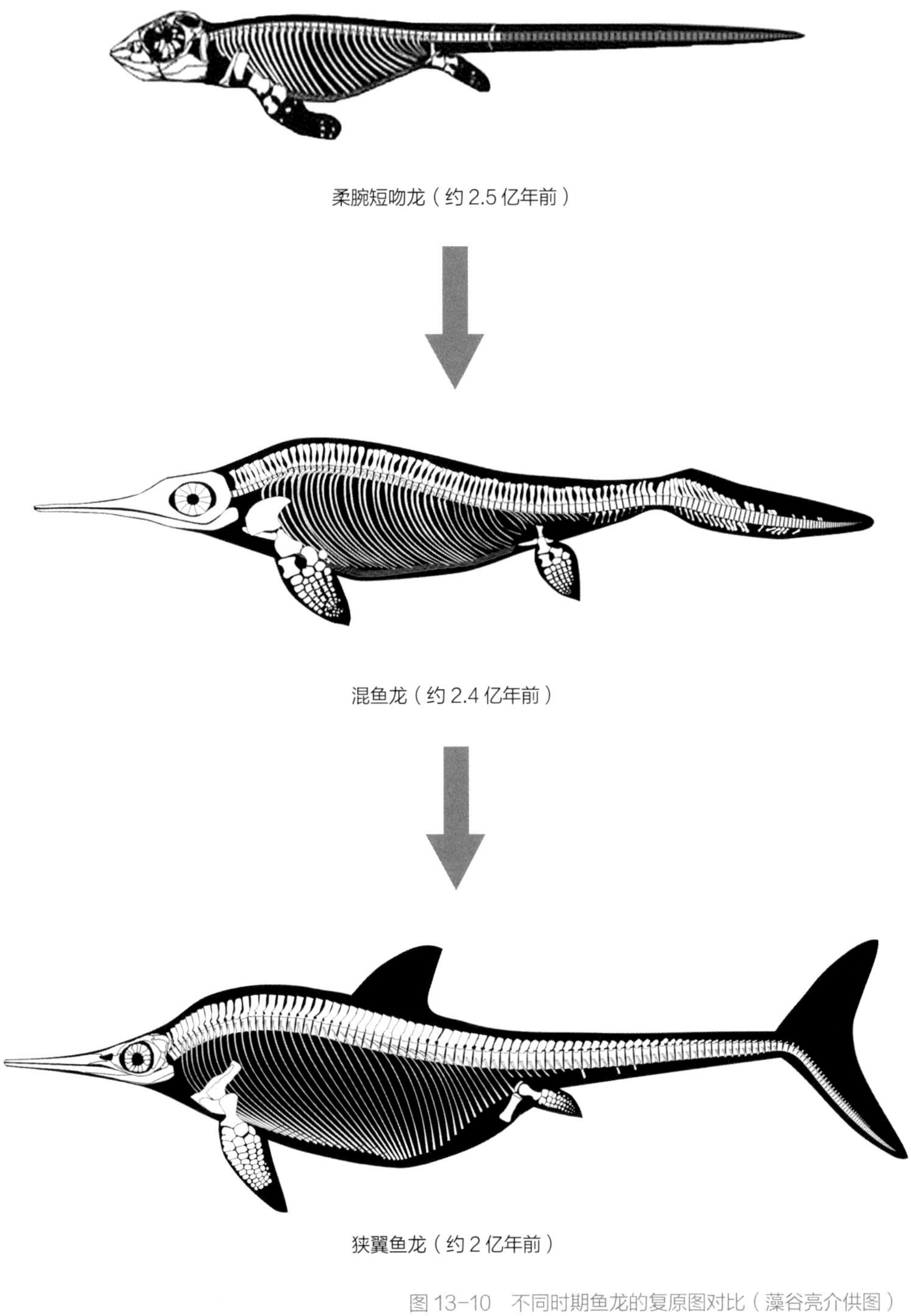

图 13-10　不同时期鱼龙的复原图对比（藻谷亮介供图）

鱼龙宝宝出生记

The birth of a baby ichthyosaur

生物要在地球上持续不断地繁衍生息，就必须繁殖后代。绝大多数爬行动物通过生蛋繁殖后代，即使是现在已经在水中生活的爬行动物，如海龟，也要在繁殖季节回到岸上产蛋。小海龟从蛋里孵化出来后（图 13-11），会爬回水中生活。可是鱼龙回归海洋后不能再上岸活动，也就失去了上岸生蛋的机会。那么它们在水中是如何生宝宝的呢？

图 13-11　小海龟从蛋里孵化出来

科学家在多个种类的鱼类化石中发现了怀孕的雌性鱼龙化石，研究这些化石后发现，鱼龙妈妈并不在水中生蛋，而是让蛋在自己体内孵化，之后直接生下鱼龙宝宝。这种直接繁殖后代的方式与哺乳动物的胎生看起来很像，却有本质区别。哺乳动物的宝宝在妈妈的身体里发育，并且通过胎盘从妈妈身体中获得营养；而鱼龙是爬行动物，它们与陆地上的爬行动物一样，也要产“蛋”（羊膜卵），只是这个“蛋”在鱼龙妈妈体内孵化，但不从妈妈身体中获得营养，所以并不是真正的胎生，而被称为“卵胎生”。

最初发现的产子鱼龙化石是来自侏罗纪的狭翼鱼龙化石，这块化石刚好将鱼龙宝宝即将出生的瞬间保存了下来（图 13-12）。它的尾部和身体的大部分已经离开了妈妈的身体，只有头的前部还在妈妈体内。这块化石表明狭翼鱼龙的宝宝在出生时，尾部先产出，而头部最后产出。这种方式和我们熟悉的鲸宝宝出生的姿势是一样的。由于鲸宝宝出生在水里，这种尾部先产出、头部最后产出的方式可以避免鲸宝宝出生时呛水，提高鲸宝宝的成活率。而在陆地上生活的胎生动物，如人类的宝宝正常出生时是头部先产出的，这样可以大大降低宝宝出生时发生窒息的风险。

由于最初发现的化石告诉我们，鱼龙的宝宝是尾部先产出的，这是典型的水生脊椎动物的出生姿势，因此科学家在很长的时间里一直认为鱼龙是在回归大海后才演化出了卵胎生的生殖方式。然而近年来，在我国安徽巢湖地区发现的一块正在生产的巢湖鱼龙妈妈的化石，则颠覆了科学家的认识。

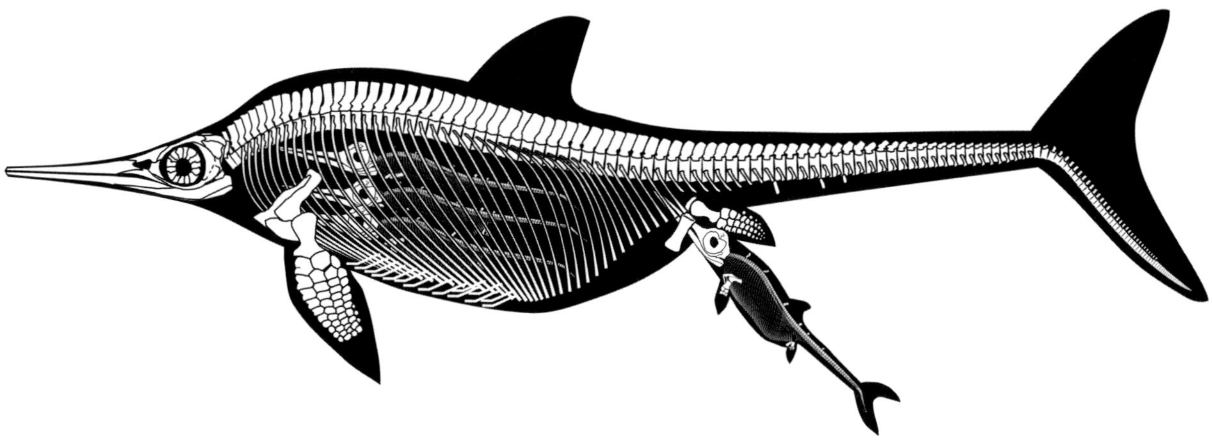

图 13-12　狭翼鱼龙产子化石复原图（藻谷亮介供图）

这个巢湖鱼龙妈妈生活的年代比之前发现的侏罗纪时期的狭翼鱼龙妈妈还要早近 5000 万年。这块化石刚好保存了巢湖鱼龙妈妈产子的瞬间（图 13–13）。其中，一个宝宝已经产出（图 13–14，红色个体），一个宝宝头部已经产出，身体的大半部分还在妈妈的身体里（图 13–14，黄色个体），一个宝宝还在妈妈的身体里没有产出（图 13–14，橙色个体）。

图 13–13　正在分娩的巢湖鱼龙化石（上）和线条图（下）（藻谷亮介供图）

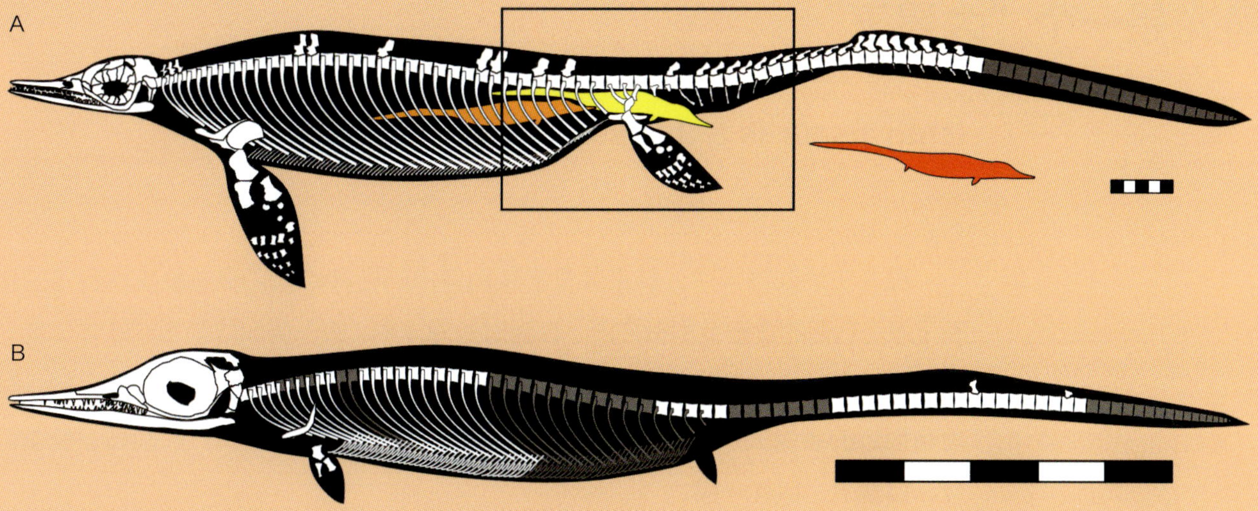

图 13-14 巢湖鱼龙妈妈产子和鱼龙宝宝复原图（藻谷亮介供图）
A. 巢湖鱼龙妈妈产子复原图；B. 巢湖鱼龙宝宝复原图

在这块化石中，巢湖鱼龙宝宝出生时都是头部先产出的，这让科学家开始意识到，鱼龙很可能从在陆地上生活的祖先那里就继承了卵胎生的生殖方式，也就是说，生活在陆地上的鱼龙祖先的生殖方式很可能已经是卵胎生了。科学家根据更多的化石记录，发现在巢湖鱼龙出现约 500 万年后，混鱼龙宝宝在出生时已经是尾部先产出了。由此可见，鱼龙宝宝的出生姿势在较短时间内发生了转变，鱼龙在这段时间内迅速适应了水中生活。

关于这块化石的发现，还有一个小故事。当时科学家在野外进行化石发掘和采集时并没有第一时间认出这块化石，而是仅注意到了与它保存在同一块石板上的龙鱼化石。这个龙鱼长约 40 cm，科学家在对龙鱼化石进行详细修理的时候，意外地发现旁边还有一个个体更小的动物化石，这才有了后来重要的研究发现。可以说，很多科学发现是意外收获，但这些都要基于科学家日复一日地辛勤积累。就像这块产子的巢湖鱼龙妈妈的化石，如果科学家没有采集到与它在一起的龙鱼化石，很可能我们永远都不知道在 2.5 亿年前巢湖鱼龙产子的情况。

扫描二维码，观看视频：鱼龙是怎样生宝宝的?

鱼龙是一个“大胃王”

5

Ichthyosaur is a "big stomach king"

鱼龙生活在海洋中，其主要食物是海洋中的各种动物。根据鱼龙胃容物的化石记录，它们的食谱范围很广泛。在当时的海洋中，有一类叫作箭石的软体动物，是鱼龙非常钟爱的食物之一（图 13-15）。箭石和现在生活在地球上的乌贼、鱿鱼有很近的亲缘关系，已经在白垩纪末期灭绝了。这样一只长长的箭石，鱼龙可以一口吞下，饱餐一顿。

就像如今的鲸一样，能快速游泳的鱼龙不但能捕食一些比较小的软体动物，很多时候还可以捕食个体较大的爬行动物和鱼类，有时甚至可以捕食体长与自己相近的猎物。

图 13-15　侏罗纪的箭石化石（季承供图）

近年来，科学家在我国西南地区发现了一块约 2.3 亿年前的体长约 5 m 的大型鱼龙的化石，经科学家鉴定属于贵州鱼龙（图 13-16）。贵州鱼龙是我国西南地区晚三叠世常见的大型鱼龙类型。

图 13-16　贵州鱼龙复原图（杨定华绘）

科学家在这个贵州鱼龙的胃容物里发现了体长近 4 m 的海龙的骨骼（图 13-17），这么长的海龙都成了鱼龙的“盘中餐”，足见当时鱼龙在海洋中的统治地位。有趣的是，这个贵州鱼龙的胃里包括了海龙的部分四肢和躯干的骨骼，而在距离这块贵州鱼龙化石 20 多米处，保存了一个体长相当的海龙的完整尾椎骨。于是科学家大胆推测了当时的场景：贵州鱼龙用它尖锥状的牙齿撕扯并吞下了海龙身体的一大部分，而把海龙的尾巴留在了原地。

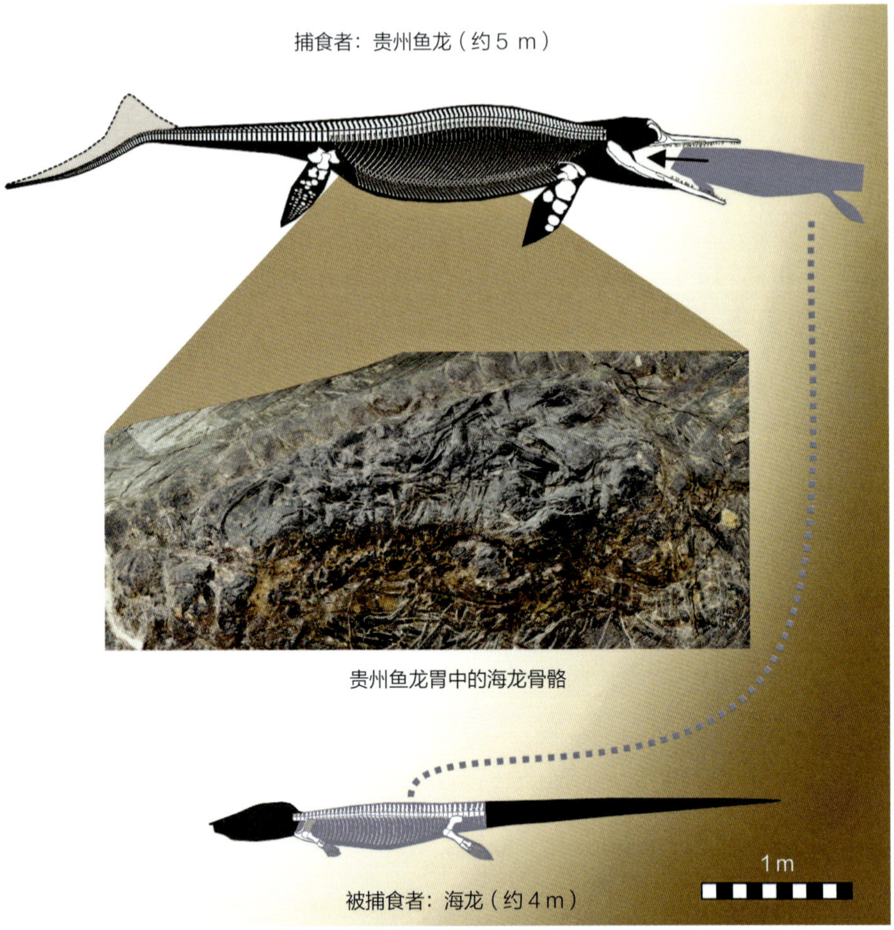

图 13-17　贵州鱼龙的胃容物中的海龙（江大勇供图）

鱼龙的牙齿

哺乳动物的牙齿在生长过程中仅有有限的更替机会，如人类终生仅换一次牙齿。然而鱼龙作为爬行动物，它的牙齿是终生生长和替换的。也就是说，如果鱼龙捕食的时候不幸把牙齿弄掉了，可以在原位很快长出一颗新的牙齿。同时，鱼龙的牙齿没有明确的功能分区，不像人类的牙齿有明确的门齿、犬齿、臼齿的区分，而是形状从前到后都没有很大变化（图 13-18）。因此，鱼龙在取食过程中并不会真正地咀嚼食物，而是一口把食物咬住，然后吞下去慢慢消化。大部分鱼龙的牙齿是尖锥状的，主要用来咬住食物。也有个别鱼龙的牙齿特化为扁平的圆形，可能可以咬碎具有坚硬外壳的动物，如各种贝壳，从而取食中间的软体部分。

图 13-18　贵州鱼龙牙齿化石（季承供图）

结　语　　6

Conclusion

自鱼龙的化石在欧洲被发现以来，科学家对鱼龙的研究已经有 200 多年的历史，国外的科学家对鱼龙的演化过程有了比较全面的认识。而与欧美国家相比，我国海生爬行动物的研究起步较晚。1965 年，我国古生物学家杨钟健先生将在我国最早发现的鱼龙命名为“茅台混鱼龙”。直至 20 世纪末，在我国西南地区发现了大量保存完整的海生爬行动物化石，相关研究才开始突飞猛进，并取得了举世瞩目的系列研究成果。目前在我国已经发现了三叠纪不同时期的多个海生爬行动物群落，很多形态奇异的爬行动物化石使我们对 2 亿多年前的海底世界有了全新的认识。由于我国在三叠纪时期的重要地理位置，研究这些海生爬行动物，对认识当时不同地理区系之间的交流联系、重建当时全球海洋生态系统的组成都发挥了重要的作用。近年来，随着更多新的技术和分析方法在古生物学领域的应用，我们能在化石中获取更多这些史前生物曾经生活的线索，对远古地球环境以及史前生命也有了更多新的认识。有关鱼龙的生活习性、起源与演化等诸多问题仍有待科学家不断探索，这主要依赖于发现更多新的鱼龙化石证据，以及将更新的研究方法和技术手段引入鱼龙的研究中。我们期待更多的年轻人能加入探索的队伍中，与我们一同解开这类奇特的远古生物之谜。

The Tree of Life: phylogram depicting species evolution

"生命之树"——物种演化的谱系图

/ 杨群

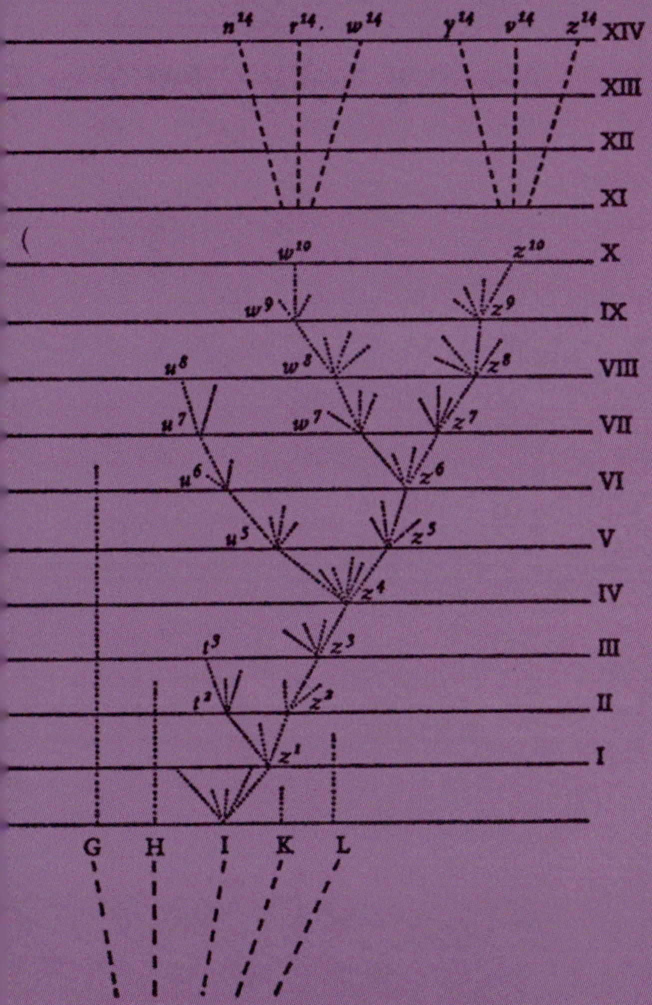

在地球生命约 38 亿年的演化历程中，出现过形形色色的生物物种。有些物种已经消失在历史的长河中，有些物种依然存活在现在的地球上。这些生物都有共同的祖先吗？它们之间有亲缘关系吗？我们如何来表示生物物种之间的亲缘关系呢？

“生命之树”的发现 1

Discovery of the Tree of Life

1837 年 7 月，达尔文乘坐“贝格尔”号完成了近五年的环球考察之后，在整理野外工作笔记本时，画下了一幅草图（图 14-1）。他试图用一幅图来解释他在环球考察期间看到的各种各样的生物物种之间的渊源及亲缘关系，这便是“生命之树”的原型。

1859 年，达尔文撰写的划时代的巨著《物种起源》正式问世了，从此开创了生命科学的演化论时代，人类开始用演化论（而不是神创思维）来解释地球上千姿百态的物种的起源、演化以及相互之间的亲缘关系。那么，现在的物种是怎么从远古演化而来的呢?《物种起源》中，出现了一幅全书唯一的插图（图 14-2），达尔文正式称之为“生命之树”。这幅图应该是他根据 22 年前在笔记本上画的草图加工而来的。他在书中写道：我们常常以大树的形式来展示同一类事物之间的亲疏关系，我认为这个比喻与现实相差无几。从一个共同祖先开始，不同物种如同树的枝叶一样生长，代代相传，便成为一棵参天大树……用这样的分枝树图来解释生物物种的演化，很好地反映了达尔文的思想——物种或物种的群体（种群）是如何从它们的共同祖先演化而来的。

扫描二维码，观看视频：“生命之树”的发现

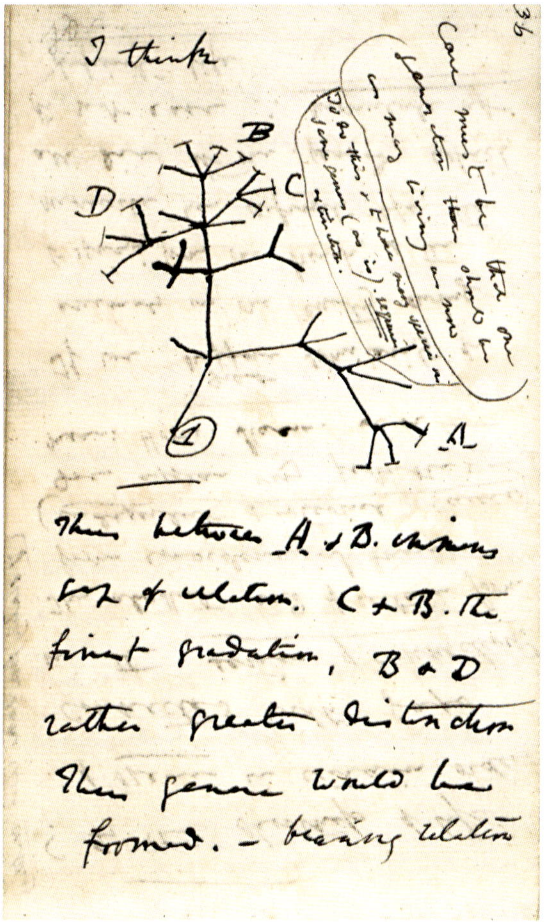

图 14–1　“生命之树”草图

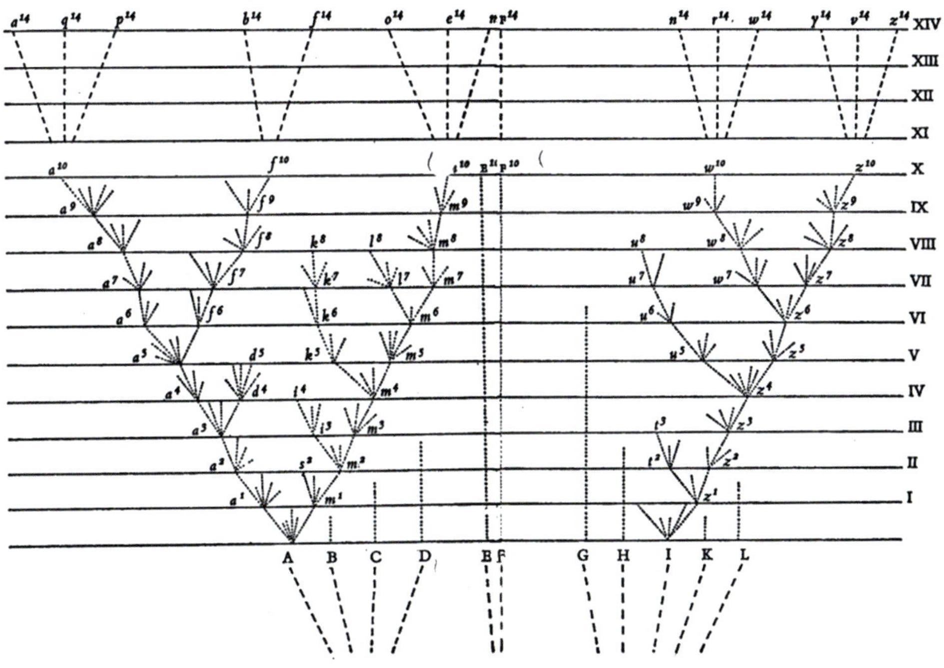

图 14–2　《物种起源》一书中的唯一插图，形象地解释了“生命之树”的含义

A—L 代表不同物种，横线右侧的Ⅰ—XⅣ代表 14 个时间面，每 2 个相邻时间面之间的间隔为 1000 个世代。其中，物种 A 从开始（基线：时间面 0）到 10 000 代之后，演化出了多个品种，如 a^1—a^{10}，f^6—f^{10}，m^1—m^{10} 等，中间有些品种没有继续繁衍后代，如 d^5、k^8、i^4 等。

生命之树

简称“生命树”，又称“演化树”“谱系树”“系统树”“谱系演化树”“进化树”，是关于生物物种的亲缘关系的树形图，是物种的家谱（树）图，也是物种的演化关系图。“生命之树”的发现告诉我们，地球上所有生物，小到细菌、蚂蚁，大到大象、鲸鱼、大树，也包括远古时代的化石生物，都是有亲缘关系的，只是同一个“树枝”（即分支）上的生物是近亲，不同分支上的生物是远亲。如图 14–3 所示，“生命之树”的形态变化多样，可以涵盖地球上所有物种，包括动物、植物、微生物等，也可以限于某个生物类群，如人类谱系树、哺乳动物谱系树、昆虫谱系树、被子植物谱系树等。

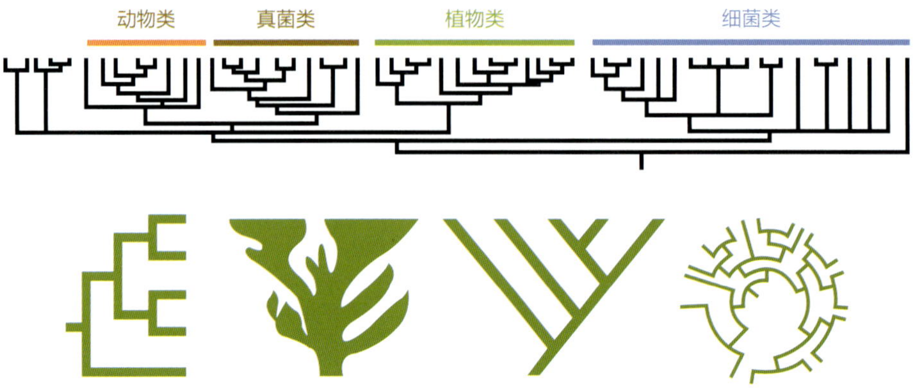

图 14–3 各种类型的“生命之树”（杨群供图）

100 多年来，达尔文的演化论得到了现代科学的反复验证。从经典的生物系统学到 20 世纪后期快速发展的基因系统学，自然科学的发展使得“生命之树”的模型变得越来越具体，“生命之树”的枝叶越来越茂盛。目前，达尔文的原始模型，已经被现代生物学家逐渐揭示出精确的细节（图 14–4）。

我们通过几个问题来一起剖析一下这棵枝繁叶茂的“生命之树”的内涵吧。

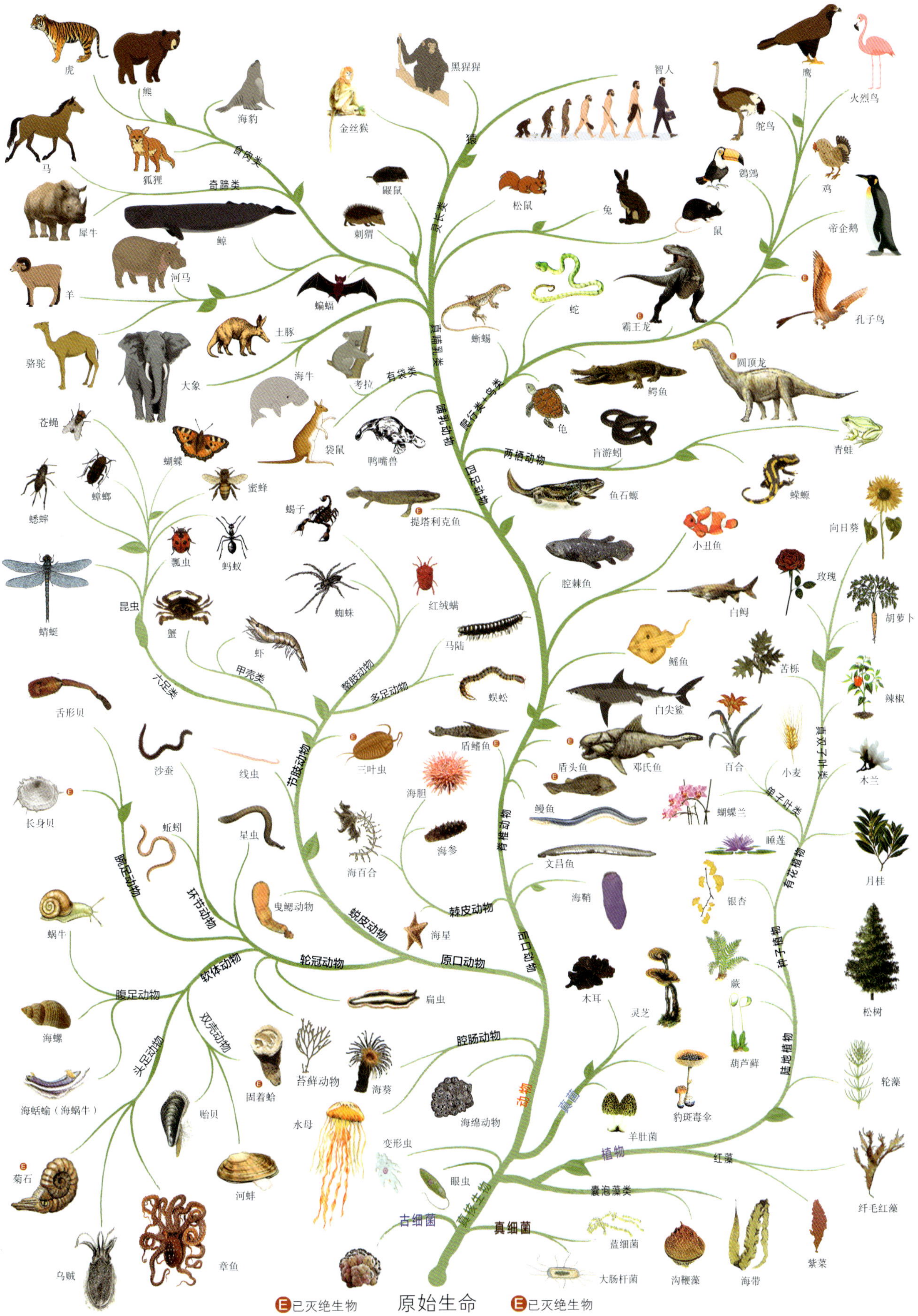

图 14-4　地球上现生的和已灭绝的代表性生物演化关系的“生命之树”示意图

人是从猿猴演化而来的吗？

2

Have we, the species of Homo sapiens, evolved from monkeys?

19 世纪中叶，当达尔文演化论最早提出的时候，英国的宗教界完全不能接受，特别是对于人类起源的讨论，保守的宗教人士公开反对。有一次，达尔文演化论的忠诚传播者——赫胥黎在伦敦演讲时，就有宗教权威提出疑问，并公然对这位大名鼎鼎的英国皇家学会会士、著名的博物学家进行人身攻击，戏问赫胥黎："到底是你的祖父那一支还是祖母那一支与猿猴有亲戚关系？"赫胥黎为了捍卫达尔文主义，毅然给予反击："我宁愿有猿猴这样的祖先，也不愿与你这种肆意滥用才华的有钱主教有任何关系。"从这个故事中，我们可以看到达尔文演化论与传统思想发生了惊心动魄的斗争。

那么，人真的是从猿猴演化而来的吗？我们来看一下人和猿在"生命之树"上的位置（图 14–5）。生物系统学研究显示，人类和大猩猩、猩猩、黑猩猩和倭黑猩猩都属于人猿超科，归入不同的属或种（科学家根据生物之间的相似程度，把生物划分为界、门、纲、目、科、属、种七个主要等级，其中"界"是最大的分类单位，"种"是最基本的分类单位），人属之下现存只有一个种——我们人类，称为"智人"；黑猩猩属包括 2 个现存种，即黑猩猩和倭黑猩猩。智人与黑猩猩的关系最为亲近，在基因序列上的相似度在 98% 以上。所以我们说，智人与黑猩猩拥有一个最近共同祖先（在演化生物学中，一系列不同物种拥有共同起源的最近的祖先），这个共同祖先在图 14–5 上的位置可用红色圆点表示，它可能既不是黑猩猩也不是人类，而是属于一个已经灭绝的物种，有可能保存在化石

扫描二维码，观看视频：人是从猿猴演化而来的吗？

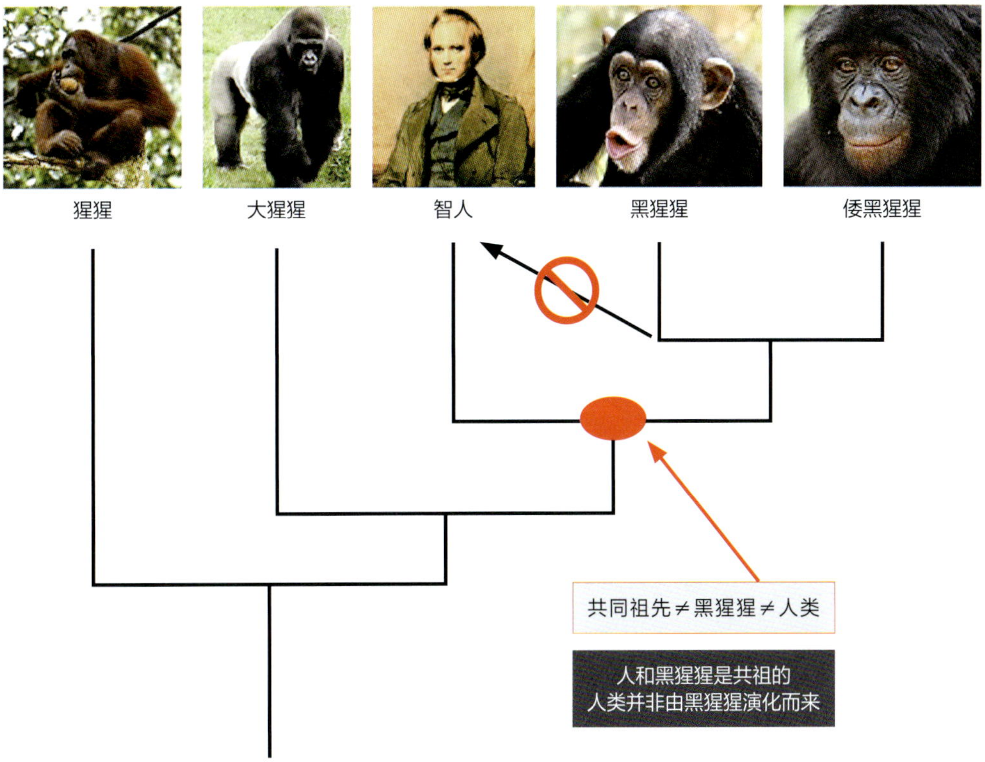

图 14-5　如何理解人类（智人）及其近亲的演化关系（杨群供图）

记录中。所以，人类并不是直接从黑猩猩演化来的，人类和黑猩猩在生物演化历史中是并行演化的。图中红色圆点之下的线段代表这个共同祖先物种，它在远古时期与大猩猩（或大猩猩的祖先物种）是近亲。

古人类学家通过化石的发掘，拼图般地重建了人类隐藏的演化进程（图 14-6）。由于在达尔文演化论提出之前，人们普遍持有自然界中人类中心地位至高无上的狭隘偏见，因而产生了一些对生物演化关系的误解，有的甚至迄今仍然存在于一些文献中。如图 14-7 所示，左图是人们对于生物演化带有主观预测的“直觉”，认为生物演化进程是“阶梯式”发展的，人类便是这个演化进程中最高等的生物，鱼类低于人类，昆虫更低，如此这般。按照达尔文理论，生物演化是一个“树状”发展的进程，因此，正确的理解如图 14-7 的右图所示，地球上所有现存生物都是“生命之树”的末枝，大家都分别从远古走来，相互之间不存在祖裔关系，也不适用“高级”与“低级”的区分，只存在或近或远的亲缘关系。

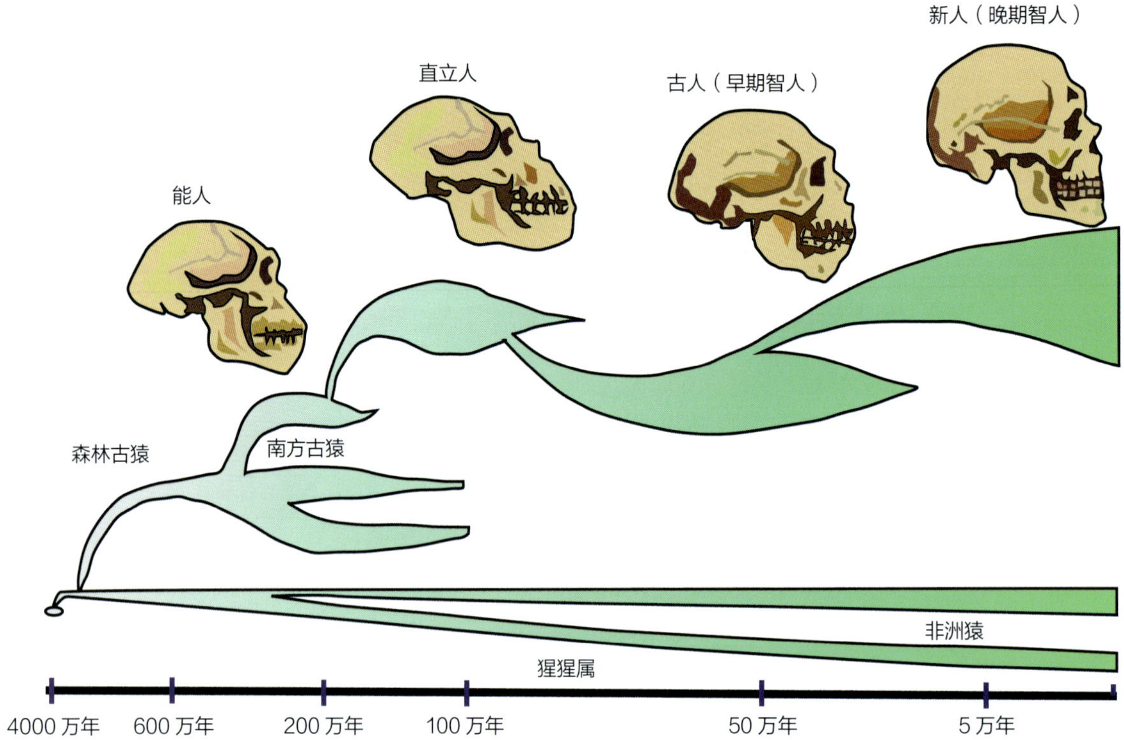

图 14-6　人类演化进程简图

图 14-7　关于生物演化关系的误解（左）和达尔文主义解读人在“生命之树”中的位置（右）

如何确定不同生物之间的亲缘关系?

How do we determine the relationship among different species?

20 世纪 50 年代，德国生物学家维利 · 亨尼希提出的一种方法，即“分支分类学”，又称“支系系统学”，已发展成为研究生物谱系发育的最为重要的方法。分支分类学探索多种生物信息，包括形态、生态、发育、细胞、基因等一切与生物演化相关的数据，然后进行综合分析（研究中常常需要计算机运算），分析结果是一个由不同生物物种、不同等级的分支所构成的树形图，如图 14-8 中，绿色分支由一些脊椎动物组成，红色分支表示无脊椎动物。图 14-8 中，智人和小鼠的亲缘关系最近，二者与鸡（鸟类代表）的亲缘关系比它们与青蛙（两栖动物代表）的关系更为亲近。

扫描二维码，观看视频：如何给生物找“亲戚”？

维利 · 亨尼希
（1913—1976）
分支分类学创始人

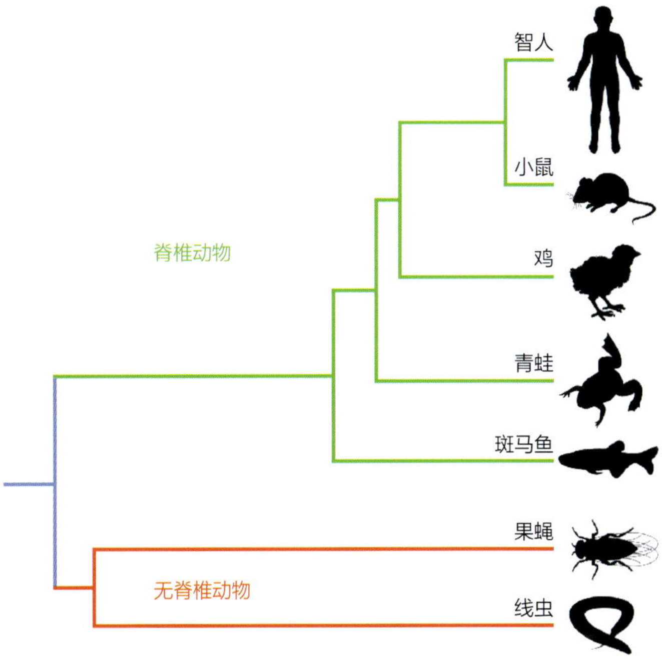

图 14-8　德国生物学家维利 · 亨尼希与动物分支示意图（谱系树）（杨群供图）

假如我们需要考察地球上任何生物之间的亲缘关系，如蘑菇（真菌类）、苹果（植物类）、蝴蝶（动物类）的亲缘关系，谁近谁远，该怎么办呢？如图 14-9 所示，根据分支分类学法分析：植物是利用光合作用获得能量进行生长的生物（自养生物），动物和真菌都是摄取环境中的营养物质才能生长的生物（异养生物）；构成植物的细胞拥有坚固的细胞壁，构成动物和真菌的细胞都有脂质细胞膜，但没有细胞壁。根据这些重要特征可以确定，蘑菇与苹果的亲缘关系比较远，而与动物的亲缘关系比较近。研究者也可以根据这些物种基因序列的比较得到相同的结论。如果需要分析数量很多的物种之间的亲缘关系，一般需要建立物种的性状矩阵（物种的系列特征表），然后计算物种之间的相似性或距离等指标，进而构建谱系演化树。

研究者发现，采用综合数据进行分支分类研究的结果，经常可以纠正传统认识上的偏差。让我们来比较一下蚯蚓（环节动物）、马陆（节肢动物）与蛞蝓（软体动物）之间的亲缘关系。传统研究认为，环节动物和节肢动物体形相似，它们的分节构造是重要的演化特征，因而将二者合并

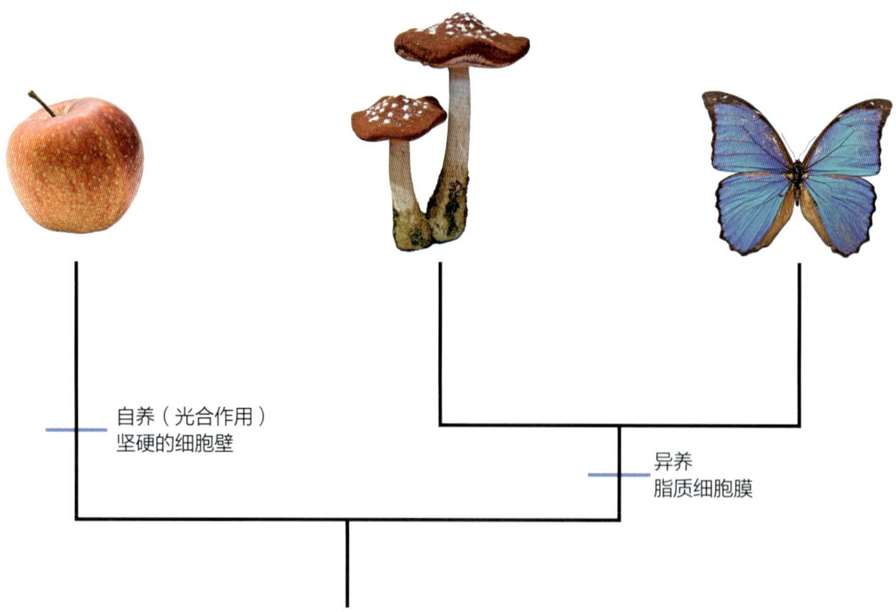

图 14-9　苹果、蘑菇与蝴蝶构成的演化树（杨群供图）

为“有节动物”，而认为蛤蜊等软体动物与“有节动物”的亲缘关系比较远。但是，基因系统学和个体发育研究表明，实际上环节动物和软体动物的亲缘关系更加接近（图14-10），因为它们在幼体发育过程中普遍存在形态和生态相似的“担轮幼虫期”，而节肢动物的个体发育中没有这种幼虫期，却有这两类动物没有的蜕皮过程；基因数据的比较分析结果也得到了同样的结论。这个例子说明，在进行谱系发育分析中，某些看起来非常相似的特征，可能不是来自同一个祖先，而是分别演化得到的，称为“同形”，以区别于演化上来自同一个祖先的“同源”特征。这种非同源的“同形”正是我们在前文中介绍鱼龙时提到的“趋同演化”现象。我们知道，属于爬行动物的鱼龙从陆地返回海洋后，演化出了与海洋中的金枪鱼等鱼类相似的外形。

所以，我们在谱系发育分析中，一定要区分并排除“同形”特征，才能建立可靠的“生命之树”。科学家一般需要经过形态、发育、分子、细胞和化石记录等多方面的比较研究，通过相互印证后，才能得到可靠结论。

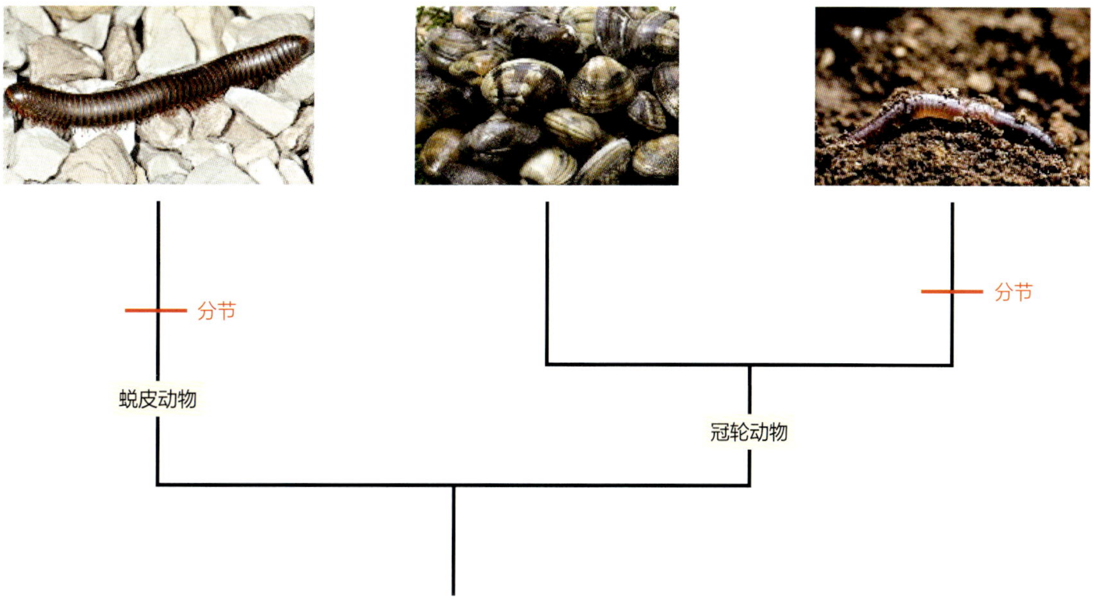

图14-10　马陆、蛤蜊与蚯蚓构成的演化树（杨群供图）

“生命之树”的时间尺度 —— 时间树　4

Depicting timescale for the Tree of Life: Time Tree

地质学和古生物学研究显示，地球的年龄大约为 46 亿年，而地球上最早出现的生物遗迹是一些由微生物形成的叠层石化石，大约出现在 38 亿年之前。考虑到化石保存的不完整性，我们可以推测，“生命之树”的“根”，也就是所有地球生物（包括化石生物）的共同祖先起源的时代不晚于 38 亿年前。

“生命之树”上各个分支代表了不同生物类群，如果要确定各个分支的发生时间，也就是要给“生命之树”标上时间尺度的话，可以采取两种技术路线。第一种是研究化石记录。化石记录是我们重塑演化历史的重要物证，化石一旦被发现，我们就可以利用残存的化石形态分析生物类群的演化轨迹。随着这种探索与研究的不断深入和拓展，“生命之树”的隐秘历史不断被破解。例如，化石记录显示，人属内部的物种包括直立人、能人、智人等，从共同祖先分化出来的时间大约在 200 万年前。但是，人类化石非常稀少，化石数据只能非常粗略地测算人类演化树上各个分支分化的时间。第二种演化时间的测定方法是，根据现存物种之间基因的相似性，依据分子钟理论来推算物种之间的分化时间。例如，研究者采用这种技术，推测人类和黑猩猩在 800 万—600 万年前开始分化。

如图 14-11 所示，大部分动物门类的化石记录从古生代寒武纪开始，距今

扫描二维码，观看视频：“生命之树”的时间尺度

分子钟

分子钟是演化树分支点的测年方法。采用生物分子［DNA、核糖核酸（RNA）或蛋白质分子］在演化过程中的突变速率，来测算不同生物在演化进程中的分化时间。突变速率一般需要相关化石记录或其他地质历史事件作为时间参照点进行校准，一旦获得可靠的分子演变速率，就能根据不同生物的基因序列的差异，来测算它们的共同祖先（分支点）需要多少时间才能获得这样的差别。分子钟估算时间的可靠性与准确度，取决于所用分子序列突变速率的稳定性和误差区间，后者又受到历史参照框架的制约。

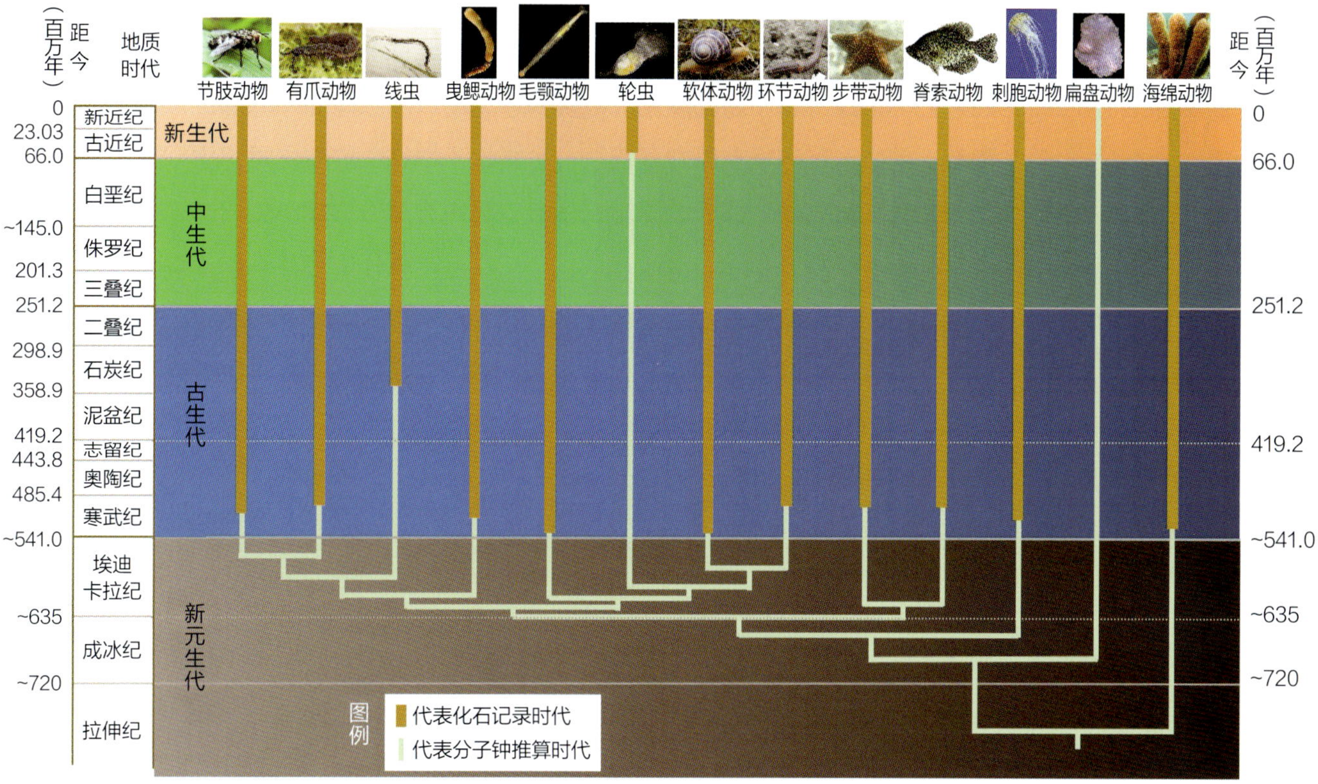

图 14-11　动物演化时间树（杨群供图）

5 亿多年（褐色粗线代表的时代），但是，由于化石记录是不完整的，所以化石出现的最早时间并不一定是该类群真实出现的最早时间。因此，科学家通过现存生物的基因进行推算，测得理论估算时间，如图 14-11 中浅绿色分支所示。显然，基因分化的时间明显早于化石记录的时间。例如，现在地球上种类最多的节肢动物，包括昆虫、螃蟹、蜈蚣、蝎子等，这类动物的化石记录从 5 亿多年前的寒武纪开始就大量出现，但是，基因分化数据告诉我们，节肢动物的起源时间可能要追溯到 6 亿—5.4 亿年前的新元古代，可能存在数千万年的没被化石记录下来的历史。有些动物由于缺乏可在地层中得以保存的硬体构造，或者由于本身多样性或丰富度很低，所以无法在地层中留下它们的痕迹，如扁盘动物（多样性和丰度很低，至今未发现化石）和线虫动物（多样性和丰度都很高，但缺乏硬体且个体十分小，仅有极其零星的化石保存在新生代琥珀中）。但是，科学家利用分子钟测定，它们的起源时间也应该在 6 亿年之前。运用不同方法建立的带有时间尺度的谱系树，称为“时间系统树”，简称“时间树”。

建立生命演化的时间树，有助于我们理解地球上生物多样性的演化过程，了解它们与地球历史中海陆演化、板块构造运动、山脉与海洋的形成等地质过程的关系。例如，有研究者建立了我国一类蝴蝶（绢蝶）的演化时间树，这些蝴蝶多数分布在青藏高原及邻近的高山，适合在高海拔寒冷环境中生存。绢蝶的演化时间树（图 14-12）显示，绢蝶在大约 1700 万年前分化为若干个分支，由于这个时间段恰好是青藏高原的快速隆升期（图 14-12 中阴影区），所以，研究者提出了一个绢蝶多样性演化模型：绢蝶的这次多样性增加，是由于青藏高原及相邻山

扫描二维码，观看视频：绢蝶的演化故事

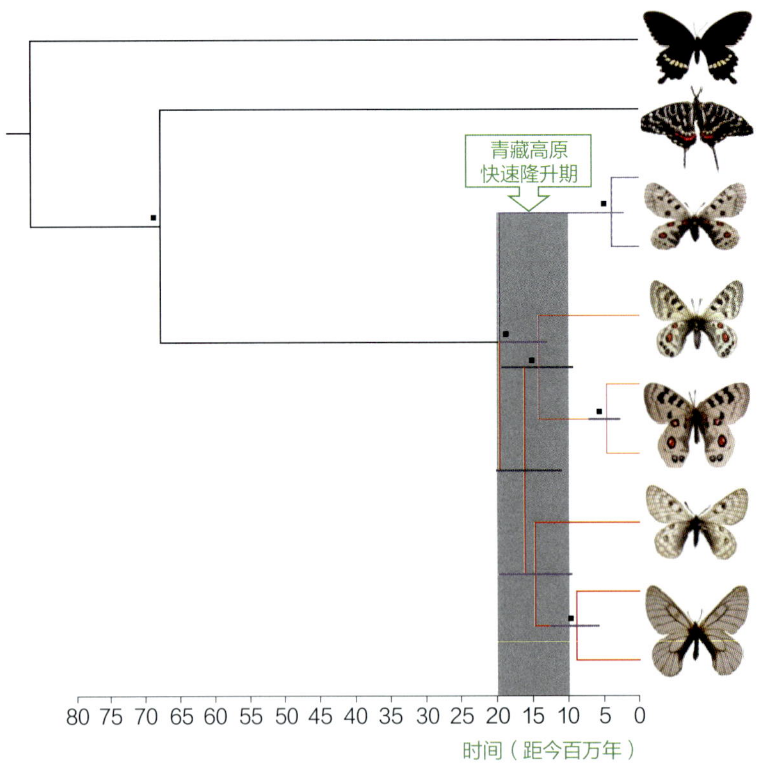

图 14-12　绢蝶演化时间树及多样性快速提高与青藏高原快速隆起相关性示意图（杨群供图）（数据源自安徽师范大学郝家胜实验室）

脉快速隆起形成了若干高寒区域，成为不同绢蝶种群的“庇护所”，而在这些“庇护所”之间的低海拔地区由于气温较高，不适合绢蝶生存，从而形成隔离带，若干个“庇护所”中的种群独立演化，就形成了现在的不同绢蝶分支。

另一个有趣的例子是关于夏威夷群岛上形态多样化的蜂鸟的演化故事。如图 14-13 所示，夏威夷群岛的不同岛屿上拥有各自特殊的蜂鸟种类。太平洋海底扩张的洋中脊发生火山喷发，形成一个个火山岛。每当一个新火山岛形成后，就会逐渐推离海底扩张的洋中脊，然后又有一个新火山岛形成，于是就有了由一串火山岛组成的夏威夷群岛。现在的夏威夷主岛是其中最新的，东边的可爱岛是其中最古老的。地质研究揭示了这些火山岛形成的时间，即图 14-13 中的纵向阴影条带所对应的时间。同时，研究者通过基因研究建立了夏威夷群岛上的蜂鸟种类的演化时间树，它清晰地告诉我们，每当一个新的岛屿形成后，就会形成新的蜂鸟分支；这些蜂鸟新种类的产生是由岛屿的相对隔离的环境引起的。在这个例子中，由一连串岛屿形成的生物物种谱系持续分支演化的现象，被科学界称为“生物演化的传送带”。在这个堪称“自然演化的实验室”中，岛屿逐渐向东运动，蜂鸟相应扩散，在这个动态过程中，相对独立的岛屿偶然间可能接收到临近岛屿飞来的蜂鸟，但是长期独立演化的过程形成了各自的特色物种，这个过程可以在演化时间树上清楚地反映出来。

扫描二维码，观看视频：夏威夷群岛上的蜂鸟的演化故事

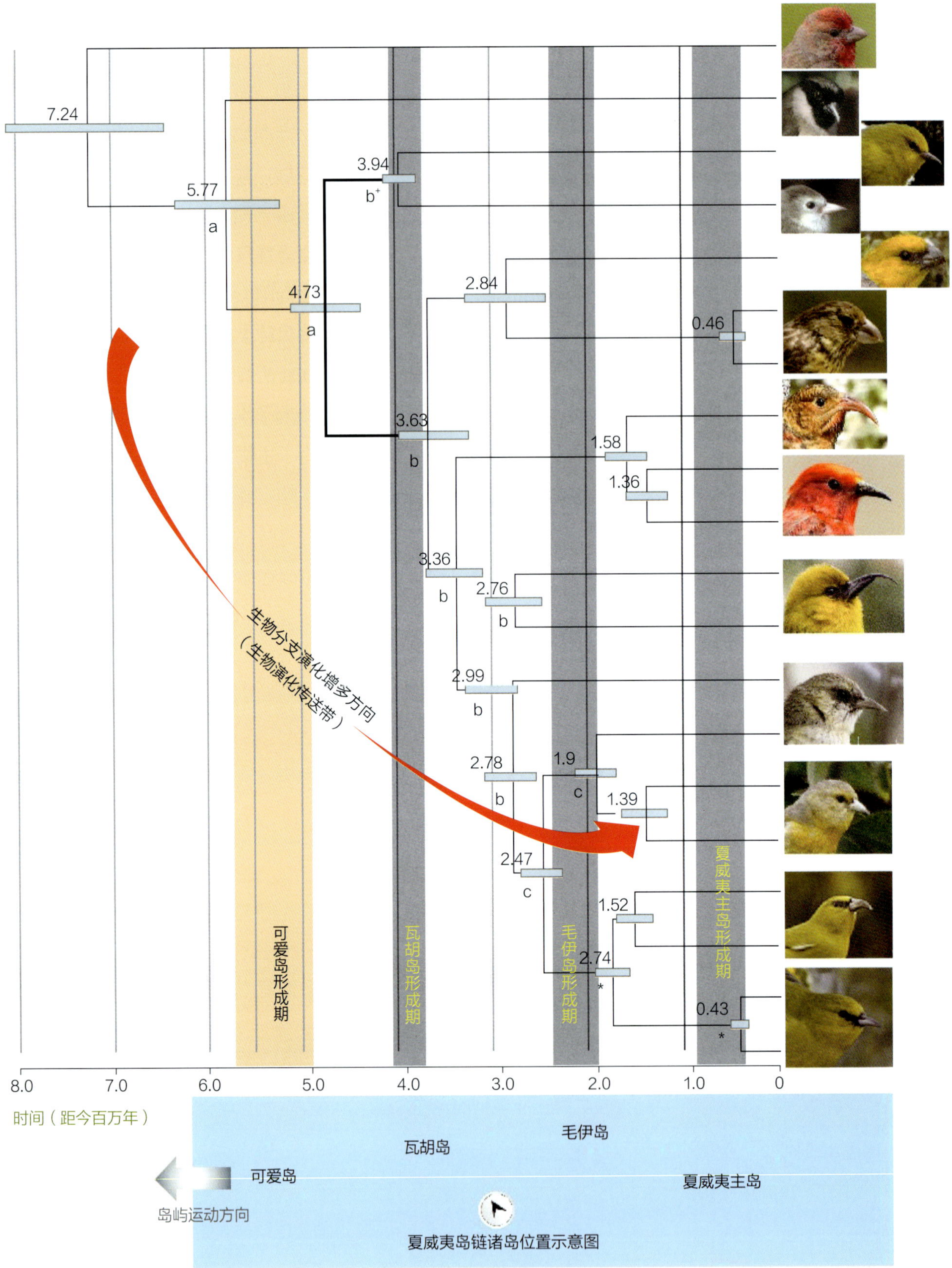

图 14-13　夏威夷群岛上的蜂鸟谱系演化时间树及发生机制示意图（杨群供图）
（数据源自 Lerner 等，2011，*Current Biology*）

结 语 5

Conclusion

我们为什么要研究“生命之树”呢？除了可以帮助我们清楚地解读生命演化历史之外，“生命之树”的实际用途至少包括：检测病毒的来源；寻找种植的谷物、蔬菜等植物在自然界的亲缘种类，从而改良它们的品质；发现濒临灭绝生物的近亲，以开发保护生物工程；在药物开发中寻找功能物质的一系列生物母体（很多是植物），供筛选；在生物多样性保护工程中，需要鉴别一系列具有特殊演化史的生物群并充实生态系统，使之免于崩溃；掌握生物谱系演化的“树观”，改变我们的世界观；在法医侦破中鉴别生物质的来源，以保护无辜嫌疑人，锁定真正罪犯。

近年来，世界上发生了多种传染病，如传染性非典型肺炎、中东呼吸综合征等，科学界需要找到导致传染病的病原体的来源，以利切断传染源，为防疫工作奠定基础，这里采用的研究方法就是病原体基因的谱系演化树构建。“生命之树”还有很多应用的实例，等着有兴趣的你去不断发掘。

Mass extinction event, a curse or a blessing?

生物大灭绝——祸兮？福兮？

/ 黄冰、王永栋、冯伟民

恐龙曾经是地球上的霸主，造成恐龙消亡的是一次生物大灭绝事件，这样规模的事件地质历史上至少发生了五次。生物大灭绝是演化生物学永恒的主题之一，它严重影响了当时的生物面貌，也改写很多生物门类的演化轨迹。它是地球生物圈的新陈代谢，在消灭已有物种的同时，也给新的物种带来更多的演化机会。在失与得之间对生物圈不断地塑造与更新，通过不断修剪“枝叶”，造就了今天恢宏壮阔的“生命之树”。

纵观地球生命演化历史，先后经历了冥古宙、太古宙、元古宙以及我们现在身处的显生宙。根据不同时期地球生物总体面貌的差异，显生宙被分为古生代、中生代和新生代，而这三个时间段之间的两个断点恰恰也是发生了五大灭绝之中的两次著名的事件。由此我们也不难推断出大灭绝事件对地球生物圈面貌的改变所起的决定性作用。我们就先从五次大灭绝中的最后一次，也与我们关系最近的一次大灭绝说起。

一颗陨星引发的灾难——恐龙碰上了飞来横祸

1

A catastrophe caused by an asteroid: an unexpected disaster for the dinosaurs

也许有些人会面对恐龙骸骨感慨：即使是庞然大物也不过如此，照样无法摆脱灭绝的厄运。但他们可能忽视了很重要的一点：以恐龙为代表的爬行动物在地球上生存了超过 1.6 亿年，而人类的存在只有几百万年。人类笑得恐怕有些早了。白垩纪末大灭绝是离我们最近的一次大灭绝，也是五次大灭绝中最后也是最为著名的一次。事实上，科学界对生物大灭绝事件的关注就起因于对白垩纪末这次事件的相关研究。

白垩纪是中生代最后的一个“纪”，始于距今约 1.45 亿年，结束于距今约 6600 万年，其间经历了约 8000 万年。当时地球上温暖而干旱，新兴的被子植物、鸟类、哺乳动物及腹足类、双壳类等无脊椎动物都有重要发展；与此同时，许多新的恐龙种类也开始出现，占领了几乎所有大陆大部分的生态空间，成了真正意义上的地球霸主。许多小型哺乳动物也在这一时期出现。白垩纪末大灭绝事件，导致 34%—40% 的属灭绝，单就量值而言，其灭绝程度在五次大灭绝中排名有些靠后。但灭绝生物（主要是恐龙）的庞大并在地球生态系统中扮演的角色极为重要，这也是白垩纪末大灭绝开创新的纪元——新生代的主要原因。

大家最关心的问题可能是恐龙为什么会灭绝，毕竟它们统治地球的时间很长，占整个显生宙历史的四分之一还多。恐龙灭绝的原因成为最吸引眼球的科技新闻之一，各家观点包括地外星体撞击（图 15-1）、火山喷发、气候变迁、哺乳动物竞争、被子植物中毒、酸雨及地磁场变化等。其中颇为主流的“地外事件”学说认为，某些地方白垩 - 第三系界线上的黏土岩中铱元素含量异常高，是宇宙中一颗小行星碰撞地球产生类似核冬天效应的结果。但是也有学者认为，白垩纪末生物大规模灭绝是逐渐发生的，白垩纪末期天外来客所引起的灾难可能只是“在临死前的骆驼身上压上了最后一根稻草”。

白垩纪末大灭绝事件有其特殊的意义：长达 1.6 亿年之久的恐龙时代从此终结，为哺乳动物及人类的登场提供了机会（图 15-2）。那颗毁灭恐龙的灾星，似乎成了我们人类的福星?

图 15-1　小行星撞击地球导致恐龙灭绝的想象图（杨定华绘）

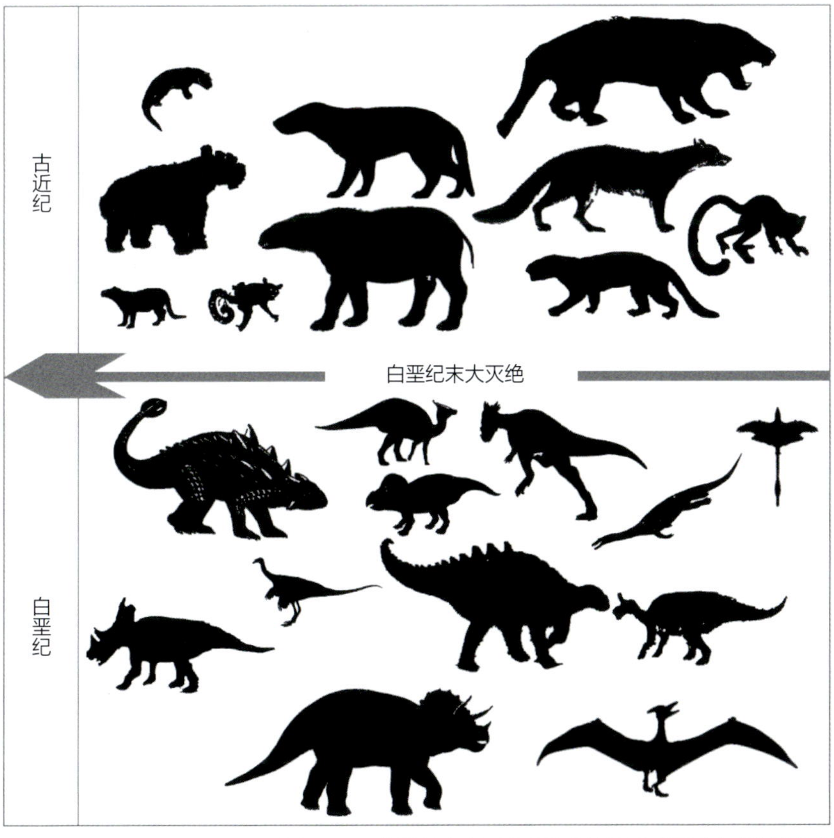

图 15-2　白垩纪末大灭绝后恐龙让位于哺乳动物（陈迪绘）

扫描二维码，观看视频：恐龙时代的终结——白垩纪末大灭绝

银杏以其高大、美观、寿命长等特点，常常被作为园林景观的代表性植物之一。古往今来，银杏也备受各国人民喜爱。每逢寒霜降，银杏的“扇形叶”（图15-3），由碧绿变为金黄，让冷秋平添一份暖意，令行人不由驻足观赏。我们常见的银杏其实并不寻常。它生活在恐龙时代，有着2亿多年的漫长身世，是世界上现存最古老的树种之一，所以又被称为“活化石”和“植物界的大熊猫”。

那么，银杏在历史长河中经历了怎样的沧桑巨变和演化历程，顽强地走到现在？又是如何成为大灭绝的幸存者？我们一起探寻银杏从古至今的漫长演化历史，以及其中蕴含的奥秘。

扫描二维码，观看视频：银杏名字的由来

图15-3　现生银杏的叶片（王永栋供图）

走近银杏的今生

银杏是银杏科、银杏属落叶乔木，是典型的孑遗植物，现存仅一属一种——银杏（*Ginkgo biloba*）。在浙江天目山有小面积野生银杏植株，在湖北和贵州等地也有野生植株的分布。如今我们所看到的银杏，先是在中国和日本进行广泛栽培，18世纪又被引入欧洲，后引种到北美洲，最适宜生长在温带区。2016年，我国科学家完成了首个银杏基因组测序工作，发现目前遍布全球的银杏几乎都来源于以浙江天目山种群为代表的中国东部种群。

穿越亿万年，探索银杏的前世传奇

银杏类植物早在二叠纪时期就已扎根在地球上。在恐龙繁盛的侏罗纪时期，银杏类植物曾广泛分布于北半球，到了白垩纪晚期开始衰退。第四纪时期，由于冰川运动，地球突然变冷，银杏类植物在欧洲、北美洲和亚洲绝大部分地区灭绝，只有中国自然条件优越，才奇迹般地生存下来。

为了寻找地球上古老的银杏类植物，科学家需要找出相关的银杏化石证据。在远古时代，银杏类的植物一般分成两个目：银杏目和茨康目，这两个目就像银杏家族的两个兄弟，在地球上一起生存和繁衍。它们在形态和演化方面，既有共同的地方，也有不同之处。银杏目的植物一般是单叶脱落，有两条叶脉自基部进入叶片。茨康目的植物叶窄长，简单或二岐分叉，每束叶的基部有一条脉进入叶片，然后又分叉几次。科学家通过寻找保存在地层中的沉积记录，陆续找到了它们相应化石类型代表（图 15-4）。

银杏目的代表属包括：银杏（*Ginkgo*），似银杏（*Ginkgoites*），拜拉（*Baiera*），楔拜拉（*Sphenobaiera*）；茨康目的代表属包括：茨康叶（*Czekanowskia*）和凤尾银杏（*Phenicopsis*）等。

图 15-4 银杏目（A—D）和茨康目（E—F）的主要化石代表（王永栋、杨小菊、吴靖宇、周宁供图）
A. 似银杏；B. 似银杏；C. 拜拉；D. 楔拜拉；E. 茨康叶；F. 凤尾银杏

目前，科学家发现在距今大约 2.8 亿年的二叠纪，银杏目就有可靠的化石记录，如法国早二叠世的毛状叶化石。从它的复原图（图 15-5）来看，它和现代银杏在叶部形态上的主要区别在于不具明显的叶柄，叶片形态也不同。

研究发现，银杏类植物的各类型化石，和我们现在看到的银杏属在形态上有一定差异。早在 19 世纪中叶，就有对银杏类植物叶片化石的记载，它们虽然形似银杏叶，但当时无法判定是否一定属于银杏这个家族，因为有不少其他类群的植物也有相似的叶片，而有些植物化石虽有银杏状的叶，但没有银杏状的种子。在植物演化的过程中，科学家需要借助植物的生殖器官材料和自然分类标准来建立新的分类系统。

1988—1989 年，我国的周志炎院士和章伯乐高级工程师等科学家在河南省义马煤田发现了许多保存完好的植物化石，其中不少植物有与现生银杏相似的枝、叶，甚至还有极为罕见的种子器官标本。他们研究发现，这些化石是目前世界上最古老、最可靠的、具有种子器官的银杏属化石，产生于中侏罗世，距今约 1.7 亿年。这类植物被命名为义马银杏（图 15-6）。这一发现对于解决长期以来扑朔迷离的银杏植物起源和演化历史有重大意义。据此，他们建立了以生殖器官为基础的银杏目新的分类系统。这些研究大大提高了人们对古银杏演化历史的认识，使中国在这个领域的研究达到了世界先进水平。

义马银杏和现生的银杏相比，有一些区别。它的种子仅有现生银杏种子的三分之一大小，但数目较多。它不是像现生银杏那样都直接生在一个总的柄上，而是生在两歧分叉的次一级柄的顶端。它的叶也不同于现生银杏那样呈扇形，而是深裂成多个狭长的裂片。另外，在叶片的微观结构上它们也有一定的区别。义马银杏是已知最古老的具有可靠胚珠器官的银杏植物。

扫描二维码，观看视频：银杏的亿万年沧桑巨变

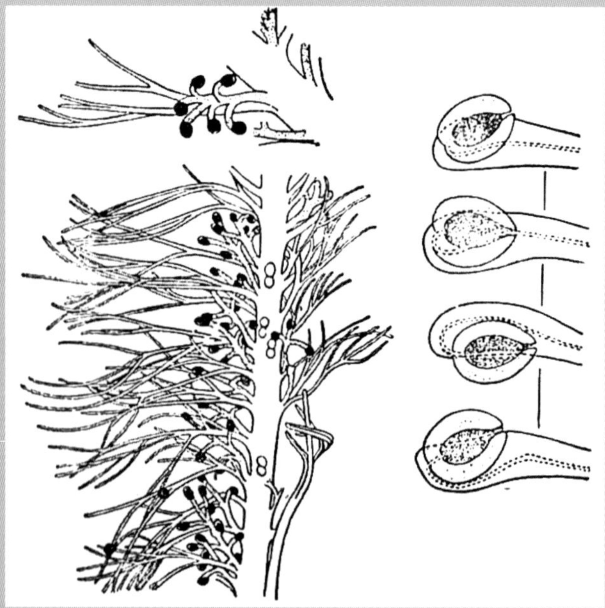

图 15-5　法国早二叠世的毛状叶化石复原图（王永栋供图）

图 15-6　义马银杏

A. 义马银杏化石（王永栋供图）；B. 义马银杏复原图（南京古生物所供图）

2003 年，沈阳地质矿产研究所的郑少林研究员等科学家在我国辽宁省西部义县发现了一些具有生殖器官的银杏化石，并带着这些化石找到了南京古生物所的周志炎院士。他们共同研究发现，这种来自 1.2 亿年前的早白垩世的无柄银杏（图 15-7），正是中侏罗世的义马银杏和现生的银杏属之间的“过渡类型”。它们的成熟种子比义马银杏的大，但比现生银杏的小，且数目较多。它们不像义马银杏那样长在次一级柄上，而是像现生银杏那样长在一个总的柄上。它们的叶不同于现生银杏，但叶片分裂的程度不及义马银杏那么深。

图 15-7　无柄银杏

A. 无柄银杏化石（王永栋供图）；B. 无柄银杏复原图（南京古生物所供图）

经过多年的研究，周志炎院士带领的科研团队终于完整绘制出了银杏植物演化的图解（图 15-8）。在侏罗纪时期，大量存在的是义马银杏；到了白垩纪时期，演化为无柄银杏；再到古近纪，产生了铁线蕨型银杏，它与现存的银杏属植物已经非常相似了；从新近纪开始，现代银杏属植物开始在地球上焕发勃勃生机。

2016 年，南京古生物所的王永栋研究员带领的科研团队与中国地质科学院蒋子堃高级工程师等学者在辽西距今约 1.6 亿年的地层中，还发现了银杏木材化石（图 15-9），被命名为“辽宁银杏木”。这是一个新物种，具有银杏属的典型木材解剖构造，是古植物学者首次在侏罗纪地层中发现的具有解剖构造的银杏木属木材化石。这个发现不仅代表了银杏木属出现时代最早的类型，还是现生银杏木材演化最原始的基部类型，为揭示银杏木材的演化谱系提供了重要证据。

扫描二维码，观看视频：源自中国的银杏发现

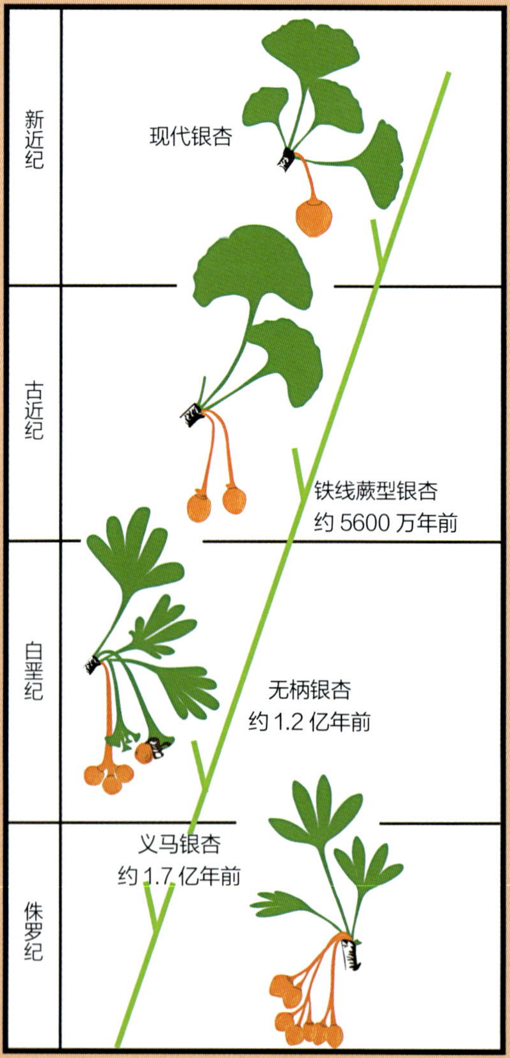

图 15-8　银杏植物演化图（王永栋供图）

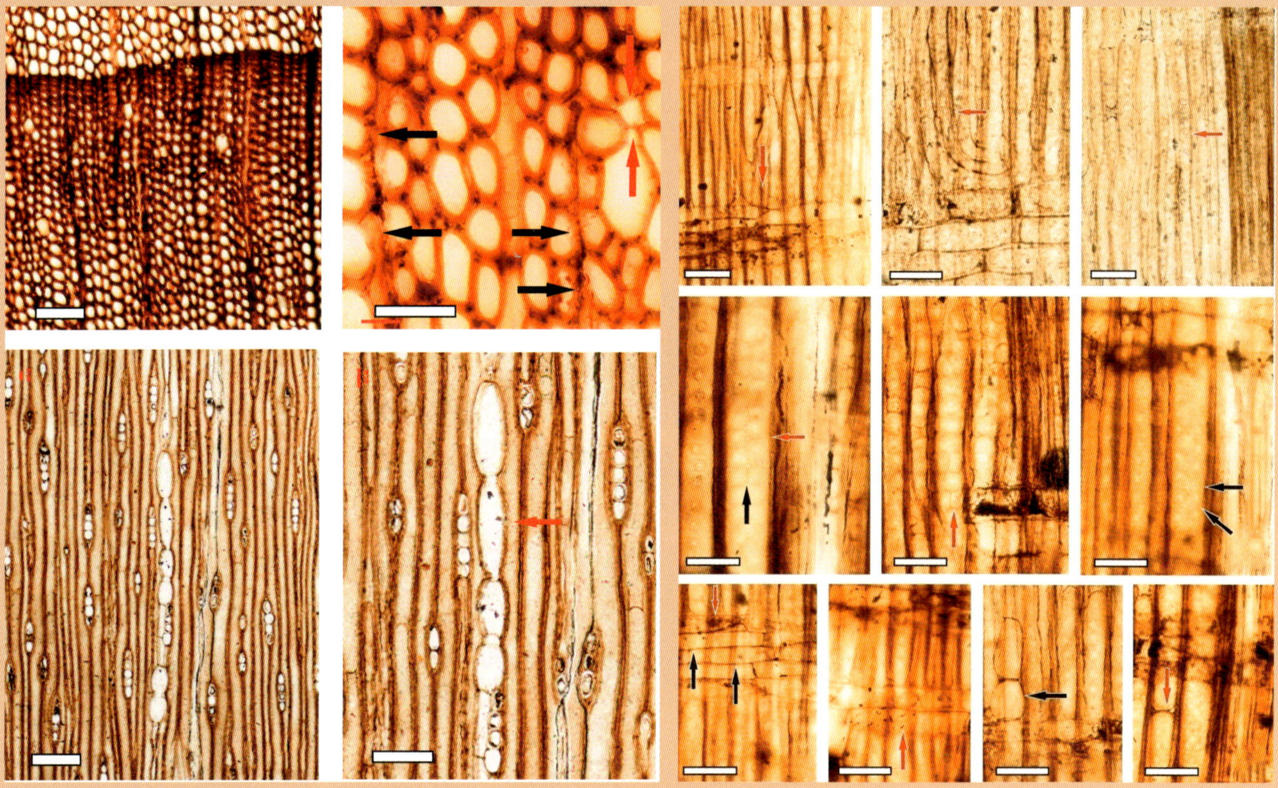

图 15-9　保存解剖构造的“辽宁银杏木”化石（王永栋供图）

地球历史时期温室气候的指示者

银杏不仅是著名的活化石，它的叶片化石还具有一项十分神秘的功能，那就是可以指示远古时期古大气中二氧化碳的浓度，从而帮助我们探究地球历史时期的温室气候变化。

在银杏植物叶片化石的表面，经常可以发现一层深色的炭质薄膜，被称为角质层。它的表面有非常多的气孔，是植物体进行呼吸作用和气体交换的组织。别小看这些肉眼看不到的气孔，它们的作用可大了。在漫长的地球历史长河中，一般而言，气候变暖时期总伴随着大气中二氧化碳浓度的升高，而变冷时期总伴随着二氧化碳浓度的降低。科学家发现植物叶片的气孔数量和密度越高，当时大气中二氧化碳浓度值就越低，反之亦然。利用这一重要发现，银杏叶片化石中气孔的分布、数目和密度等情况，可以作为揭秘和重建古大气中二氧化碳浓度的有效工具。

在恐龙繁盛的侏罗纪和白垩纪，银杏植物是当时重要的植被成员，也是部分植食性恐龙的主要食物来源。英国谢菲尔德大学科学家，研究了瑞典和格陵兰岛银杏类植物的化石，并重建了在距今约 2 亿年的三叠纪和侏罗纪过渡时期，古大气中二氧化碳浓度的变化趋势。他们发现三叠纪和侏罗纪之交的二氧化碳浓度升高了 4 倍，并与全球气候变暖相关，地球的平均气温上升了 3—4 ℃，揭示了显著的温室效应和全球变暖现象。不仅如此，这种变化还和地球上 2 亿年前后曾经发生的第四次生物大灭绝事件有着密切的关系。

近年来我国的古植物学家分别对甘肃、湖北和黑龙江等地侏罗纪和白垩纪地层中所产出的几种银杏植物化石（包括楔拜拉属及似银杏属等）开展了气孔参数的探索和研究（图 15-10，图 15-11）。结果表明，早侏罗世和中侏罗世的古大气中二氧化碳的浓度为 900—1400 mL/m^3，是现今大气中二氧化碳的浓度的 3—4 倍。白垩纪早期的古大气中二氧化碳浓度为 760—960 mL/m^3，到白垩纪的晚期，二氧化碳浓度开始降低到 470—500 mL/m^3，之后到白垩纪的末期，又略有上升并达到 530—690 mL/m^3，显示了二氧化碳浓度的波动变化。从而说明，从侏罗纪到白垩纪，古大气中二氧化碳的浓度总体上呈现降低的趋势。更重要的是，通过银杏化石的研究，揭示出以往被认为在温室气候的环境中，古大气中二氧化碳的浓度并不是一成不变的，而是在不同时期，表现出了高低变化或者波动变化。

由此可见，银杏作为一种非常珍稀的活化石，不仅有着久远且多样的化石记录，也是地球历史和温室气候变化研究领域不可多得的化石材料。借助于这种化石，我们不仅能够探究古气候的冷暖变迁，也能探知地质历史时期所发生的一系列重大地质事件与温室气候之间的可能联系。

图 15-10　来自湖北西部侏罗纪的楔拜拉植物化石与植物表皮的气孔构造（绿色显微照片为荧光显微镜所拍摄）（王永栋、周宁供图）

图 15-11　来自湖北西部侏罗纪的似银杏植物化石与植物表皮的气孔构造（绿色显微照片为荧光显微镜所拍摄）（王永栋、周宁供图）

银杏为什么能顽强地生存至今？

周志炎院士等科学家认为，距今约 2 亿年的二叠纪末大灭绝事件，并没有给银杏目植物造成灭顶之灾，相反由于当时地球发生了大规模的海退，古地理景观有了很大改变，适合植物生存的地域得以急剧扩张。如在三叠纪及后期，我国的华南地块和华北地块拼合在一起，形成了山丘、河流、湖泊、沼泽以及山间盆地等相对起伏和复杂的地貌环境，适宜植物生长，这可能是包括银杏目植物在内的植物多样性增加的一个重要因素。银杏目植物的扩张和迁徙，还受到了气候环境因素的制约。在地质历史时期，银杏目植物主要生长在温湿并具有明显季节性的气候环境中。最适合它们生存和繁盛的是侏罗纪和白垩纪时期北半球大陆温暖与湿润的地区。在约 6600 万年前的白垩纪末大灭绝事件中，恐龙灭绝了，但银杏植物由于对气候和环境具有较强的耐受力，尽管其数量和类型急剧减少，但是顽强地生存了下来并演化至今。

银杏类植物，见证了地球的沧海桑田。在这类植物面前，世间万物如过眼云烟，蓦然回首，已是亿万年。一叶一世界，银杏植物不仅是著名的活化石，它们还记录着地球气候历史的变化，揭示出温室气候和古大气中二氧化碳浓度变化的奥秘。

史上最大规模的灭绝事件——地球历史上的东方快车谋杀案？

2

The largest extinction event: was it the murder on the Orient Express in Earth's history ?

白垩纪末大灭绝虽然惨烈，但比起五次大灭绝之首的二叠纪末大灭绝，它的程度还差得很远。二叠纪是古生代的最后一个“纪”，也是重要的成煤期，开始于约 2.99 亿年前，延续至约 2.52 亿年前，共经历了约 4700 万年。二叠纪时期，陆地面积进一步扩大，自然地理环境发生变化，促进了生物界的重要演化，预示着生物发展史上一个新时期的到来。二叠纪海生无脊椎动物中主要门类仍是珊瑚、菊石和腕足动物等，但组成成分发生了重要变化。节肢动物中的三叶虫只剩下个别代表，腕足动物进入了形态复杂化的时代（如带刺的长身贝类，图 15-12），腹足类和双壳类则有了新的发展。脊椎动物在二叠纪的发展也到了一个新阶段。鱼类中的软骨鱼和硬骨鱼有了新类型，两栖动物进一步繁盛，爬行动物也有了较大的变化。

二叠纪末期发生了有史以来最严重的大灭绝事件，地球上 68%—83% 的属，95%—96% 的种灭绝了。海洋多类群落、多种生态结构及其生态系统全面崩溃，各种繁盛的组合突然消失。陆地上的灾难同样深重，曾经的成煤植物群灭绝了（图 15-13），旧的植物地理格局基本瓦解，陆栖的单弓类动物群和许多爬行类也灭绝了。二叠纪末大灭绝几近摧毁了陆地和海洋所有的生态系统。

科学界普遍认为，这次大灭绝是地球历史从古生代向中生代转折的里程碑。这场史前最大的劫难导致长期稳定、不断演替、持续了 2.4 亿年的古生代演化动物群落伍，生态系统获得了一次最彻底的更新。灭绝后经历了很长一段萧条期，海洋中的现代演化生物群开始崛起，我们现在熟悉的双壳类、腹足类、六射珊瑚、海胆的繁盛都得益于二叠纪末大灭绝“清扫”了古生代占优势的动物门类。陆地生态系统的变革，也为恐龙等爬行动物的演化铺平了道路。这次灭绝事件及其后的生物复苏就像地球生态系统的涅槃与重生一般，彻底改变了地球生物的面貌。

如此惨烈的灭绝事件，究竟是由什么原因引起的？越来越多的研究表明，二叠纪末的确发生了一系列重大的全球性灾难事件。全球规模的灾变事件如火山喷发、大规模酸雨、海洋缺氧、大气含氧量下降等，严重扰动了当时的环境。什么才是这次灭绝事件的主要原因呢？演化古生物学研究后提出了一个比喻——“东方快车谋杀案”，取材于阿加莎 · 克里斯蒂的一部著名小说，书中描述了一宗离奇的凶杀案。该案件中被害者被刺了 12 刀身亡，最后证明他是被 12 个人合谋杀害的。这个比喻表明每个因素不同程度地、几乎同时发生，造成地球的大气圈、水圈和岩石圈发生了巨大的变化，这些变化相互作用、相互影响，使生态系统越发脆弱。强烈的全球性集群火山活动导致形成大规模酸雨、大量甲烷释放、二氧化碳浓度增大、温室效应发生、温度不断上升、大洋和大气缺氧，使大多数生物进入生存的临界状态，这些因素的综合效应很可能是导致二叠纪末陆地和海洋生物大量灭亡的原因。

扫描二维码，观看视频：最惨烈的大灭绝——二叠纪末大灭绝

图 15-12　细线围脊贝，二叠纪带刺的长身贝化石

图 15-13　科达，二叠纪末灭绝（王军供图）
A. 科达化石；B. 科达复原图

地球生物最早的一次“大试炼”

The earliest "big test" of Earth organisms

大灭绝的字面意义就是大量生物灭绝了，因此它发生的前提是地球上有很多生物。五次大灭绝中最早的一次发生在地球生物繁盛之后。奥陶纪是古生代的第二个纪，开始于约 4.86 亿年前，结束于约 4.44 亿年前，延续了约 4200 万年。奥陶纪气候温和，浅海广布，世界许多地方都淹没在浅海海水中。在奥陶纪广阔的海洋中，海生无脊椎动物空前繁荣，生活着大量的各门类无脊椎动物（图 15-14），除了寒武纪开始繁盛的类群（如三叶虫）以外，其他类群也得到了进一步的发展，如腕足动物、笔石、珊瑚、海百合、苔藓虫以及软体动物等，这些动物群就构成了古生代演化动物群的主体（图 15-15）。

图 15-14　奥陶纪的海洋生态复原图

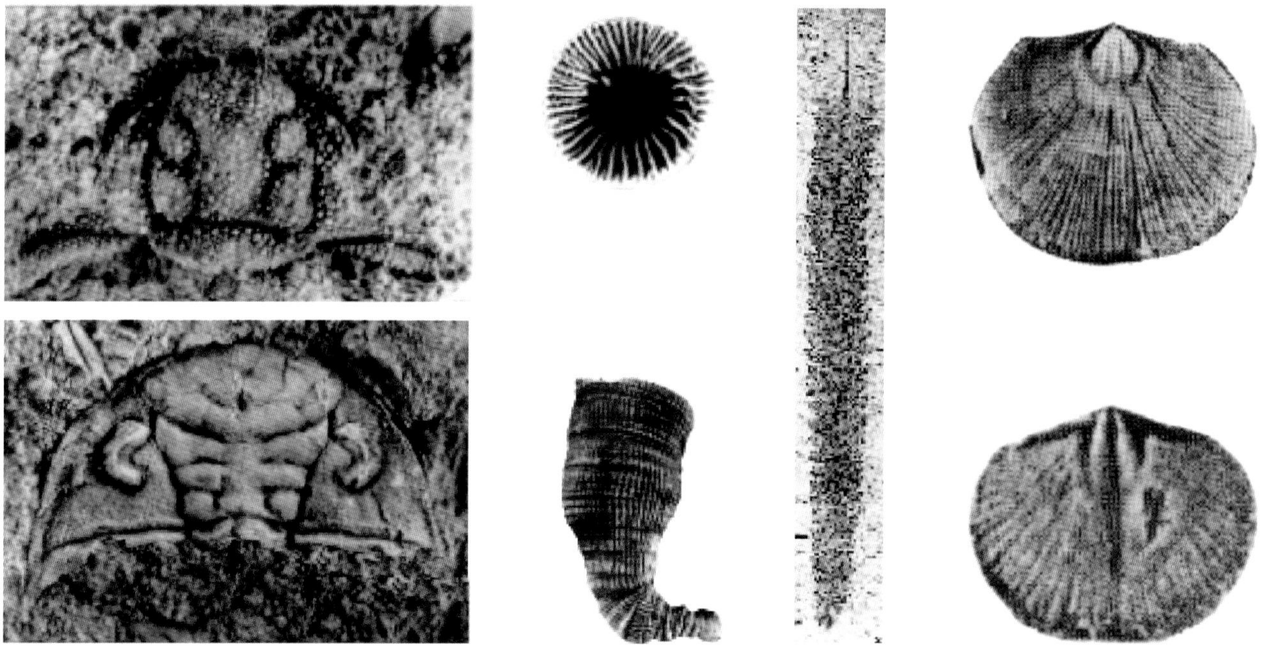

图 15-15　古生代演化动物群中的主要分子（从左到右分别是三叶虫、珊瑚、笔石、腕足动物）

五次大灭绝事件中的第一次就发生在奥陶纪末期，造成了 43%—52% 的属，约 85% 的种从地球上永远消失。奥陶纪末大灭绝是古生代演化动物群经大辐射而初具规模后所遭受的第一次重创，这次大的试炼虽然使得很多物种消失，在生态方面的影响却相对有限，古生代演化动物群很快恢复元气，演化出了更多的新物种。

扫描二维码，观看视频：最早的“大试炼”——奥陶纪末大灭绝

目前学术界基本认为这次事件与全球冰川的形成和消融密切相关。现在的北非撒哈拉大沙漠所在的陆地在奥陶纪末期曾经位于南极，当陆地汇集在极点附近时，容易形成厚厚的积冰。大片的冰川使洋流和大气环流变冷，因此整个地球的温度下降 8—10 ℃，海平面也大幅度下降 50—100 m，造成了这次大灭绝的第一幕。之后不久，冰期结束，气候变暖，海平面快速上升，大洋底流活跃，把有毒物质带上来，海底动物群遭到了重创，造成了第二幕灭绝。

没完没了的生物大灭绝事件排排队

The endless mass extinction events, one after another

除了上面讲过的三次大灭绝事件外，五大灭绝事件中还有两次，分别是泥盆纪晚期大灭绝（第二次）与三叠纪末大灭绝（第四次）。由于这两次灭绝事件的灭绝率并不高，且看起来影响相对有限，所以受关注程度一直相对较低。

第一次生物大灭绝事件（奥陶纪末大灭绝）后，到了志留纪，全球生态系统全面复苏并进一步辐射（图 15-16）。当时间来到泥盆纪（开始于约 4.19 亿年前，结束于约 3.59 亿年前，持续了约 6000 万年），全球陆地面积扩大，生物界发生了重要变革，陆生植物空前发展，无脊椎动物的整体面貌也显著改变。泥盆纪是脊椎动物飞跃发展的时期，鱼类相当繁盛，鱼类登陆及四足脊椎动物（原始两栖动物）的出现即在该时期发生（图 15-17）。第二次生物大灭绝事件就发生在泥盆纪晚期，造成了 31%—35% 的属灭绝，虽然灭绝率居五次大灭绝的末位，但它对生物礁与珊瑚的影响几乎是毁灭性的。

扫描二维码，观看视频：强度不大，影响却很大——泥盆纪末大灭绝

图 15-16　鲎生活在志留纪的海洋中

图 15-17　泥盆纪脊椎动物登陆场景复原图（杨定华绘）

泥盆纪之后经过石炭纪（图 15-18）和二叠纪，古生代演化动物群在其巅峰迎来了史前最惨烈的二叠纪末大灭绝，古生代也随之结束。之后的三叠纪是中生代的第一个纪，也是爬行动物和裸子植物崛起的时代。三叠纪开始于约 2.52 亿年前，结束于约 2.01 亿年前，延续了约 5000 万年。三叠纪陆地面积继续扩大，新的古地理条件导致了生物界的变化，淡水无脊椎动物发展很快，海生无脊椎动物的面貌也为之一新（图 15-19）。此外，三叠纪陆生爬行动物新类型大量出现，并有一部分动物（如鱼龙）转移到海中生活。到晚三叠世时，裸子植物真正成了大陆植物的主要统治者，原始哺乳动物随之出现了。三叠纪末发生的大灭绝事件虽然历时较长，但均是断断续续的事件，总共造成 40%—53% 的属灭绝（个别研究认为应该更高）。这次事件对当时爬行动物的影响，才促使恐龙在后来得到发展，并一度成为地球的霸主。

图 15-18　石炭纪的陆地生态复原图

扫描二维码，观看视频："温和"的灭绝事件——三叠纪末大灭绝

图 15-19　巢湖安琪虾（生活在三叠纪的海洋中）复原图（杨定华绘）

对大灭绝的认识，传统上主要是对灭绝率进行研究。近年来，科学家发现灭绝率并不能客观反映大灭绝的强烈程度。如白垩纪末大灭绝的灭绝率并不高，但它对生态系统的影响很大。如果将五次大灭绝事件来排个队的话，它们的差异还是比较大的（表 1）。那么地质时期只发生过这五次大灭绝事件吗？其实已有研究基于新数据发现，不论在灭绝率还是生态影响上，如果只选规模最大的五次灭绝，有两次灭绝将会出局。

表 1　五大灭绝事件比较

五大灭绝事件	灭绝率	生态影响	关注度
奥陶纪末大灭绝	★★	★	★★
泥盆纪晚期大灭绝	★	★★	★☆
二叠纪末大灭绝	★★★★★	★★★★★	★★★☆
三叠纪末大灭绝	★★★	★★☆	★
白垩纪末大灭绝	★☆	★★★	★★★★★

事实上，地质历史上出现过数十次规模相对较大的灭绝事件，甚至还有学者在《自然》杂志发表论文，提出每 2600 万年或 6200 万年的周期就会有一次生物大灭绝事件。五次大灭绝事件只是最初识别出的规模比较大的五次事件，随着研究的深入，科学家也已经开始关注其他灭绝事件。

【超链接】 细菌与大灭绝

我们刚刚了解了地球上发生了多次生物大灭绝事件。大灭绝的原因其实是比较复杂的。科学家研究发现，细菌在地球生命灭绝中起了一定的作用。

前寒武纪生物大灭绝

蓝细菌（图 15-20）在长期演化过程中，向海洋和大气释放了大量的氧气，对改善大气有氧环境居功至伟，但它是前寒武纪生物大灭绝的幕后推手。因为在地球生命出现后相当长的一段时期，海洋中的生命已经生机勃勃，它们大多数是以海底热泉喷出的甲烷、氢等为能量源的“专性厌氧菌”，结构简单，没有保护基因的膜，遗传物质完全裸露在外。它们的致命弱点是一接触到氧气就会死亡。因此，当氧气出现时，有氧环境对这些原本厌氧的细菌产生了致命的伤害，导致了绝大多数生物的灭绝。那些残留的厌氧细菌只能退缩，躲在深海或黑暗无氧环境中，延续和支撑着地球生命的根基。

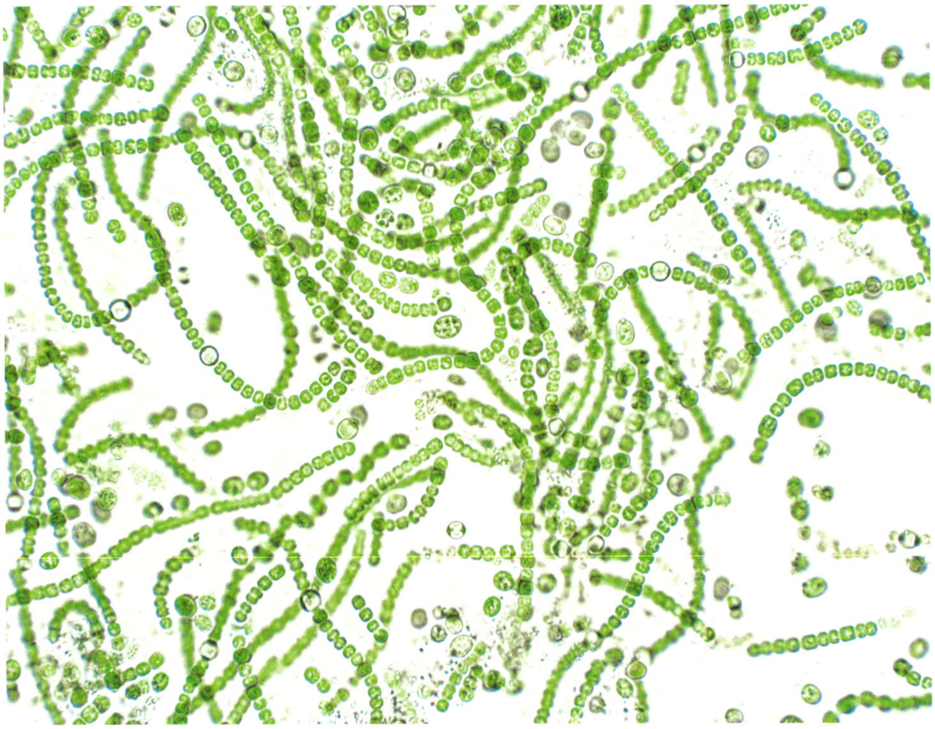

图 15-20　显微镜下的念珠藻（一种蓝细菌）

绿硫细菌是一种适于在厌氧、硫化氢（H_2S）丰富的透光带环境中生存的自养型菌类，能利用硫化氢、单质硫等进行光合作用。绿硫细菌的标志化合物是一些具类异戊二烯侧链的芳香烃。科学家利用气相色谱–质谱联用仪，已经分别从中国浙江长兴煤山和澳大利亚珀斯盆地二叠纪末地层中检测到这类化合物，而且，这两个地方的剖面都反映在2.52亿年前曾经存在两个绿硫细菌繁盛的高峰，说明这次事件是全球性的。

令人意想不到的是，绿硫细菌喜欢灿烂的阳光，却根本容不得半点氧气，是一种厌氧微生物。它生活在富含硫化氢且水体分层的透光层底部，嗜硫成性，以酸式盐为电子供体，靠细菌色素及少量类胡萝卜素捕获光能进行光合作用。因此，对动物来说，古海洋中绿硫细菌的光顾将预示着一场灾难的到来，水体透光带将处于一种富含硫化氢的极度缺氧的环境。

科学家还在二叠纪末岩石中发现了另一类由蓝细菌形成的分子化石，其特征性有机物在一定条件下能够被保存下来。科学家利用一些精密仪器从中检测出一种叫作2–甲基藿烷的有机分子，可以用来确定当时这个地方是否存在蓝细菌及其丰度，就像刑侦人员利用DNA指纹确认犯罪嫌疑人一样。

在二叠纪末的亚洲、欧洲和大洋洲中低纬度地区的整个浅海广泛分布着一种称为“钙质微生物”的岩石，它的外观较易辨认，大多呈现“花斑状”或“豹皮状”构造，这是一种由蓝细菌等微生物组成的岩石，往往覆盖在动物大量消失的地层之上。动物的大量灭绝，使原来啃食和破坏蓝细菌的威胁大为减少，加上海洋表层水体的富营养化，以及温室效应所引起的强烈蒸发作用带来的盐度变化，都使得蓝细菌得以大量繁殖。

因此，科学家推测，在二叠纪末，西伯利亚及世界各地范围广泛的玄武岩火山喷溢，使大气层中二氧化碳浓度急剧升高，导致全球气候剧变，酸雨和温度大幅变化及海洋缺氧等。当时地球的南北极温度不断升高，直至赤道与两极的温度没有了梯度变化，呈现出均温状态，造成海洋难以形成环流，整个古海洋成了缺氧、毒化的“一潭死水”，大量绿硫细菌聚集在一起，海底淤泥中产生的有毒硫化氢从海底上升到透光层直至散发到大气，弥漫至整个大陆，结果不仅使浮游生物遭殃，食物链断裂，原有的海洋动物由于不适应这样的恶劣环境而灭绝，还有一部分有毒硫化氢溢出海面到达大气层，破坏了臭氧层，使紫外线增强，造成了陆地上动植物的异常和整个生态系统的崩溃。

白垩纪末恐龙灭绝

恐龙蛋是恐龙化石中常见的一种遗迹化石（图15–21）。有一个奇特的现象引起了科学家的注意。恐龙蛋虽然在世界各地许多地方都有分布，但绝大多数恐龙蛋出现在8000万—6600万年前的地层里。而且，在恐龙快要灭绝的那一小段时间里，恐龙蛋壳变得越来越薄，

图 15-21　恐龙蛋化石（傅强供图）

早期的正常蛋壳厚度一般是 2.8 mm，恐龙灭绝时期的蛋壳常常只有 1 mm。这一时期蛋壳特别薄的恐龙蛋大约占 90%。

我国科学家在广东南雄盆地晚白垩世距恐龙灭绝 30 万—20 万年前的地层中发现的恐龙蛋中，竟有高达 75% 的蛋在蛋壳的厚度和显微结构上显示出明显的病理特征，进一步分析这些蛋壳的微量元素，其氧、碳稳定同位素以及蛋壳基质的氨基酸组成，均与正常蛋壳有明显的差异。科学家认为，蛋壳过薄是一种严重的病态特征，这类蛋因不能孵化而长期遗留在地层中，变成了我们今天所见到的化石。

扫描二维码，观看视频：微生物与白垩纪末恐龙灭绝

究竟是什么原因导致大量恐龙蛋遗留下来呢？科学家认为，恐龙之所以产下了大量的薄壳蛋，是因为在白垩纪末期发生了气候和环境的巨变，致使病菌大量繁殖，侵害了恐龙，导致恐龙妈妈代谢失调，繁殖受挫。虽然，科学家还没有从化石研究中发现究竟是哪类病菌引发恐龙繁殖受挫，但毫无疑问，这些有病理特征的恐龙蛋显然是在有害微生物毒害下产生的。这种薄蛋壳很容易破碎，胚胎也容易因脱水而死亡。科学家还发现，胚胎在孵化前就死了，因为蛋壳太薄，没法为正在发育的恐龙胚胎骨骼提供必不可少的钙质。

生物大灭绝事件正在发生？！

5

The mass extinction event is happening?!

除了五次大灭绝外，地球上还发生了其他规模较大的灭绝事件，包括晚更新世大灭绝。晚更新世大灭绝发生于 2 万—1 万年前，主要表现是许多大型陆生动物（如剑齿虎、猛犸象和乳齿象）灭绝，小型陆生动物和海洋生物几乎没有受到影响。而与此灭绝伴生的是人类发展史上的“地理大扩张事件”。考古研究及计算机模拟表明，人类在扩张过程中对大型食肉动物的捕杀导致食草动物的繁盛，进而导致草木稀少、环境恶化，使一些需要摄食更多的大型动物灭绝。这也同时解释了小型动物与反刍类在这次灭绝事件后相对繁盛的事实。有很多学者认为晚更新世大灭绝是人类捕杀动物造成的。据不完全估计，在没有人类的干扰之前，地质时代物种灭绝的速度比较缓慢，鸟类平均 400 年灭绝 1 种，哺乳动物平均 8000 年灭绝 1 种。但是，自从人类出现后，有些物种的灭绝速度急剧增加。例如，南美洲晚更新世竟有 80% 的大型哺乳动物和鸟类灭绝了，马达加斯加岛 12 种大型、不会飞的象鸟灭绝了。

远古及文明前时期，人类为了生存不得不猎杀动物，那么现代“文明”世界又是怎样的呢？我们不再需要太多生物物种来填饱肚子了吗？事实并不那么简单。1600—1700 年，每 10 年就有 1 种鸟类或哺乳动物消失；1850—1950 年，鸟类与哺乳动物的平均灭绝速度接近每年 1 种，而且这种灭绝还在以加速度的趋势进行着。人类捕食的原因显然难以完全解释，据粗略测算，在 400 年间，人类之外的生物的生活环境面积竟然缩小了 90%，记录在案的鸟类与哺乳动物竟消失了近一半。世界自然保护联盟发表的“2010 年全球物种调查”显示：全球有超过 11 000 种物种濒临灭绝，灭绝速度大大超过了以往任何时候。目前生物多样性丧失速率是过去的 100 倍甚至更多。《自然》杂志发表的论文称“如果不采取任何措施的话，50 年后将会有 100 多万种陆地生物从地球上消失”，这就意味着我们也许面临着一个现实，或许我们正处在一次大灭绝事件中。

难道“第六次大灭绝”事件真的正在进行吗？从科学的角度较保守的估计，现今地球上存活着 1000 万—2000 万种物种（也有人认为远不止这个数字），而目前世界上权威的化石数据库记录在案的化石不超过 50 万种物种。事实上，据推测当今物种仅占地球上曾经存活过的物种的 0.1%，因此化石记录的不完备性可以想象。根据这些数目不到现今物种 1/20 的化石所识别出来的大灭绝事件仅仅是概率上的一个抽样，或者说是不完全归纳法应用的结果。我们知道，全球鸟类约1万种，哺乳动物约8000种，打一个或许让人难以接受的比方，假使鸟类和哺乳动物全部消失，灭绝率也不到1‰，远远无法和“大灭绝”相提并论。因此，科学意义上“第六次大灭绝”似乎并不存在。

看起来讨论“第六次大灭绝”或许有些杞人忧天，但事实上，当哺乳物种灭绝的多米诺骨牌纷纷倒下的时候，作为其中一张骨牌的人类，不仅不能幸免于难，甚至还会比其他物种更早地被压倒。几百万年的人类演化历程和现代文明让人类对环境的适应能力越来越有限，正如一位古生物学家所说：“生命以某些形式，必定在现今生物多样性的危机中幸存下来，而脆弱的人类，却很可能在这样的危机之中败下阵来。”或许，从这个人类中心的视角看，正在进行的灭绝的确可以加一个形容词“大”。

扫描二维码，观看视频：生物大灭绝的启示

结　语

6

Conclusion

曾经有学者说过，人类诞生的可能性要小于同时掷出10万个骰子均是6个点朝上的概率，地质时期任何一次轻微的演化改变都可能导致人类无法诞生。至少就我们所知，没有白垩纪末的大灭绝，就没有哺乳动物弱者逆袭的发生，人类的诞生及现代文明就更谈不上了。当然这并不意味着我们可以幸灾乐祸地说“只因托了大灭绝的福，我们才有今天”之类的话。事实上类似的，没有二叠纪末大灭绝，恐龙也根本没有机会在侏罗纪占据陆地生态系统的主导地位。再向久远去看，没有鱼类的登陆，也很可能就没有恐龙的爬行动物祖先的出现。

每一次大灭绝事件，对地球的生态系统都有很深重的影响，甚至是毁灭性打击，表面上看来就是大灾祸和生物圈的重大损失，但事件过后，地球生命在或长或短的时间内又以崭新甚至更加华丽的面貌再次出现，这是否又是因祸得福呢?面对人类造成的可能的“第六次物种大灭绝”，有人哀伤地说:“不曾孤独地来到这世界的人类，难道注定要孤独地离开？”但事实上，这句话过于自大了，连一位印第安酋长都知道“地球不属于人类，而人类却属于地球”。第六次大灭绝对人类自己是灾祸，或许对某些现在处于劣势但适应性强的生物却是难得的福气，只不过它们的弱者逆袭不是我们人类想看到的结果。

古语讲“祸兮福所倚”，即坏事可以引发出好结果，也表达出有失必有得的意思。面对已然发生的灾祸，我们能做的就是在困境中继续前行，尽人事听天命，等待否极泰来的时刻。然而这并不意味着消极等待，灾难后危机先驱物种快速演化，最终冲破灾难走向繁荣，而那些演化保守分子却很多被淘汰。

The hot and cold Earth and its impact on life

忽冷忽热的地球及其对生命的影响

/ 朱茂炎

2021 年 8 月 9 日，联合国政府间气候变化专门委员会（IPCC）正式发布的第六次评估报告指出，过去十年全球地表平均温度比 1850—1900 年平均高出约 1.1 ℃。关键是近 50 年来升温速度是过去 2000 年以来最快的，陆地平均增温幅度达到 1.6 ℃，高于海洋增温 0.9 ℃的增幅；同时北极增温的速率是全球平均的两倍多。在这种升温背景下，极端高温事件越来越频繁，强降雨事件频率和强度不断增加，干旱在一些地区也明显加重。这个报告是由 66 个国家 234 位科学家历时 3 年多，在海量文献和数据综合分析基础上完成的。因而被认为具有科学性和权威性。报告非常明确地指出，人类的温室气体排放是全球加速变暖的罪魁祸首。这就是为什么如何控制“碳排放”成为全球共同面对的政治、经济和社会发展的头等大事。地球升温真的那么可怕吗？持续升温真的会带来 IPCC 报告中那么严重的后果吗？

令人担忧的地球升温

Alarming global warming

研究数据告诉我们，全球植被覆盖和森林面积一直在衰减。长期以来，出现这种现象的原因被归咎于人类的商业砍伐。但近 18 000 年来的数据表明，商业砍伐并不是唯一的原因，实际上地球升温（图 16–1）引起的干旱、野火、害虫和致病菌增加才是关键因素。

有数据表明，1970—2012 年，陆地上脊椎动物的数量减少了 38%，淡水中脊椎动物的数量减少了 81%，而海洋中脊椎动物的数量也减少了 36%。这仅仅是脊椎动物"个体灭绝"的数据，再看看近 500 年来"物种灭绝"的数据，尽管真菌和原生生物物种只有 0.14% 遭受灭绝，无脊椎动物物种也只有 2% 遭受灭绝，但是脊椎动物和开花植物的物种灭绝率分别达到 67% 和 9%，而且灭绝的速率在工业革命之后明显加快。所以，有人认为地球生物的"第六次大灭绝"已经到来，而这一切与地球快速升温在时间上相吻合。

前面列举的主要是陆地上发生的危机，实际上海洋同样不能幸免。全球海洋观察数据表明，近 40 年来由于升温引起的海洋热浪的强度、频率、范围和持续时间都在增加，仅 1981—2017 年，就发生了 30 000 次以上的海洋热浪事件。热

图 16–1　地球升温示意图

浪会明显破坏海洋食物链结构。2013—2016 年的热浪事件中，东北太平洋发生数以十亿计的鱼类等海洋生物集群死亡，仅阿拉斯加湾地区就有数百万只海鸟死亡。

大家知道，珊瑚礁是海洋生物多样性最高的地方，升温带来的海水酸化和缺氧会导致与珊瑚礁共生的藻类消失，珊瑚礁白化而死亡，依赖珊瑚礁系统的生物多样性当然就不见了（图 16–2）。近几十年来，珊瑚礁白化现象越来越严重，仅 2016—2017 年的热浪事件中，澳大利亚东北部著名的大堡礁有一半珊瑚礁发生白化。有研究预测，随着地球升温 1.5 ℃，全球 70%—90% 的珊瑚礁将会消失。

上述列举的种种生态危机看起来都与全球升温有关。既然这样，我们就不禁要问：地球升温是不可逆的吗？地球到底会热到什么程度？人类碳排放是当前升温的主要因素吗？进一步升温会对人类带来什么样的后果？我们认为，地球历史上曾经发生过的极端气候变化会为回答这些问题提供答案。

扫描二维码，观看视频：令人担忧的地球升温

图 16–2　珊瑚礁白化

冷热多变的地球气候 2

The changeable Earth's climate

让我们把时间逐步往史前推移，看看地球历史上气候是怎样变化的。地球已经有约 46 亿年的漫长历史。就气候变化而言，当今地球仍然处在近 1 亿年来很冷的一次大冰期（即晚新生代大冰期）内。为什么呢？如果以南极冰盖形成作为标志，晚新生代大冰期大约在 3500 万年前的始新世晚期就开始了；持续降温至 1300 万年前的中新世中期，北极开始出现永久的冰盖。大约在 270 万年前开始，两极冰盖面积达到高峰，地球进入晚新生代大冰期的冰盛期（也称第四纪大冰期），并以 4 万—10 万年为周期的次一级“冰期 – 间冰期”气候旋回为特征。目前我们正处在末次冰期后、1.2 万年前开始的间冰期阶段，还未达到末次冰期之前的埃姆间冰期（13 万—11.5 万年前）的温度上限，那时北极地区的夏季温度比现代高 2—4 ℃。

从升温的角度来看，晚新生代大冰期之前的地球比现代要热很多。热到什么程度呢？举例来说，1 亿年来，地球曾经经历过两个极热阶段。一个是距离最近的发生在 5600 万前的“古新世 – 始新世之交极热事件”（PETM），大气中二氧化碳的浓度在不到 5000 年的时间内上升 2—3 倍，相应的温度上升了 4—6 ℃，南北两极都缺少常年的冰盖。另一个是恐龙繁盛的白垩纪中期（约 9000 万年前），当时大气中二氧化碳的浓度比现代高了差不多 3 倍，地表平均温度超过 30 ℃，比现代要高十几摄氏度。按照 IPCC 碳排放预测模型，最坏的情况是到 2100 年，二氧化碳的浓度会超过白垩纪中期的极热时期。

扫描二维码，观看视频：冷热多变的地球气候

将时间从 1 亿年前继续向前推进 10 亿年。历史记录显示，地球绝大部分时间内都属于“温室气候”，南北两极都没有常年的冰盖；也就是说，在正常情况下地球温度都要比现代高很多。纵观地球 10 亿年的历史，“冰室气候”很少见。除了近几千万年的晚新生代大冰期外，时间最近的一次冰期是发生在距今 3 亿年前后的晚古生代大冰期，再往前就是 4.4 亿年前的奥陶纪末大冰期。距今 7.2 亿—5.5 亿年期间是地球历史上气候变化最特殊的时期，发生了多次极热和极冷气候的快速转换。其中，斯图特冰期和马里诺冰期时的常年冰盖抵达赤道地区，也就是说地球完全被冰包裹，成为一个“雪球”，因此称为“雪球地球”冰期。

由此可见，地球是一个忽冷忽热的星球（图 16-3）。总体来看，地球历史上的大部分时间是热的温室气候，类似现代地球的冰室气候并不常见。除了“雪球地球”大冰期以外，同样是冰室气候，并不是南北两极都具有常年冰盖，如晚古生代大冰期和奥陶纪末大冰期时，仅南极具有常年冰盖。大冰期持续的时间也有长有短，最长的雪球大冰期持续时间达几千万年，最短的冰期可能只有几百万年；而且大冰期时会发生周期长短不一的次一级冰期和间冰期气候旋回。

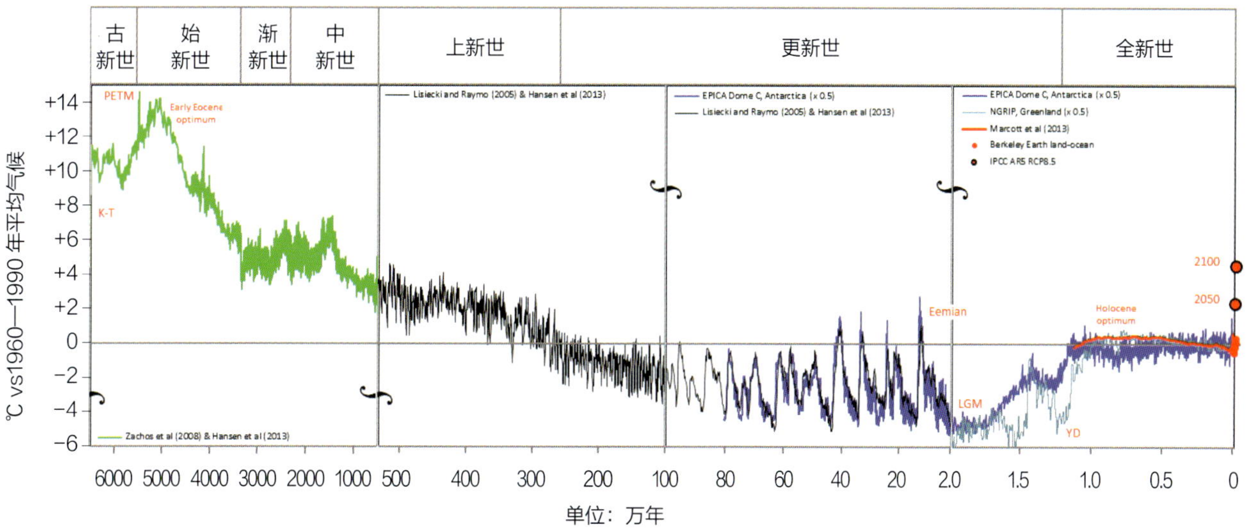

图 16-3　6000 万年内地球温度的变化
（基于 https://commons.wikimedia.org/wiki/File:All_palaeotemps.png?uselang=zh-cn）

地球气候的调控机制 3

Regulation mechanism of Earth's climate

地球气候多变、忽冷忽热，那么是什么因素控制着地球气候的变化呢？

回答这个问题，首先要了解地球的热量从哪里来。通俗地讲，不外乎“天上”和“地下”两种来源。“天上”指的是太阳。这个道理大家都很容易理解，我们每个人都能够直接感受到来自阳光的温暖，就是因为太阳的高温通过高能射线输送到地球。“地下”指的是地球内部的热源。与太阳一样，地核就像一个核发电机，地球深部充满高温流体的岩浆，岩浆的上涌和喷发就会将地内的热量释放到地表。

无论来自太阳还是地球内部的能量，在加热地表后，都会通过发射红外线将能量向地外释放。如果地球没有大气层阻止地表能量向外释放，地球就不能维持地表温度。大气层中有二氧化碳、甲烷和水蒸气等温室气体，它们能够吸收红外线，将热量保留在近地表的大气中，这就是“温室效应”（图 16-4）。由此可见，地球温度的变化受到三个变量的控制：一是来自太阳辐射量（日照量）的变化，二是来自地球内部岩浆活动的变化，三是大气中温室气体含量的变化。这三个调控地球温度的变量各自变化的原理和规律不一样，复杂的地球气候变化是三种变量相互叠加的结果。太阳辐射的变量受天文环境和地球轨道的控制，地内岩浆活动受地球动力学和构造运动的控制，而大气中温室气体的变化受地球构造运动和生命演化多重因素的控制。简单地讲， 地球气候受控于天（文）、地（球）和生（命）这三种因素。

天文调控

天文因素控制的气候变化一般具有周期性，就是通常所说的气候旋回。旋回的时间尺度可以短到以小时计，也可长到以百万年甚至千万年计。大家每天出行通常会看天气预报，都能切身感觉到昼夜和四季的温差，北极冰川四季的进退范围就是很好的实例，这种以“天”和“年”为时间尺度的温差可以高达30—40 ℃，这是由于日照量会随地球自转和围绕太阳的公转变化而变化（图 16-5）。塞尔维亚人米兰科维奇在二十世纪三四十年代提出地球轨道运动驱动了气候的周期性变化，这就是著名的“米兰科维奇冰期旋回理论”。米兰科维奇冰期旋回主要包括三个不同的天文周期：① 地球的自转轴进动的周期性变化（称为

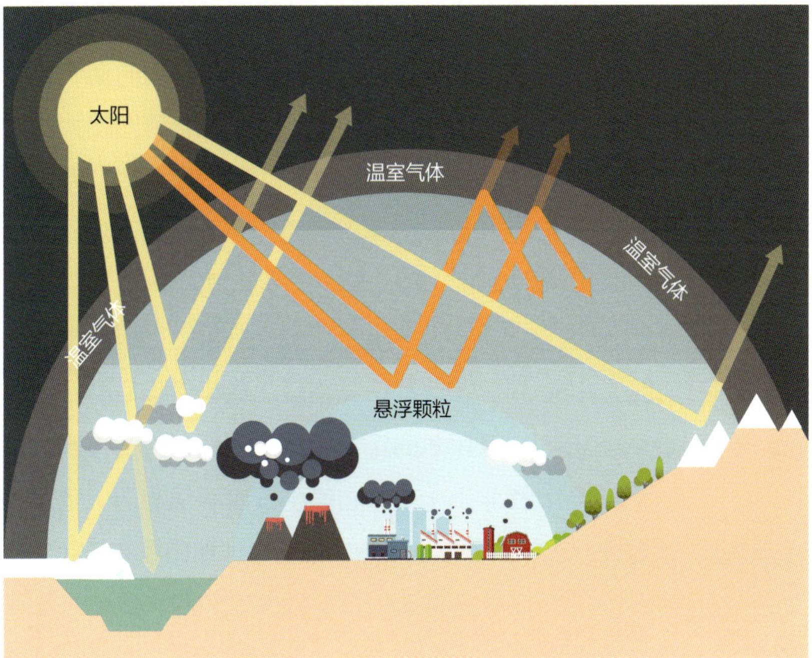

图 16-4　温室效应示意图

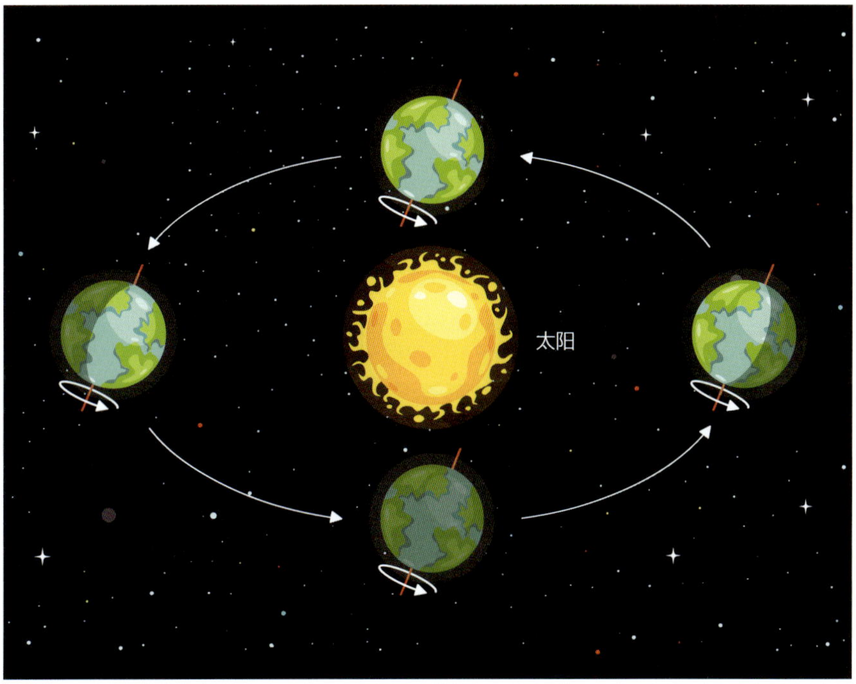

图 16-5　日照量随地球自转和围绕太阳的公转变化而变化

岁差），周期在 2 万年左右；② 地球黄道面与赤道面交角的周期性变化，主要周期为 4.1 万年；③ 地球公转轨道偏心率的周期性变化，周期时长变化较大（9.5 万—40.5 万年），其中 40.5 万年的长偏心率较为稳定。一般把这种天文周期驱动的气候变化叫作轨道尺度下的气候变化。由于不同天文轨道变化之间会发生幅度和频率的调制作用，高频旋回会受到低频旋回的控制，天文学家需要建立天文参数模型来计算地质历史时期的地球轨道参数，将其用于地质时期气候旋回研究，并用以校准地质年代，建立天文地质年代表。研究表明，第四纪大冰期最初以 4.1 万年的冰期 – 间冰期旋回周期为特征，距今 80 万年开始以 10 万年的冰期 – 间冰期旋回周期为特征。260 万年以来的第四纪海洋有孔虫氧同位素变化可以划分 103 个阶段，记录的是间隔更短的、以 2 万多年为周期的冰期 – 间冰期旋回。

除了万年周期的气候旋回以外，科学家通过研究格陵兰岛和南极冰芯、我国的西北黄土沉积、溶洞中的钟乳石，以及树木的年轮和湖泊沉积中的各种气候参数变化规律，逐步揭示了间隔千年、百年到十年左右的小尺度气候旋回。我国著名的气象学家竺可桢先生早在 1972 年就曾指出 1700 年来中国存在几十年到几百年的气候周期性变化，后来有人将历史上这种时间尺度的气候和降水变化与农牧发展、战争以及朝代的更替联系起来，特别明显的是“唐宋温暖期”和“明清小冰期”。这些小尺度的气候旋回影响因素复杂，目前科学界并没有完全搞清楚。其中，对近 6 万年来千年尺度的气候变化，流行的假说是“大洋传送带”模型，由南大洋温度和盐度差异引起的大西洋径向环流翻转所造成。但是天文因素不可否认，以太阳黑子（图 16–6）变化为代表的太阳活动对大气的影响越来越受到重视，活动周期大约是十年到百年级别，其中太阳黑子变化平均周期约为 11 年。为此，中国科学院国家天文台设立了“太阳活动预报中心”。

图 16–6　太阳光球上的太阳黑子

地内调控

地球内部热源对地表气候的影响是通过岩浆活动和构造运动来调控的，所以地球内部活动对气候的影响称为构造尺度下的气候变化。由于地球的演化是一个复杂过程，具有明显的阶段性和不确定性，因而构造尺度下的气候变化过程很难预测。

目前已知，地球形成之初处于表面由活动着的岩浆覆盖的“岩浆海”阶段，此时的地球表面温度无疑是非常高的。直到约 44 亿年前，岩石圈和海洋在地表形成，地球表面开始降温。这时大气中温室气体含量要比现代含量高出 2—3 个数量级。不然的话，地球就会像火星一样，成为一个冷冻状态的星球。为什么早期地球温室气体要比现代高很多呢？这是因为处于恒星演化早期的太阳能量要比现代弱，抵达地球的日照量只有现代地球的 70% 多一点。如果早期地球大气中温室气体含量与现代相当，那么地球表面的温度会低至 −20 ℃以下，这就是“黯淡太阳悖论”。但地质记录表明，尽管南非就有 35 亿年前的冰期记录报道，地球早期的冰期气候并不常见，10 亿年之前地球表层温度波动范围与 10 亿年之后的差别并不大。由此可见，随着太阳日照量逐步增加，地球大气中的温室气体含量一定受到某种机制的调控，才能避免地球随日照量增加而持续升温，也能帮助地球从冰期回归正常。

那么，什么机制在调控温室气体含量的变化？兴起于 20 世纪中叶的“板块构造学说”为地球如何控制大气中二氧化碳循环提供了理论基础。其基本原理是，火山喷发（图 16–7）将地内岩浆中大量的二氧化碳等温室气体释放到大气中，地表岩石风化作用和降水将大气中的二氧化碳转变为碳酸氢根离子（HCO_3^-）并输送到海水中，碳酸氢根离子与海水中的钙离子（Ca^{2+}）和镁离子（Mg^{2+}）结合形成碳酸盐沉积。在板块作用下，海底碳酸盐岩俯冲至地幔，在地幔高温、高压条件下又转变为二氧化碳气体，再通过火山喷发返回大气，从而完成二氧化碳的循环。当大气中二氧化碳含量升高，气温也就升高，消耗二氧化碳的风化作用也就增强；当大气中二氧化碳含量降低，气温也随之降低，消耗二氧化碳的风化作用也就减弱。风化作用的这种负反馈机制起到了维持大气中二氧化碳含量稳定的作用。在构造和风化作用调控机制下，气候变化过程可快可慢，变化的速率和幅度主要受控于二氧化碳的排放速率和排放量，这取决于火山活动频率和强度。地球历史上重大气候事件受控于构造运动和火山活动的历史记录就是很好的证明。

图 16-7　火山喷发

举例来说，有大量的科学证据表明，大约 7.2 亿年前的“雪球地球”大冰期就是由构造运动和火山活动触发的。具体发生的过程大体是这样的：大约 9 亿年前，地球表面所有大陆聚合在一起，形成一个超级大陆——“罗迪尼亚”，这个超级大陆集中分布在低纬度的赤道地区。超级大陆在低纬度地区接受强烈的风化作用，使得大气中二氧化碳含量迅速下降，地球开始降温；接下来，罗迪尼亚超大陆在地内岩浆驱动下开始分裂。大约 7.2 亿年前，在当时还在一起的北美和西伯利亚大陆上，发生了一次与罗迪尼亚超大陆裂解有关的、称为“富兰克林大火山岩省”的大规模火山喷发事件。在 104—105 m^3/s 的岩浆喷发速率下，这次事件喷出了面积超过 300 万平方千米、厚达 2500 m 的岩浆，特别是岩浆喷发过程中穿过了一个富含硫酸盐矿物和有机物的蒸发沉积盆地，结果巨量的、富含硫酸盐的温室气体快速释放到大气中，在大气的对流层形成了一个巨厚的气溶胶层，阻止了太阳辐射，使得地球温度急速下降。如果你听说过灾难性的“核冬天”这个词，大概的情形就是这样。当高纬度冰川推进到低纬度 30° 左右的时候，由于冰川对太阳辐射的反射率特别高（反射率：雪为 0.9，冰为 0.65，水为 0.1），会进一步加速冰室效应，冰川会快速推进到赤道地区，导致地球表面全部被巨厚的冰川覆盖（厚度可在 1 km 以上），地球成为一个雪球地球（雪球事件）。而地球结束雪球冰期状态，也是由于大洋中脊火山喷发释放的二氧化碳在大气中积累达到一定阈值后，最终形成超级温室效应才可能发生的。气候模型和地质记录表明，结束雪球冰期的温室气体含量达到了现代大气中的百倍以上，是经过几千万年火山喷发放气积累的结果，这就是为什么雪球冰期持续的时间长达几千万年的主要原因。

雪球事件是一次构造岩浆活动导致的极冷气候事件。发生在 5600 万前“古新世 - 始新世之交极热事件”，也是由大规模岩浆喷发事件将大量的温室气体快速排放到大气中造成的。大量的证据表明，这次极热事件是由北大西洋打开相关的岩浆活动所触发的。研究还表明，始新世极热期之后逐步降温，直至晚新生代大冰期的形成，与印度板块向欧亚大陆碰撞和青藏高原隆升过程有关的火山活动和风化作用密切相关。

生物调控

先不考虑人类利用化石能源带来的碳排放，生物对气候的调控作用自地球早期就已经开始了，这是具有生命的地球与其他星球最大的不同。基本原理是生物利用太阳光，通过光合作用将二氧化碳和水转变为有机物和氧气（图 16-8）。有机物的降解和被其他生物所利用会将二氧化碳释放；或者有机物埋入沉积物，二氧化碳就会被储存起来，如形成煤、石油和天然气等化石能源。生物还有另外一

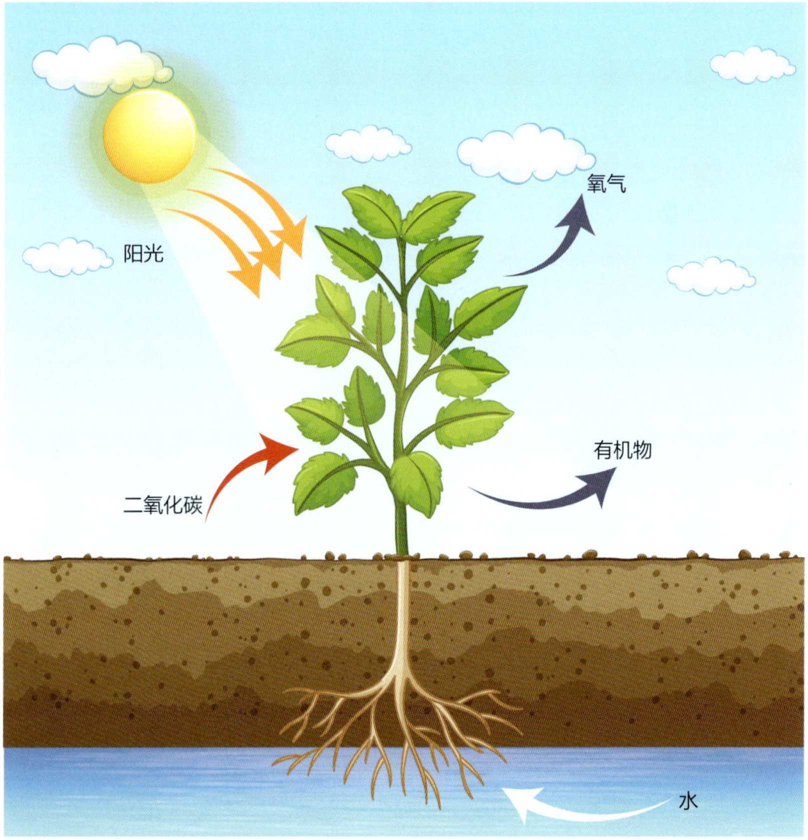

图 16-8　植物光合作用示意图

种方式参与碳循环，就是生物碳酸盐化作用，将二氧化碳以生物碳酸盐骨骼和生物碳酸盐岩的形式储存起来，如生物贝壳（图 16-9）和生物礁等。生物驱动的碳循环过程称为“生物碳泵”，明显不同于由地球构造运动和风化作用驱动碳循环的“物理碳泵”。生物碳泵包括两种机制：一是将二氧化碳通过有机物形式进行循环的生物“有机碳泵”，二是将二氧化碳通过生物碳酸盐形式进行循环的生物“无机碳酸钙泵”。生物碳泵通过改变“有机碳库”和“无机碳库”对气候变化进行调控，参与生物碳泵的生物不仅仅是光合作用生物，生物界所有微生物、植物和动物都以各自不同的方式参与生物碳循环过程。

由于不同的生物在生物碳泵运行中发挥的作用和效率不同，因而从生命演化历史的角度来看，生物在不同的地球历史阶段对气候调控作用的形式和效果是不同的。在进行光合作用的蓝细菌起源之前，无氧呼吸的“产甲烷菌”以及“氢裂解细菌”会利用二氧化碳和氢气产生大量高效温室气体甲烷，在大气没有氧气的情况下，维持了早期大气中高水平的温室气体含量，补偿了地球因早期太阳辐射不足而可能进入低温冷冻的状态。当蓝细菌在距今约 24 亿年起源之后，生物碳

图 16-9　贝壳

泵对气候的调控作用就更加突出地展现出来。首先，伴随蓝细菌起源和繁盛，地球上发生了第一次 “大氧化事件”和极端冰室气候，即古元古代“雪球事件”。这是因为生物的光合作用不仅消耗了大气中的二氧化碳，同时释放出的大量氧气将早期地球大气中占比特别高的甲烷气体氧化消耗，导致温室气体含量急速下降，触发了极端寒冷的冰室气候。当营光合作用的真核藻类在约 7 亿年前开始繁盛时，特别是动物的出现和复杂食物链的建立，生物碳泵的效率明显提高，生物有机碳以大颗粒形式更容易沉降而埋入沉积物内，从而将二氧化碳以有机碳的形式储存下来，这一机制对随后发生的新元古代雪球冰期事件及剧烈的气候波动起到了促进作用。

如果说早期地球的生物碳泵作用主要发生在海洋里的话，那么从 4 亿多年前的奥陶纪早期，如“隐孢子植物”这样的原始陆生植物兴起，陆地生物碳泵的气候效应开始显现，有证据表明 4.4 亿年前奥陶纪末大冰期的发生就与植物登陆导致的逐渐降温有关。随着 3 亿年前后大型陆生维管植物的发展，森林植被的繁盛，形成了地球历史上第一个成煤高峰期，大气中的二氧化碳通过煤层的形式被大量地储存下来，同时森林会加大光照的反射作用，导致晚古生代大冰期的发生。

相对于“生物有机碳泵”对气候变化的调控作用而言，“生物无机碳泵”的作用并没有受到应有的重视。事实上，生物无机碳酸钙泵是地球大气碳循环的关键一环，通过固碳作用对稳定地球的温度起到非常关键的作用。生物无机碳酸钙泵随着生物碳酸盐化作用的演化在地球历史上发生了几次重大转变。在动物还没有出现之前的前寒武纪海洋中，生物碳酸盐化作用主要是以微生物为主角，前寒武纪大量以叠层石为特征的微生物岩就是无机碳酸钙泵的地质记录。寒武纪开始至中生代中期，即在距今 5.3 亿—2 亿年之间，无机碳酸钙泵的主角是各种具有钙质骨骼的动物和钙藻，以生物介壳灰岩、珊瑚礁、海绵礁和藻礁等形式将大量的无机碳储存起来。距今 2 亿年前后，现代远洋钙质颗石藻和有孔虫等微生物开始繁盛。相比之前的生物碳酸钙泵主要发生在浅水海洋，深海无机碳酸钙泵在中生代中期建立起来，使得大洋中无机碳库变小；同时，现代大洋中主要原始生产者硅藻和沟鞭藻也开始繁盛起来，有机碳库也发生重大改变。这就是所谓的“中生代海洋革命”。当深海钙质微生物主导无机碳库循环时，海洋的碳循环就变得更加稳定，因为相对浅水碳酸盐容易受到包括海平面变化、海水酸化、生物礁衰减等因素的影响，深海钙质微生物受到的影响相对较小。

在生物通过生物碳泵对气候产生影响的同时，生物自身也对温度在内的各种环境变化特别敏感。当温度发生变化时，生物可以通过自身演变对温度和环境因素进行调整。英国大气环境学家洛夫洛克提出的“盖亚理论”，就是强调了生物圈对环境变化具有的自我调整能力，从而维持了地球系统的稳定性。洛夫洛克用“雏菊世界模型”形象地描述了“盖亚理论”的基本原理：① 白色雏菊对阳光的反射率高，起到降温作用；黑色雏菊因为吸收更多阳光，起到升温的作用；② 在没有雏菊对阳光照射调整的情况下，日照量变化会引起温度变化；当有雏菊对阳光照射调整的情况下，日照量变化不会引起温度的变化。所以，因为有了生命，地球系统具有了自我调整的稳定机制。

尽管“盖亚理论”强调生物对气候和环境的调控作用，但如前面已经指出的，地球气候的最终变化受控于天文、地球和生命多重因素的调控。例如，前述 3 亿年前后的晚古生代大冰期，大型陆生植物的发展和森林植被的繁盛可能是触发的主要原因。但是有研究表明，在晚古生代大冰期时期，发生了大规模的、由板块构造驱动的低纬度大陆和岛弧之间的碰撞，大量富铁镁质的基性岩浆岩被推到大陆上，这种基性岩浆岩的风化消耗的二氧化碳更多，加上低纬度地区风化作用更加强烈，以及该时期火山喷发放气作用减弱，这些构造和风化作用等多种因素与陆地植被的繁盛叠加在一起，才最终致使晚古生代大冰期的发生。又如，前述与东北大西洋裂开相关的大规模火山喷发可能引起了 5600 万年前“古新世－始新世之交极热事件”的发生。但有证据表明，海底的大规模火山喷发将先前埋在大洋沉积物中的大量甲烷气体释放到大气中，这才是大气中的温室气体含量在不到 5000 年的时间内快速上升 2—3 倍的另一个关键因素，最终导致了这次快速且持续时间不长的极热事件的发生。

总体来看，对于全球气候变化需要科学地评估不同影响因素的贡献值。人类碳排放在工业化背景下的加速，打破了正常情况的自然碳循环过程，使得科学认识全球升温背后的机制更加复杂化。从科学的角度来讲，通过地质记录中的温度参数和定量模型重建历史时期高分辨率气候变化的研究工作还任重道远，但这样的工作将为政策制定者如何处理好人类碳排放速率问题提供科学依据。至于如何决策，需要政治家从全球社会发展的均衡性和治理的角度统筹考虑。

扫描二维码，观看视频：调控地球冷热的机制

极端气候对生命的影响 4

Impact of extreme climate on life

在对地球气候变化和控制因素有了基本认识之后，历史上发生的极冷和极热事件对生物和生态系统会产生什么的影响呢？这应该是所有人最关心的一个问题。我们一开始通过实例和数据，已经明确指出当代全球升温加速所引起的一系列生态灾难。但要想全面了解气候对生命和生态系统的影响，科学家不仅需要研究当代地球温度如何影响生命的问题，还需要从地球历史中寻找线索。让我们首先来了解一下当代生命与温度相关的一些基本现象。

从天寒地冻的南北两极到赤道地区的热带雨林、从高山上的冰川荒漠到河谷里鸟语花香，纬度和高度变化带来的生物多样性差异一目了然，这是不同生物适应不同温度和环境的直接表现。从生物适应的温度变化范围来看，不同的物种对温度的敏感性差异巨大。其中，微生物承受的温度跨度范围最大。嗜热细菌可能是最早出现在地球上的生命，细胞内具有耐高温的酶，可在热泉和火山口附近的高温条件下正常生活。例如，某些硫细菌可在 250—300 ℃海底热液喷口被发现。就是因为一些细菌和病毒的耐热性极高，为避免感染，我们日常会采用高温蒸煮的办法突破其耐高温的阈值去消杀它们。

有人会说，嗜热微生物离我们日常谈论的气温变化对生命的影响问题相差太大，人们更多地会关心动物承受的温度极限。我们都知道，不同的动物采用不同的方式适应温度的变化。鸟类和包括我们人类在内的哺乳动物都是恒温动物，通过皮毛和皮肤上的毛孔、汗腺抵御气温的变化，保持体温不变，所以也叫温血动物。其他的动物都是变温动物，也叫冷血动物，通过调节体温来适应气温的变化。一般来说，陆地冷血动物承受温度的变化阈值范围比海洋动物要高，一个原因是陆地上的动物可以跟随纬度的温度梯度进行迁移，且有温度避难所（如洞穴、森林等），特别是在低纬度地区；另一个原因是海水温差相比陆地要小。如果说哪种动物承受的温度阈值范围最大，那非“水熊”这种可爱的小动物莫属（图 16-10），它们在 −272 ℃的冷冻条件和 151 ℃的高温条件下均可存活 2 分钟。最近的研究报道，在西伯利亚永久冻土中发现存活 2 万年以上的小型多细胞动物“线虫”和“轮虫”，复活后还可以繁殖，就像是一场长时间的休眠行为，与其在一起存活的还有一些植物和苔藓动物。就人类自身而言，正常体温稳定在 37 ℃左右，低于 30 ℃会失去知觉，高烧达到 42 ℃会有生命危险。尽管人承受的温度极限可达 100 ℃，但可承受的时长恐怕只能以秒来计。

图 16-10　水熊

以上这些可承受的温度阈值仅仅是对生物个体的存活极限而言，对了解全球气候变化对生命的影响参考价值并不是很大。一般来说，气温的长期变化，无论是升温还是降温，生物的生理、行为、形态和生活的地理空间等各方面都会发生改变。例如，生命周期内发生变态的动物，包括昆虫、螃蟹、两栖动物（蛙类）等，本身可以通过变态以适应不同生命周期内的环境差异，温度的变化会改变这些动物不同变态阶段起始、持续和结束的时间。而对于卵生动物来说，孵化受到温度的控制更加明显，所以温度的极端变化会影响这些动物的繁殖。从物种演化层面，通过温差极大的极地和热泉等天然实验室的观察和研究发现，温度的极端变化会导致 DNA 损伤、基因复制错误和细胞生理学改变，增加基因多样性和变异速率，从而致使演化加速。

上述种种现象和研究都明确告诉我们，生命对温度变化非常敏感，温度的极端变化直接影响生物的生存和演化。除此之外，对于气候变化带来的影响，我们更加担心的是生态系统如何响应。生态危机不仅通过改变食物链结构直接影响生物多样性，还反过来对地球环境产生直接影响，就像先前提到的陆地森林植被面积衰退以及海洋中珊瑚礁白化等当代地球生态危机。有关这方面的担忧，地球历史上几个极端气候时期的生命和生态系统演变过程可为我们提供有价值的参考。

让我们先了解一下寒冷大冰期下生命演变的情况。4.4 亿年前的奥陶纪末大冰期持续的时间不超过 100 万年，低纬度海水温度下降 5—8 ℃，海平面下降 50—100 m。从总体上看，冰期引起的海水温度降低和可能的海水大面积缺氧，造成奥陶纪大辐射时期繁盛的各种喜暖型生物类别发生大规模灭绝，包括鹦鹉螺类、腕足动物、三叶虫、苔藓动物和珊瑚等。这是过去 5 亿年来地球上发生的首次生物大灭绝，物种灭绝率至少达到 80%。随着温度的降低，以赫南特贝类腕足动物为代表的冷水生物群繁盛，但是生物多样性明显很单调，并有小型化的发展趋势。不过这次大冰期造成的生物大灭绝并没有造成之后的生物多样性整体面貌的重大改变。

3 亿年前后的晚古生代大冰期由多次几百万年周期的冰期旋回构成，持续时间在 8000 万年以上，冰盛期时的冰盖抵达纬度 30° 附近地区，这与地球最近一次晚新生代大冰期有很多相似之处。与奥陶纪末大冰期造成生物大灭绝不同，化石记录表明，晚古生代大冰期时的生物多样性出现明显的上升趋势。这一切有可能是由森林植被的大发展所造成的，这个时期大气氧的含量是地球历史上最高的，达到 28%，远比现代 21% 的大气氧水平高很多。至少在中低纬度地区的大陆和海洋，巨型生物一度昌盛，如蜻蜓个体可有 1 m 以上，翅膀展翼可达 75 cm；一种巨型千足虫长 2 m 以上，蜈蚣也长到了 70 cm 大小。由此可见，冰期并不那么可怕。

那么极热时期的生物界又会发生什么变化呢？过去 3 亿年，地球经历了 6 次极热事件，均伴随着海洋大面积缺氧。其中，二叠纪末和三叠纪末的极热事件导致生物大灭绝，灭绝率分别达到 95% 和 80%。这两次大灭绝之后生态系统均发生巨大改变，二叠纪末大灭绝导致了现代海洋动物群的兴起；三叠纪末大灭绝导致了现代海洋浮游生物群的兴起，也就是前面提到的“中生代海洋革命”。除这两次极热事件外，其他四次极热事件中物种的灭绝基本上都不超过 20%。这是为什么呢？最新研究表明，只有在温度变化幅度大于 5.4 ℃和速率大于每一百年 5.4 ℃的阈值时，生物大灭绝才会发生。

进一步分析极热时期的生物化石记录，结果表明，快速升温对珊瑚礁及共生生物、小嘴贝类腕足动物、硬骨鱼类和大个体动物的影响明显；但对牡蛎和帘蛤类双壳动物、软骨鱼类等动物的影响较小。以 5600 万年前的“晚古新世－始新世之交极热事件”为例。这次极热事件持续大约 20 万年，温度升高 5—8 ℃，海洋酸化，洋流反转，北大西洋整体缺氧。在陆地上，一些研究数据表明，包括灵长类在内的所有现代哺乳动物类群的多样性快速增加，亚洲哺乳动物向北迁徙。

该时期赤道年平均温度超过 40 ℃，不适宜陆生植物生长；北极地区冬天的温度接近 0 ℃，夏季平均气温高于 20 ℃，降水较多。化石证据表明，北极的陆地上以混合阔叶林为特征，短吻鳄鱼、龟类以及包括灵长类在内的各种哺乳动物繁盛；北极海洋中发现丰富的“红萍”，表明北极地区温度至少达到亚热带水平。从海洋来看，高温导致的海水酸化对珊瑚影响较大，35%—50% 的底栖有孔虫灭绝；但是，尽管浮游有孔虫钙化减弱，却发生多样性大爆发；升温对颗石藻影响也不大，钙藻反而繁盛，沟鞭藻则在亚热带繁盛；一些热带 - 亚热带鱼类此时也很繁盛。

总之，升温对生物界的破坏性并不大，总体上处于生物繁茂的适宜状态。这与现代升温背景下正在发生的一些生态危机有些差异。例如，温度的上升对现代海洋中冷血动物的影响明显，鱼类资源在减少。这可能与人类活动和其他环境因素变化有关。至于升温为什么会出现哺乳动物大爆发是个难以解答的谜，有人认为可能是个体的小型化促进了成种作用。

扫描二维码，观看视频：极端气候对生命的影响

结 语

Conclusion

总结历史时期极端气候事件对生物影响的各种现象，不难看出气候变化对生命影响的复杂过程，不同环境下的不同种类生物对温度变化的响应差异明显，一些类群和物种被淘汰或者被新的类群和物种替代。从全球生态系统的角度来看，除了个别几次快速升温和降温事件造成了生态系统大规模摧毁和重建外，无论是平均气温比现代高出 10 ℃的极端温室气候，还是比现代冷很多的冰室气候，全球生态系统均维持在相对健康的状态。因此，即使发生行星撞击、短时间内大规模火山喷发等不可预知的快速灾难性事件，生命也没有完全从地球上消失，地球生命系统强大的自我调控能力可以维持生态系统平衡。尽管近 6 万年来，大型陆生动物种群随着气候的变化发生频繁更替，但对于人类自身来说，我们的祖先从几百万年前开始，一直在冰期 – 间冰期的反复冷热转变中演化成为现代智人，经历了百次以上不同幅度的升温和降温过程。从这个角度来看，我们不必过分担忧当前全球升温带来的生态影响。只要我们把地球看成人类的共同家园，尊重自然变化规律，科学处理好人类活动对环境的影响，在可预测的未来时间内，人类与地球可以和谐共处（图 16–11）。

图 16–11　爱护地球、和谐共处

后记 Postscript

习近平总书记指出，科技创新、科学普及是实现创新发展的两翼，要把科学普及放在与科技创新同等重要的位置，希望广大科技工作者以提高全民科学素质为己任，把普及科学知识、弘扬科学精神、传播科学思想、倡导科学方法作为义不容辞的责任，在全社会推动形成讲科学、爱科学、学科学、用科学的良好氛围。这就促使我们深入思考，如何将前沿的优秀科研成果转化为优质的教育资源，为学生科学素质的提升服务。

2020 年 5 月，南京古生物所和凤凰出版传媒集团多次交流，碰撞出了双方联合创作古生物科普融媒体著作的火花。2020 年 7 月，两家单位合作成立“凤凰 · 南古联合科学传播中心”，以利用双方优势联合打造地质古生物科普出版品牌，助力科普水平的提升和科普事业的发展，为实现中华民族伟大复兴的中国梦贡献力量。

《化石密语》是融合《发现 · 中国——古生物大讲堂》系列视频，推出的科普融媒体出版物，也是双方成功合作的第一个项目。它是由南京古生物所的戎嘉余院士领衔，20 余位古生物学家精心打造的融媒体古生物科普著作，凝聚了古生物学家在各自研究领域深耕数十年的成果及其曲折、坚韧的发现故事，让读者在接受科学普及的同时深刻感受其中蕴含的科学家精神。

本书历经一年多的精心打磨，生动、科学且完整地讲述了生命演化的故事。同时，创新性地将生命演化的故事以图文、视频相结合的融媒体方式呈现给公众，每一个重要主题都配有古生物学家亲自讲述的科普视频，拉近了科学与广大读者的距离，极大提升了科普内容的可接受度。

本书的撰稿专家全部来自南京古生物所，他们大多是国际上相关研究领域的佼佼者。他们在潜心科研之余，将科学普及作为己任，并且在传播科学知识的同时，帮助青少年构建正确的世界观、人生观、价值观。

本书及相关视频的顺利完成和出版，凝聚了诸多专家学者和出版人的心血。首先，特别感谢南京古生物所的 20 余位撰稿科学家。他们不仅对文字和图片内容严格把关，而且还为视频拍摄尽心尽力，认真准备每一个细节，仔细推敲、反复修改，使这本融媒体科普作品兼具权威性和科学性，且生动活泼。另外，还有 10 余位审稿专家认真审读，为稿件质量的提升付出了大量精力。这些审稿专家（按姓名首字母拼音排序）分别是：傅强、黄迪颖、苗德岁、戎嘉余、王博、王怿、王永栋、王玥、殷宗军、袁训来、詹仁斌、张以春、赵方臣和周志炎。

其次，感谢南京古生物所的领导对本项工作的重视和支持，并亲自撰写序言。还要感谢南京古生物所科学传播中心、综合处、实验技术中心、南京古生物博物馆、标本馆以及化石网等部门，对于本书创作和视频拍摄工作给予全力支持。感谢南京古生物所科学传播中心特约编辑盛捷在本书编创和出版过程中所做的大量繁杂而不可或缺的协调工作，架起了科学家和出版社编辑之间的桥梁，使各项工作得以顺利推进。

感谢现代古生物学和地层学国家重点实验室的大力支持。也特别感谢凤凰出版传媒集团、江苏凤凰科学技术出版社和江苏凤凰电子音像出版社的各位领导对本项工作的高度重视。出版社的编辑们良好的职业素养和忘我的工作精神是本书在时间紧、任务重的情况下得以顺利出版的重要保障。

谨以此书献给中国科学院南京地质古生物研究所建所 70 周年！

《化石密语》编委会

2021 年 10 月 4 日